CISCO™

CISCO Networking Academy

思科网络技术学院教程

网络基础

Networking Essentials
Companion Guide

[美] 里克·格拉西亚尼（Rick Graziani） 著
艾伦·约翰逊（Allan Johnson）

田果 译

人民邮电出版社

北 京

图书在版编目（CIP）数据

思科网络技术学院教程. 网络基础 /（美）里克·格
拉西亚尼（Rick Graziani）著；（美）艾伦·约翰逊
（Allan Johnson）著；田果译. -- 北京：人民邮电出
版社，2023.11
ISBN 978-7-115-61878-8

Ⅰ. ①思… Ⅱ. ①里… ②艾… ③田… Ⅲ. ①计算机
网络—教材 Ⅳ. ①TP393

中国国家版本馆CIP数据核字(2023)第099902号

版权声明

- ◆ 著 　[美] 里克·格拉西亚尼（Rick Graziani）
  　　　[美] 艾伦·约翰逊（Allan Johnson）
  　译 　　田 果
  　责任编辑 　胡俊英
  　责任印制 　王 郁 　焦志炜
- ◆ 人民邮电出版社出版发行 　　北京市丰台区成寿寺路 11 号
  　邮编 100164 　电子邮件 315@ptpress.com.cn
  　网址 https://www.ptpress.com.cn
  　三河市君旺印务有限公司印刷
- ◆ 开本：787×1092 　1/16
  　印张：18.75 　　　　　　　　　　2023 年 11 月第 1 版
  　字数：541 千字 　　　　　　　　2023 年 11 月河北第 1 次印刷
  　著作权合同登记号 　图字：01-2022 -5782 号

定价：89.80 元

读者服务热线：(010)81055410 　印装质量热线：(010)81055316
反盗版热线：(010)81055315
广告经营许可证：京东市监广登字 20170147 号

内容提要

　　思科网络技术学院项目是思科公司在全球范围内推出的一个主要面向初级网络工程技术人员的培训项目，旨在让更多的年轻人学习先进的网络技术知识，为互联网时代做好准备。

　　本书是思科网络技术学院全新版本的配套教材，主要内容包括：互联世界中的通信概述、在线连接、使用 Packet Tracer 探索网络、搭建一个简单的网络、通信原则、网络设计和接入层、网络间路由、互联网协议、使用 DHCP 进行动态编址、IPv4 与 IPv6 地址管理、传输层服务、应用层服务、搭建一个家庭网络、连接到互联网、安全注意事项、配置网络和设备安全性、思科交换机和路由器、思科 IOS 命令行、搭建小型思科网络、排查常见的网络问题。本书每章末尾还提供了习题，以检验读者对每章知识的掌握情况，并在附录中给出了答案和解析。

　　本书适合准备参加 CCNA 认证考试的读者以及各类网络技术初学人员参考阅读。

关于特约作者

里克·格拉西亚尼（Rick Graziani）在美国卡布里洛学院和加利福尼亚大学圣克鲁斯分校教授计算机科学和计算机网络。他以撰写《IPv6技术精要》一书而闻名。他曾在SCO（Santa Cruz Operation）公司、天腾电脑（Tandem Computers）公司、洛克希德导弹和太空公司（Lockheed Missiles and Space Company）工作。他拥有加利福尼亚州立大学蒙特雷湾分校的计算机科学和系统理论硕士学位。他还是思科网络技术学院的课程开发人员。当他休息时，他很可能会在他最喜欢的冲浪胜地之一圣克鲁斯冲浪。

艾伦·约翰逊（Allan Johnson）在担任企业运营者10年后，于1999年进入学术界，施展他在教学上的才华。他拥有MBA学位，以及培训和发展方面的教育硕士学位。他教授高中阶段的CCNA课程7年，并在得克萨斯州科珀斯克里斯蒂的德尔马学院教授CCNA和CCNP课程。2003年，他开始将他的大部分时间和精力投入CCNA教学支持团队，为全球各地的网络学院的讲师提供服务并制作培训材料。现在，他同时担任思科网络技术学院的课程主管和Unicon公司的客户主管，为思科的教育工作提供支持。

关于技术审稿人

自2001年以来，戴夫·霍尔津格（Dave Holzinger）一直是思科网络技术学院（亚利桑那州凤凰城）的课程开发人员、项目经理、作者和技术编辑。他在开发在线课程的团队中工作，这些课程包括CCNA、CCNP和IT基础。自1981年以来，他一直从事计算机硬件和软件方面的工作。他拥有思科、BICSI和CompTIA的认证。

前言

本书是思科网络技术学院 Networking Essentials Version 2（网络基础 第 2 版）课程的官方补充教材。思科网络技术学院是一项综合性计划，旨在向世界各地的学生传授信息技术技能。该课程强调现实世界的实际应用，同时让您有机会获得在中小型企业和服务提供商环境中设计、安装、操作和维护网络所需的技能和实践经验。

本书能够帮助您理解课程中的网络概念、技术、协议和设备。本书强调课程中的重要主题、术语和练习，并提供一些对课程的补充解释和示例。您可以按照讲师的指导学习课程，然后使用本书来帮助您巩固对课程的理解。

本书的读者

本书旨在为读者提供对网络基础的广泛理解。本书适合任何对信息与通信技术（Information and Communication Technology，ICT）或相关职业感兴趣的人。本书的学习可以由您自定进度，重点是掌握基本的网络技能，这些技能对家庭或小型办公室/家庭办公室（Small Office/Home Office，SOHO）网络很有用。

本书的特点

本书通过以下内容让您全面了解每章涵盖的主题，以便您合理安排学习时间。

- **学习目标**：在每章的开头列出，指明本章所包含的核心主题。该目标与课程中相应章节的目标相匹配。学习目标以问题的形式列出，这是为了鼓励读者在阅读各章时勤于思考，找到答案。
- **注释**：这些简短的栏目用于指出一些有趣的事实、节省时间的方法和重要的安全问题。
- **本章小结**：每章末尾都有对本章关键主题的总结。它提供本章的概要，以帮助读者学习。
- **习题**：每章末尾都会提供习题，作为自我评估工具。附录"习题答案"提供所有习题的答案，并包含对每个答案的解释。

本书的组织结构

本书与思科网络技术学院的交换、路由和无线基础课程密切相关，分为 20 章和 1 个附录。

- **第 1 章，"互联世界中的通信"**：本章介绍网络通信的概念，包括网络的概念、网络数据、带宽和吞吐量、客户端和服务器所扮演的角色，以及网络基础设施与终端设备等。
- **第 2 章，"在线连接"**：本章介绍上网的基本要求，包括移动设备使用的不同类型的网络、主机连接要求，以及网络文档的重要性等。
- **第 3 章，"使用 Packet Tracer 探索网络"**：本章介绍如何使用 Packet Tracer 来创建仿真网络，包括 Packet Tracer 的用途和功能、在本地设备上安装 Packet Tracer、研究 Packet Tracer 图形用户界面、配置 Packet Tracer 网络，并在 Packet Tracer 中创建仿真网络等。
- **第 4 章，"搭建一个简单的网络"**：本章介绍如何使用常用的网络线缆（包括以太网线缆、同轴电缆和光纤线缆）来搭建简单的家庭网络；还介绍双绞线如何传输和接收数据；最后，本章介绍如何验证简单网络中的连通性等。
- **第 5 章，"通信原则"**：本章介绍标准和协议在网络通信中的重要性，包括网络通信协议和标准、OSI 参考模型和 TCP/IP 模型，以及以太网中 OSI 参考模型第 1 层和第 2 层的功能等。

- **第 6 章，"网络设计和接入层"**：本章介绍以太网中的通信是如何发生的，描述封装和以太网成帧的过程、3 层网络设计模型中每一层的功能、如何在接入层改进网络通信，以及广播在网络中很重要的原因等。

- **第 7 章，"网络间路由"**：本章介绍在局域网中配置设备的方法、路由的必要性，以及路由表的使用方法；随后介绍如何搭建一个完全互联的网络等。

- **第 8 章，"互联网协议"**：本章介绍 IP 地址的特性，包括 IPv4 地址的用途、如何进行十进制数字和二进制数字之间的转换、如何结合使用 IPv4 地址和子网掩码、不同的 IPv4 地址类别、公有和私有 IPv4 地址范围，以及单播、广播和多播地址等。

- **第 9 章，"使用 DHCP 进行动态编址"**：本章介绍静态和动态 IPv4 地址分配，以及如何配置 DHCPv4 服务器以动态分配 IPv4 地址等。

- **第 10 章，"IPv4 与 IPv6 地址管理"**：本章介绍 IPv4 地址和 IPv6 地址管理的原理，包括网络边界、小型网络中网络地址转换的目的、使用 IPv6 地址取代 IPv4 地址的原因，以及 IPv6 的一些特性等。

- **第 11 章，"传输层服务"**：本章介绍客户端如何访问互联网服务，还介绍客户端和服务器的交互、TCP 和 UDP 的功能，以及 TCP 和 UDP 如何使用端口号等。

- **第 12 章，"应用层服务"**：本章介绍常见的应用层服务的功能，包括 DNS、HTTP、HTML、FTP、Telnet 和 SSH，以及电子邮件协议等。

- **第 13 章，"搭建一个家庭网络"**：本章介绍如何配置集成的无线路由器和无线客户端，以安全地连接到互联网。本章还介绍搭建家庭网络所需的组件、使用的有线和无线网络技术，以及如何控制无线流量等。

- **第 14 章，"连接到互联网"**：本章介绍如何在移动设备上配置 ISP 连接和 Wi-Fi，以连接到互联网；本章还介绍网络虚拟化的目的和特征等。

- **第 15 章，"安全注意事项"**：本章介绍不同类型的网络安全威胁，包括社会工程攻击、各种类型的恶意软件和拒绝服务攻击；本章还介绍如何使用安全工具、软件更新和反恶意软件来减少网络安全威胁等。

- **第 16 章，"配置网络和设备安全性"**：本章介绍如何配置网络的基本安全，包括解决无线网络安全漏洞的基本方法、在无线路由器上配置加密，以及配置防火墙等。

- **第 17 章，"思科交换机和路由器"**：本章介绍思科交换机和路由器的特点和启动过程；本章还介绍带内和带外管理访问等。

- **第 18 章，"思科 IOS 命令行"**：本章介绍如何使用思科 IOS、在思科 IOS 各种模式之间切换的正确命令、如何使用思科 IOS 配置网络设备，以及如何使用 show 命令监控设备操作等。

- **第 19 章，"搭建小型思科网络"**：本章介绍如何使用思科设备搭建简单的网络；本章还介绍思科交换机和思科路由器的初始设置、如何配置设备以进行安全远程管理，以及如何将设备连接到网络中等。

- **第 20 章，"排查常见的网络问题"**：本章介绍一些用于排查网络故障的方法，包括检测物理层问题的过程，以及网络故障排除工具；本章还介绍如何解决无线网络问题、常见的互联网连接问题，以及如何使用外部资源和互联网资源进行故障排除等。

- **附录，"习题答案"**：本附录列出每章末尾包含的习题的答案。

资源与支持

资源获取

本书提供如下资源：

● 本书思维导图；
● 异步社区 7 天 VIP 会员。

要获得以上资源，您可以扫描下方二维码，根据指引领取。

提交勘误

作者和编辑尽最大努力来确保书中内容的准确性，但难免会存在疏漏。欢迎您将发现的问题反馈给我们，帮助我们提升图书的质量。

当您发现错误时，请登录异步社区（https://www.epubit.com），按书名搜索，进入本书页面，单击"发表勘误"，输入勘误信息，然后单击"提交勘误"按钮即可（见下图）。本书的作者和编辑会对您提交的勘误进行审核，确认并接受后，您将获赠异步社区的 100 积分。积分可用于在异步社区兑换优惠券、样书或奖品。

与我们联系

我们的联系邮箱是 contact@epubit.com.cn。

如果您对本书有任何疑问或建议，请您发邮件给我们，并请在邮件标题中注明本书书名，以便我们更高效地做出反馈。

如果您有兴趣出版图书、录制教学视频，或者参与图书翻译、技术审校等工作，可以发邮件给我们。

如果您所在的学校、培训机构或企业想批量购买本书或异步社区出版的其他图书，也可以发邮件给我们。

如果您在网上发现有针对异步社区出品图书的各种形式的盗版行为，包括对图书全部或部分内容的非授权传播，请您将怀疑有侵权行为的链接发邮件给我们。您的这一举动是对作者权益的保护，也是我们持续为您提供有价值的内容的动力之源。

关于异步社区和异步图书

"异步社区"（www.epubit.com）是由人民邮电出版社创办的 IT 专业图书社区，于 2015 年 8 月上线运营，致力于优质内容的出版和分享，为读者提供高品质的学习内容，为作译者提供专业的出版服务，实现作者与读者的在线交流互动，以及传统出版与数字出版的融合发展。

"异步图书"是异步社区策划出版的精品 IT 图书的品牌，依托于人民邮电出版社在计算机图书领域 30 余年的发展与积淀。异步图书面向 IT 行业以及各行业使用 IT 的用户。

目 录

第 1 章

互联世界中的通信

学习目标

在完成本章的学习后，读者应有能力回答下列问题。

- 网络是什么?
- 网络数据是什么?
- 带宽与吞吐量是什么?

- 在网络中，客户端和服务器扮演的角色分别是什么?
- 网络组件扮演的角色是什么?

1.1 网络类型

网络就在我们身边。它为同处一室或远隔万里的人们提供了一种通信方式，也提供了一种共享信息和资源的渠道。每个人（乃至世间万物）都在愈来愈多地连接到局域网和互联网当中。

1.1.1 万物联网

"哥们，你现在在上网吗?""我当然在上网啊!"试想，我们现在还有谁会去想自己是不是正在"上网"呢?我们希望自己的手机、平板电脑和台式计算机永远连接在互联网上。我们需要使用这个网络来和网络上的朋友、商家进行互动，分享我们的图片和经历，也需要使用这个网络来进行学习。互联网已经成为我们日常生活中非常重要的一个组成部分，重要到我们已经认为它的存在是理所当然的了。

一般来说，当人们使用互联网（Internet）这个词语的时候，他们指的并不是真实世界中的物理连线。人们往往会认为，互联网是一系列无形的连接，它是人们寻找和分享信息的那个"地方"。

1.1.2 谁拥有"互联网"

如今，互联网并不是由任何组织或者个人所拥有的。互联网是全球范围互联网络（可以称为互联网络，也可以简称为互联网）的集合，这些网络相互协作，使用共同的标准来交换信息。通过电话线、光纤线缆、无线传输和卫星链路，互联网用户之间可以交换任何形式的信息。

我们可以在线访问的一切都位于互联网中的某处。社交媒体站点、多人游戏，以及提供电子邮件、在线课程的消息中心，所有这些互联网目的地都连接在各自的本地网络中，而这些本地网络则通过互联网来发送和接收信息。

读者可以思考一下自己平时进行的那些在线交互，图 1-1 所示为其中的一些示例。

手持设备通过互联网接收新闻和电子邮件,并发送文本信息。

视频会议把身处世界各地的人实时连接在一起。

全球各地的手机相互连接,分享语音、文本和图片。

在线游戏无缝连接成千上万玩家。

图 1-1   在线交互示例

1.1.3   本地网络

本地网络的规模不一而足,有由两台计算机组成的简易网络,也有连接了成百上千台设备的网络。安装在小型办公室、家庭环境或者家庭办公环境中的网络称为 SOHO 网络。SOHO 网络可以让几个本地用户之间共享诸如打印机、文档、图片和音乐等资源。

在商业环境中,大型网络可以用来推广和销售产品、订购商品、与客户进行沟通。通过网络实现的通信与传统的通信方式(如平邮或者长途电话)相比,效率更高,成本更低。网络可以实现快速通信(包括电子邮件和即时通信),也可以对存储在网络服务器上的信息进行整合和访问。

商业网络和 SOHO 网络通常通过共享连接来访问互联网。互联网一般会被认为是"连接网络的网络",因为它其实是由海量相互连接的本地网络所组成的。

1.   小型家庭网络

小型家庭网络(见图 1-2)负责连接为数不多的几台计算器,并且将其连接到互联网。

图 1-2   小型家庭网络

2.　SOHO 网络

SOHO 网络（见图 1-3）可以让家庭办公环境或者远程办公环境中的计算机连接到企业网络，或访问集中式的共享资源。

图 1-3　SOHO 网络

3.　中大型网络

中大型网络（见图 1-4），如一些企业或者院校部署的网络，拥有多个站点，连接了成百上千台主机。

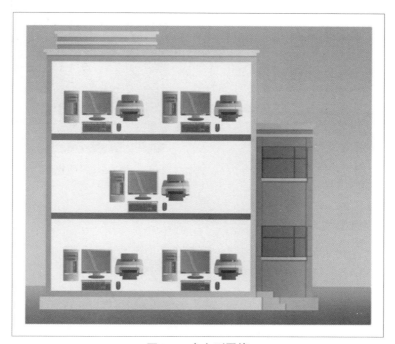

图 1-4　中大型网络

4. 全球网络

互联网是连接网络的网络，它连接了全球数以亿计的计算机。

1.1.4　移动设备

互联网连接了大量不同类型的计算设备——它连接的远不止是台式计算机和笔记本电脑。人们每天用于交流互动、连接到互联网的设备都是联网设备，其中包括移动设备、家庭联网设备和其他联网设备。

1. 智能手机

智能手机（见图 1-5）几乎可以从世界各地连接到互联网中。智能手机把大量不同产品的功能组合在一起，这些产品包括电话、照相机、GPS（Global Positioning System，全球定位系统）接收器、多媒体播放器和触屏电脑等。

2. 平板电脑

平板电脑（见图 1-6）也和智能手机一样拥有多种设备的功能。平板电脑的屏幕更大，非常适合观看视频和阅读杂志与图书，用户可以使用屏幕键盘来完成日常在笔记本电脑上完成的各类任务，包括撰写电子邮件或浏览网页。

图 1-5　智能手机　　　　　　　　　　图 1-6　平板电脑

3. 智能手表

智能手表（见图 1-7）可以连接到智能手机，为用户提供告警和消息。它还可以帮助用户追踪他们的健康状况，包括心率检测和步数统计（其功能类似于计步器）等。

4. 智能眼镜

智能眼镜（见图 1-8）从形式上看是眼镜，实质上则是一台可穿戴计算机，如 Google Glass。智能眼镜包含一个微型屏幕，可以为穿戴者显示信息，类似于战斗机飞行员看到的平视显示器（Head-Up Display，HUD）。智能眼镜一侧的小型触摸板可以让用户对菜单进行设置，这个过程并不影响用户继续通过智能眼镜观察外界。

图 1-7　智能手表

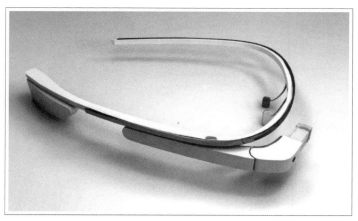

图 1-8　智能眼镜

1.1.5　家庭联网设备

我们家中的大量物品也可以连接到互联网当中，从而让我们可以远程对它们进行监测和配置。

1. 安全系统

家中的很多设备，如安全系统、电灯和温控系统可以通过移动设备进行远程监测和配置，如图 1-9 所示。

图 1-9　使用移动设备管理家庭安全

2. 家用电器

家用电器，如冰箱、烤箱和洗碗机等，也可以连接到互联网中，如图 1-10 所示。这项功能可以让房主远程开关设备、监控设备状态，也可以预设提醒条件，比如，让冰箱在内部温度上升到可接受范围之上时，对用户进行告警。

图 1-10   家用电器

3. 智能电视

智能电视（见图 1-11）可以连接到互联网让我们访问网上的内容，这个过程不需要借助电视服务提供商的设备。此外，智能电视也可以让我们浏览网页、撰写电子邮件，还可以播放存储在一台计算机上的视频、音频或者显示图片。

图 1-11   智能电视

4. 游戏机

游戏机（见图 1-12）可以通过连接互联网来下载游戏，让玩家可以和在线的朋友一起玩游戏。

图 1-12　游戏机

1.1.6　其他联网设备

出门在外时，同样有很多联网设备可以为我们提供便利，并为我们提供重要的（甚至是必要的）信息。

1.　智能汽车

很多新型车辆都可以连接到互联网，以访问地图、音视频内容或者关于目的地的信息。甚至如果有人试图盗窃车辆，智能汽车可以发送文本消息或电子邮件。如果出现了事故，智能汽车还可以拨打救援电话。这类汽车也可以连接智能电话和平板电脑（见图 1-13），来显示不同引擎系统的相关信息、向用户提供保养告警，或者显示安全系统的状态。

图 1-13　使用平板电脑连接到一辆智能汽车

2. RFID 标签

如图 1-14 所示，射频识别（Radio Frequency Identification，RFID）标签可以置于物体表面或者物体内部，让人们可以对物品进行追踪，或者根据很多条件来监测传感器。

图 1-14　RFID 标签

3. 传感器与执行器

联网传感器可以提供温度、湿度、风速、气压和土壤湿度等数据。接下来，执行器就可以根据当前的条件被自动触发。例如，一个智能传感器可以周期性地把土壤湿度数据发送给监测站点（见图 1-15）。然后，这个监测站点可以向一个执行器发送信号，指示设备开始浇水。该传感器会继续发送土壤湿度数据，让监测站点可以判断出何时停止浇水。

图 1-15　使用一台平板电脑来监测传感器和执行器

4. 医疗设备

　　医疗设备（如起搏器、胰岛素泵和医院监测仪等）可以为用户或医疗工作者提供直接的反馈，或者在重要指标达到某个参数值时提供告警。如图 1-16 所示，人们通常会使用平板电脑来连接这类设备，以便进行监测。

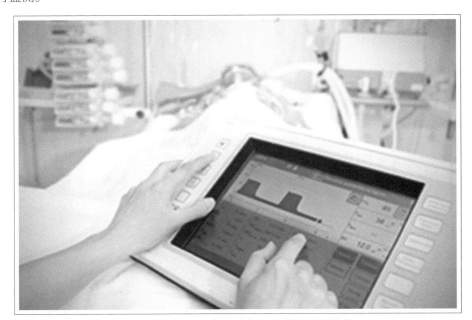

图 1-16　使用一台平板电脑来监测医疗设备

1.2　数据传输

　　计算机网络负责把数据从原始来源传输到最终的目的地。本节会介绍不同类型的数据，以及数据在物理媒介上是如何传输的。

1.2.1　个人数据的类型

　　我们可能都听到过各种有关数据的说法——客户数据、个人数据、健康数据、人口普查数据。但数据到底是什么呢？对数据最简单的定义可能是这样的：数据是代表某种信息的值。在物理世界中，数据会通过数字、公式、字母和图片等来表示。读者可以想象一下那些因为你们才存在的数据，例如出生记录、儿时的照片、学校记录和健康记录等。

　　大多数人会使用网络来传输他们的数据，这样他们就可以与其他人分享这些数据，或者对这些数据进行长期存储。每次我们在 App 或者计算机应用上单击"发送"或者"共享"按钮的时候，我们就是在让设备把数据发送给位于网络某处的一个目的地。有的时候，我们的设备在发送数据，但是我们可能根本没有意识到这一点，比如，当我们设置了一个自动备份功能，或者当我们的设备自动搜索 Wi-Fi 热点中的路由器时，设备就在发送数据。

　　下面的分类可以用来对个人数据类型进行区分。

- **自愿数据**（volunteered data）：这类数据是由我们创建并且主动分享的数据，比如社交网络中的个人信息。这类数据也有可能包括视频文件、图片、文本或者音频文件。
- **观测数据**（observed data）：这类数据是根据我们的操作所捕获的记录数据，例如我们使用手机时的位置数据。
- **推测数据**（inferred data）：这类数据是对人们的自愿数据或者观测数据进行分析所获得的数据，例如一个人的信用评级。

1.2.2   数据传输的方式

在数据被转换为一系列的位（bit）之后，它还必须被转换为能够通过网络媒介传输到目的地的信号。网络媒介是指信号赖以传输的物理媒介，包括铜质电缆、光纤线缆，以及通过空气传播的电磁波等。信号由光学或电学形态组成，它会从一台联网设备传输到另一台联网设备。这些光学或电学形态代表的是位（即数据），它们会沿着网络媒介从源传输到目的地，形式可以是一系列电脉冲、光脉冲或者无线电波。信号会在源和目的地之间出现网络媒介变更时进行转换，因此可能需要经过很多次转换最终才能到达目的地。

网络中使用 3 种常见的信号传输方式，如图 1-17 所示。

- **电信号**：通过把数据表示为电脉冲来实现传输。
- **光信号**：通过把电信号转换为光脉冲来实现传输。
- **无线信号**：使用红外线、微波或者空气中的无线电波来实现传输。

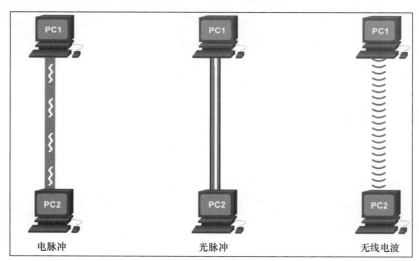

图 1-17   信号传输的 3 种方式

在大部分家庭和小型办公环境中，信号都是通过铜质电缆或者 Wi-Fi 无线连接进行传输的。规模较大的网络则会使用光纤线缆来可靠地承载长距信号。

1.3   带宽与吞吐量

网络性能通常可以使用用户发送和接收信息的速率来进行量度。带宽和吞吐量是量度数据从源到目的地的传输状况的两个指标。

1.3.1 带宽

如果我们希望用流媒体观看电影或者玩多玩家游戏，则需要建立可靠且高速的连接。为了给这类"高带宽"应用提供支持，网络就必须能够以非常高的速率来发送和接收数据。

不同的网络媒介支持以不同的速率来传输数据，速率是以每秒传输的位的数量来进行量度的。人们在探讨数据传输速率时，往往会使用带宽和吞吐量这两个指标。

带宽（bandwidth） 是指网络媒介承载数据的能力。数字带宽测量的是在一段给定的时间内，能够从一个地方流往另一个地方的数据总量。带宽一般会用每秒能够通过这个网络媒介进行发送的（理论）位数来进行量度。常见的带宽单位包括：

- 千位每秒（kbit/s）；
- 百万位每秒（Mbit/s）；
- 十亿位每秒（Gbit/s）。

网络媒介的特性、当前的技术，以及物理定律在决定可用带宽方面发挥了各自的作用。

表 1-1 显示了常用的带宽量度单位。

表 1-1   常用的带宽量度单位

带宽单位	简称	描述
位每秒	bit/s	bit/s 为带宽的基本单位
千位每秒	kbit/s	1 kbit/s = 1000 bit/s = 10^3 bit/s
百万位每秒	Mbit/s	1 Mbit/s = 1000000 bit/s = 10^6 bit/s
十亿位每秒	Gbit/s	1 Gbit/s = 1000000000 bit/s= 10^9 bit/s
万亿位每秒	Tbit/s	1 Tbit/s = 1000000000000 bit/s= 10^{12} bit/s

1.3.2 吞吐量

吞吐量（throughput） 和带宽一样，也是在一定时间范围内对跨媒介传输的位的数量进行量度。不过，因为很多因素，吞吐量有时候并不能匹配指定的带宽。很多因素都会对吞吐量造成影响，包括：

- 通过连接发送和接收的数据总量；
- 传输的数据类型；
- 源和目的地之间的网络设备所造成的延迟。

延迟（latency） 是指数据从一个点传输到另一个点所用的时间总量，其中包括延误的时间。

测量吞吐量时并不考虑传输和接收的数据是否有效或者是否有用。人们通过网络所接收到的很多消息并不是专门发送给特定用户使用的。负责规范浏览和纠正错误的网络控制消息就属于这种消息。

在一个互联网络或者包含多个网段的网络中，吞吐量不可能大于从发送端设备到接收端设备之间路径上最慢的那条链路的数据传输速率。即使绝大部分网段的带宽都很高，只要路径中有一个网段存在低带宽链路，就可能导致整个网络的吞吐量降低。

很多在线测试可以评估出互联网连接的吞吐量。

1.4   客户端与服务器

在客户端/服务器网络模型中，一台计算机充当客户端，另一台计算机则充当服务器。客户端从服务器那里请求服务或者信息，而服务器则会使用被请求的内容来做出响应。

1.4.1   客户端与服务器所扮演的角色

所有连接到网络中并且直接参与网络通信的计算机都可以归类为主机（host）。主机可以在网络中发送和接收消息。在当代网络中，主机可以充当客户端、服务器，或者同时充当客户端和服务器，如图 1-18 所示。安装在主机上的软件决定了这台计算机所扮演的角色。

图 1-18   客户端与服务器

服务器（server）是指一类主机，其所装软件使其为网络中的其他主机提供信息或服务，如电子邮件或网页。每项服务都需要独立的服务器软件，例如，一台主机需要安装网页服务器软件才能向网络提供网页服务。读者在网上访问的每个站点，都是由位于某处的一台连接到互联网的服务器所提供的。

客户端（client）是指一类主机，其所装软件使其从服务器那里请求信息并显示出来。网页浏览器（如 Safari、火狐或 Chrome）属于客户端软件。

表 1-2 描述了一些常见的客户端和服务器软件。

表 1-2   一些常见的客户端和服务器软件

类型	描述
电子邮件	电子邮件服务器运行电子邮件服务器软件。客户端则会使用电子邮件客户端软件（如 Microsoft Outlook）来访问服务器上的电子邮件
网页	网页服务器运行网页服务器软件。客户端则会使用网页浏览器软件（如 Microsoft Edge）来访问服务器上的网页
文件	文件服务器会把企业文件和用户文件保存在一个集中的地点。客户端设备则会使用文件访问客户端软件（如 Windows 文件资源管理器）来访问这些文件

1.4.2   对等体到对等体网络

客户端和服务器软件通常运行在独立的计算机上，但在一台计算机上同时运行客户端和服务器软件也不是没有可能的。在小型企业或家庭环境中，大量计算机会同时在网络中充当服务器和客户端。这种类型的网络称为**对等体到对等体（Peer-to-Peer，P2P）**网络。

最简单的 P2P 网络是由两台通过有线或无线方式直连的计算机组成的。两台计算机可以使用这个最简单的网络来交换数据和服务，并且视需要充当客户端或者服务器的角色。

大量计算机也可以通过相互连接来形成一个规模比较大的 P2P 网络，但是这种网络需要使用一台网络设备（比如一台交换机）来连接这些计算机。

如图 1-19 所示，P2P 网络的最大缺点在于，如果一台主机同时充当客户端和服务器，那么它的性能就会降低。

图 1-19 P2P 网络示例

P2P 网络的优点包括以下几点。

- 很容易建立。
- 复杂性很低。
- 成本比较低，因为有可能不需要购买网络设备和专用的服务器。
- 可以用于比较简单的目的，如传输文件和共享打印机。

P2P 网络的缺点包括以下几点。

- 无法进行集中式管理。
- 不够安全。
- 可扩展性不佳。
- 所有设备都有可能同时充当客户端和服务器，因此它们的性能都有可能降低。

在大型商业环境中，因为网络流量有可能非常庞大，所以有必要部署专门的服务器来支持这种规模的服务请求。

1.4.3 对等体到对等体应用

P2P 应用可以让一台设备在一个通信中同时充当客户端和服务器，如图 1-20 所示。在这种模型中，每个客户端都是一台服务器，每台服务器也都是一个客户端。P2P 应用要求每台终端设备都提供一个用户接口，并且运行一项后台服务。

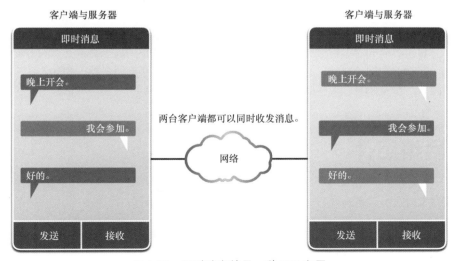

图 1-20 即时消息就是一种 P2P 应用

有些 P2P 应用采用一个混合系统,使资源共享去中心化,指向资源所在位置的索引则会存储在一个集中的目录中。在一个混合系统中,每个对等体都可以访问索引服务器来获取存储在另一个对等体上的资源。

1.4.4   网络中的各类角色

一台安装了服务器软件的计算机可以同时给一个或多个客户端提供服务,如图 1-21 所示。此外,一台计算机上也可以运行多个不同类型的服务器软件。在一个家庭或者小型办公环境中,一台计算机可能需要同时充当文件服务器、网页服务器和电子邮件服务器。

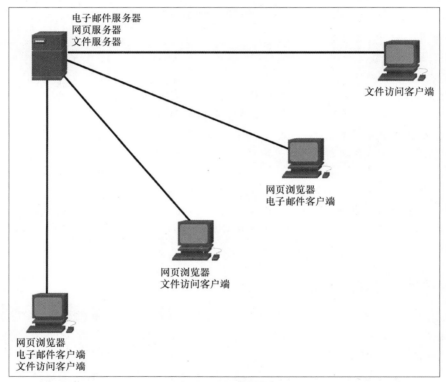

图 1-21   客户端访问服务器上的服务

一台计算机也可以同时运行多个不同类型的客户端软件。每项所需服务都必须有对应的客户端软件。在安装了多个客户端(软件)之后,主机就可以同时连接到多台服务器,例如,一个用户可以同时查看电子邮件、浏览网页、发送即时消息、收听在线广播。

1.5   网络组件

网络组件是由笔记本电脑和手机等终端设备,以及以太网交换机和路由器等网络基础设施所组成的。

1.5.1 网络基础设施

消息从源到目的地的转发路径可以非常简单，简单到就是一条连接两台计算机的线缆，也可以非常复杂，复杂到是一个扩展到全球的网络。网络基础设施是指支持网络的平台，它可以提供稳定、可靠的信道，让消息得以传输。

网络基础设施包含以下 3 种类型的硬件组件，如图 1-22 所示。
- 终端设备。
- 中间设备。
- 网络媒介。

图 1-22　终端设备、中间设备和网络媒介

设备和网络媒介都属于网络的物理元素（硬件）。硬件一般是指那些看得见、摸得着的网络平台组件，如笔记本电脑、PC（Personal Computer，个人计算机）、交换机、路由器、无线接入点（Wireless Access Points，WAP）或者连接这些设备的线缆。有的时候，一些组件也不那么直观。在无线媒介中，消息就是通过肉眼看不见的无线电波或者红外线在空中进行传输的。

读者可以把自己家庭网络中安装的网络基础设施列出来，包括提供网络连接的线缆或者 WAP。

1.5.2 终端设备

人们最熟悉的那些网络设备被称为终端设备（end device）或者主机。这类设备就是用户和底层通信网络之间的接口。

终端设备包括：
- 计算机（如工作站、笔记本电脑、文件服务器、网页服务器）；
- 网络打印机；

- 电话和网真设备;
- 安全摄像头;
- 移动设备,如智能手机、平板电脑、PDA(Personal Digital Assistant,掌上电脑)和无线(储蓄卡/信用卡)读卡器以及条形码扫码器。

对于穿越网络传输的消息来说,终端设备(主机)既是源也是目的地,如图 1-23 所示。为了能够唯一地标识各个主机,网络中必须使用地址。当一台主机发起通信的时候,它就会使用目的主机的地址来标识消息应该发送给哪台设备。

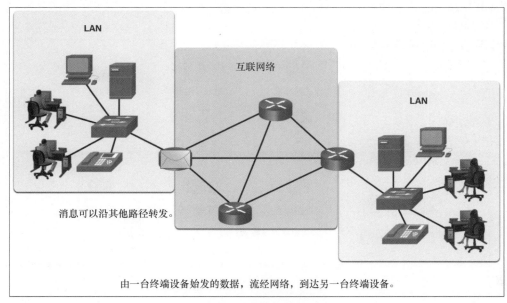

图 1-23　网络中的消息

1.6　本章小结

下面是对本章各主题的总结。

- **网络类型**

互联网是全球范围互联网络的集合,它们相互协作、使用共同的标准来交换信息。通过互联网,人们可以借助电话线、光纤线缆、无线传输和卫星链路来交换信息。互联网被视为“连接网络的网络”,因为互联网是由成千上万相互连接的本地网络所组成的。互联网连接的计算设备多种多样,不仅仅有台式计算机和笔记本电脑。这些设备都是我们日常使用的产品,它们也会连接到互联网中。

- **数据传输**

自愿数据是由我们创建并且主动分享的数据,比如社交网络中的个人信息。观测数据是根据我们的操作所捕获的记录数据,例如我们使用手机时的位置数据。推测数据是对自愿数据或者观测数据进行分析所获得的数据,例如一个人的信用评级。位(bit)只有可能为两个值之一: 0 或 1。每 8 位为一个字节,可以用来代表字母和数字等。网络中使用的 3 种常见信号传输方式为电信号、光信号和无线信号。

■　带宽与吞吐量

数据传输的速率往往会用带宽和吞吐量作为指标进行讨论。带宽通常会用一段指定时间内通过媒介传输的位数来进行量度。很多因素都会影响吞吐量，包括通过该连接发送和接收的数据总量、传输的数据类型，以及源和目的地之间的网络设备所造成的延迟。延迟是指数据从一个点传输到另一个点所用的时间总量，其中包括延误的时间。

■　客户端与服务器

服务器是指一类主机，其所装软件使其为网络中的其他主机提供信息或服务，如电子邮件或网页；客户端是指一类主机，其所装软件使其从服务器那里请求信息。在小型企业或家庭环境中，大量计算机会同时在网络中充当服务器和客户端。这种类型的网络称为 P2P 网络。最简单的 P2P 网络是由两台通过有线或无线方式直连的计算机组成的。P2P 应用可以让一台设备在相同通信中同时充当客户端和服务器。在这种模型中，每个客户端都是一台服务器，每台服务器也都是一个客户端。在一个家庭或者小型办公环境中，一台计算机可能需要同时充当文件服务器、网页服务器和电子邮件服务器。一台计算机也可以同时运行多个不同类型的客户端软件。每项所需服务都必须有对应的客户端软件。

■　网络组件

网络基础设施包含 3 种类型的硬件组件，即终端设备、中间设备和网络媒介。设备和网络媒介都属于网络的物理元素（硬件）。硬件一般是指那些看得见、摸得着的网络平台组件，如笔记本电脑、PC、交换机、路由器、WAP 或者连接这些设备的线缆。人们最熟悉的那些网络设备被称为终端设备或者主机。这类设备就是用户和底层通信网络之间的接口。对于穿越网络传输的消息来说，终端设备（主机）既是源也是目的地。

习题

完成下面的习题可以测试出你对本章内容的理解水平。附录中会给出这些习题的答案。

1. 下列哪个术语可以描述一类网络设备，其主要功能是给其他设备提供信息或服务？
   A. 控制台　　　　B. 工作站　　　　　　C. 服务器　　　　　　D. 客户端

2. 下列哪一项可以为数字设备建立连接并让其传输数据？
   A. 网络　　　　　B. 全球定位传感器　　C. 智能手机　　　　　D. 传感器

3. 下列哪一项为 P2P 应用的特征？
   A. 在通信过程中，两边的主机都会加载用户接口和相同的后台服务
   B. P2P 应用开发人员通常会给他们的应用提供他们自己的传输层协议
   C. 这类应用只能用于 P2P 网络中
   D. 发起通信的主机会成为客户端，另一端的主机则会成为服务器

4. 数据在网络中两点之间传输所经历的时间总和称为什么？
   A. 延迟　　　　　B. 带宽　　　　　　　C. 有效吞吐量　　　　D. 吞吐量

5. 两台计算机都可以发送和接收资源请求消息，这类网络被定义为什么？
   A. 企业网络　　　B. 客户端/服务器网络　C. P2P 网络　　　　　D. 园区网络

6. SOHO 网络的特征是什么？
   A. SOHO 网络是由多个具有骨干网基础设施连接的局域网所构成的
   B. SOHO 网络是一种小型网络，由为数不多的几台计算机相互连接构成，并且连接到互联网
   C. SOHO 网络是一种大型网络（比如企业和院校使用的那种网络），包含成百上千台相互连接的主机

      D. SOHO 网络是由一系列相互连接的私有网络和公有网络组成的

7. 家庭用户必须访问下列哪种类型的网络才能进行在线购物？

      A. 互联网   B. 蓝牙网络   C. NFC   D. 局域网

8. 什么是互联网？

      A. 一种连接网络的网络

      B. 计算机访问万维网的网络媒介

      C. 一种用于访问万维网的应用程序

      D. 企业建立的一种小型独立的内部网络

9. 网络中的终端设备提供下列哪些功能？（选择 2 项）

      A. 充当人类和通信网络之间的接口

      B. 提供网络消息传输的信道

      C. 过滤数据流以提升网络的安全性

      D. 在发生链路故障的情况下，负责引导数据沿其他路径发送到目的地

      E. 发起穿越网络的数据流量

10. 在我们的日常生活中，哪种情况可以作为二进制的一种表现形式？

      A. 室温   B. 电灯泡的亮度   C. 汽车的时速   D. 电灯开关状态

11. 参见图 1-24，下列哪个术语可以准确地定义区域 B 中的设备类型？

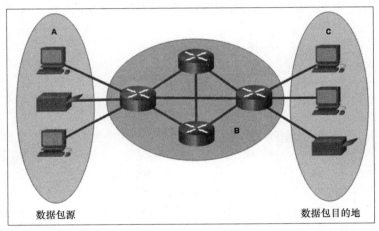

图 1-24

      A. 源设备   B. 传输设备   C. 终端设备   D. 中间设备

第 2 章

在线连接

学习目标

在完成本章的学习后，读者应有能力回答下列问题。

- 手机等移动设备使用了哪些不同类型的网络？
- 主机连接的要求是什么？
- 网络文档的重要性何在？

现在，读者已经对如何创建网络有了基本的了解，包括如何让自己的网络连接到互联网。但是你知道所有连接网络的方法吗？比如，你的手机是如何连接到网络的？网络组件之间又是如何协作的？如果你看到了自己学校网络的拓扑，你知道应该怎么理解这张图吗？你希望掌握阅读拓扑的方法吗？如果答案是肯定的，本章就是为你编写的。

2.1 无线网络

无线网络可以提供移动性，也可以在没有有线连接的环境中提供对网络资源的访问。无线网络同样广泛应用于通信当中，如手机就要连接无线网络。

2.1.1 移动通信

人们上网的一种常见方法就是用手机。但是你知道大部分手机都可以同时连接到很多不同类型的网络吗？下面将介绍普通手机和智能手机是如何与各种网络进行互动的，同时介绍一些新的术语。

普通手机会用无线电波向特定地理范围内的通信塔上安装的天线传输语音信号。普通手机之所以称为"蜂窝电话"（cell phone），是因为每座塔为手机提供信号的地理范围被称为一个"蜂窝"。在有人拨打电话的时候，语音信号就会从一座塔被转发到另一座塔，直至信号被传输到最终的目的地。在我们拨叫另一部手机或者有线电话的时候，我们使用的就是这种类型的网络。手机直接发送的短信也使用这种网络。最常见的蜂窝移动通信网络称为 GSM（Global System for Mobile Communications，全球移动通信系统）网络。

2.1.2 蜂窝移动通信网络

最初，蜂窝移动通信网络的无线电传输设计方案是不允许传输数字信号的，所以人们对其进行了改进，改善了数据通过蜂窝移动通信网络传输的方式。人们用 3G、4G、4G-LTE 和 5G 来描述改进之后能够进行高速数据传输的新型蜂窝移动通信网络。在这些名词中，G 表示"代际"（generation），因此 5G 指的就是第五代蜂窝移动通信网络。在搜索到 4G 或者 5G 信号的时候，大多数普通手机和智能手机都会有所显示。

如今，4G 仍然在大多数手机使用的移动网络中占据统治地位。它的数据传输速度是此前 3G 网络的 10 倍。5G 最早是在 2019 年发布的，也是目前最新的标准。5G 标准比之前的标准效率更高。5G 网络最高可以达到 4G 网络 100 倍的数据传输速度，同时也比之前标准能够连接的设备数量多得多。

图 2-1 显示，截至 2022 年，4G 仍然在全球移动流量中占据主导地位，但 5G 的使用比例正在大幅增加。

图 2-1　全球移动流量

2.1.3　其他无线网络

除了 GSM、4G/5G 发射器和接收器之外，智能手机也可以连接其他不同类型的网络。

1. 全球定位系统

全球定位系统（GPS）使用卫星在全球范围传输信号。智能手机也可以接收这种信号，并且计算出手机所在的位置，精度在 10 米之内。

2. Wi-Fi

智能手机内的 Wi-Fi 发射器和接收器可以让手机连接到本地网络，进而接入互联网。要想在 Wi-Fi 网络范围内接收和发送数据，手机需要处于无线网络接入点（Access Point, AP）的信号覆盖范围之内。Wi-Fi 网络通常是私有网络，但往往可以提供访客或公共访问热点。手机的 Wi-Fi 网络连接类似于笔记本电脑的网络连接。

3. 蓝牙

蓝牙是一种低功耗的短距离无线技术，其目的是取代扬声器、耳机和麦克风等配件的有线连接。蓝牙技术可以让设备实现短距离无线通信。大量设备可以同时使用蓝牙来进行连接。蓝牙也可以用来把智能手表连接到智能手机上。因为蓝牙可以同时用来传输数据和语音，所以蓝牙可以用来创建小型本地网络。

4. 近场通信

近场通信（Near Filed Communication, NFC）是一种可以让距离非常近的设备交换数据的无线通信技术，设备之间的距离通常在几厘米之内，比如，通过 NFC 可以把智能手机和支付系统连接起来。

NFC 使用电磁场来传输数据。

2.2 本地网络连接

大多数终端设备都处于 LAN 中。LAN 既可以是有线网络，也可以是无线网络，或者是有线网络和无线网络的结合。

2.2.1 LAN 组件

除了智能手机等移动设备之外，很多其他组件也可以连接到 LAN 中。这里所说的 LAN 组件包括 PC、服务器、网络设备和线缆，它们可以归为 4 类：

- 主机；
- 外围设备；
- 网络设备；
- 网络媒介。

1. 主机

主机可以发送和接收用户流量。主机是大多数终端设备的通称。主机拥有一个 IP（Internet Protocol，互联网协议）地址。主机包括 PC、网络打印机等，如图 2-2 阴影部分所示。

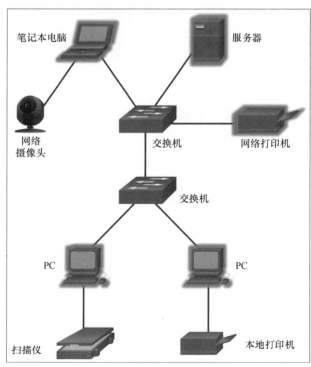

图 2-2 主机

2. 外围设备

共享外围设备并不会直接使其和网络进行通信。外围设备会依靠它们所连接的主机来完成网络操作。外围设备包括网络摄像头、扫描仪和本地打印机，如图 2-3 阴影部分所示。

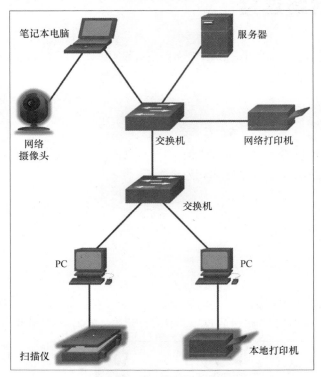

图 2-3   外围设备

3. 网络设备

网络设备会连接其他设备，主要是主机。这些设备会转发和控制网络流量。网络设备包括交换机、路由器和传统的集线器，如图 2-4 阴影部分所示。

4. 网络媒介

网络媒介用来在主机和网络设备之间提供连接。网络媒介（见图 2-5）可以是有线媒介（例如铜质电缆或者光纤线缆），也可以使用无线技术。

读者最熟悉的 LAN 组件有可能是主机和共享外围设备。前文提到过，主机会直接通过网络来发送和接收消息。

共享外围设备并不直接连接到网络，但是它们会连接到主机。接下来，主机就会负责在网络范围内共享外围设备。主机上会安装软件并且进行配置，让人们可以使用直连的外围设备。

网络设备和网络媒介则会为主机建立连接。网络设备有时也称为"中间设备"，因为它们往往位于从源主机到目的主机的消息路径上。

网络媒介这个词描述的是有线网络中使用的线缆，以及无线网络中使用的无线电波。这些有线网络和无线网络可以为消息提供转发路径，让消息可以往返于各类 LAN 组件之间。

有些设备可以扮演多个角色，具体的角色取决于设备的连接方式，比如，直接连接在主机上的打印机（本地打印机）属于外围设备；直接连接到网络设备上并且直接参与网络通信的打印机则属于主机。

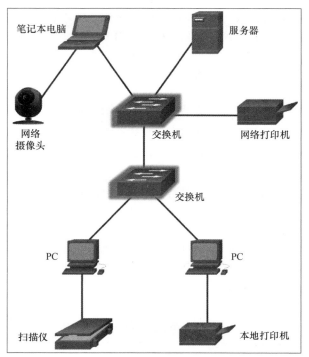

图 2-4 网络设备

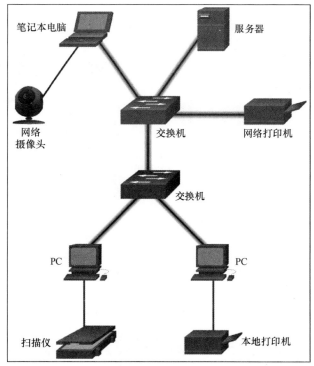

图 2-5 网络媒介

以太网是一种多用于 LAN 环境中的技术。以太网技术是由美国施乐帕克（Xerox PARC）研究中心开发的，最早由数字设备公司（Digital Equipment Corporation，DEC）、英特尔（Intel）和施乐（Xerox）

在 1980 年开始用于商业环境。以太网技术随后在 1983 年被标准化为 IEEE 802.3。设备使用以太网网络接口卡（Network Interface Card，NIC）连接到以太网 LAN。每个以太网 NIC 都有一个永久烧录在接口卡上的唯一地址，称为 MAC（Medium Access Control，介质访问控制）地址。

2.2.2 终端设备的编址

为了在物理上连接到一个网络当中，终端设备必须拥有一个 NIC。NIC 是一种硬件，它让设备可以连接到网络媒介（包括有线媒介和无线媒介）。NIC 既可以集成到设备主板上，也可以是一张需要独立安装的板卡。

除了物理连接之外，设备还需要进行一些操作系统（Operating System，OS）配置才能加入网络。大多数网络都会连接到互联网，并且使用互联网来交换信息。终端设备需要使用 IP 地址和其他信息在网络中（对其他设备）标识自己。IP 地址有两种版本：第 4 版互联网协议（Internet Protocol Version 4，IPv4）和第 6 版互联网协议（Internet Protocol Version 6，IPv6）。现在，IPv4 可以过渡到更新的 IPv6。如图 2-6 所示，IPv4 的如下三大部分必须配置正确，设备才能在网络中发送和接收信息。

- **IP 地址**：用来在网络中标识这台主机。
- **子网掩码**：用来标识主机所连接的网络。
- **默认网关**：主机访问互联网或其他远端网络时，所要使用的网络设备（地址）。

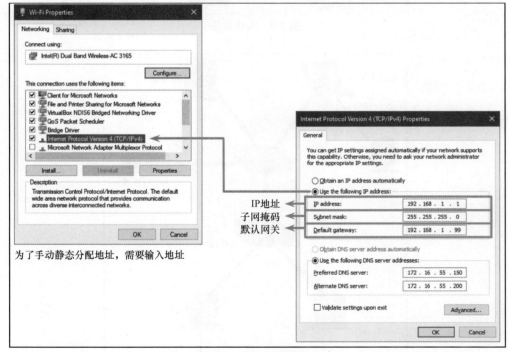

图 2-6　Windows IP 地址信息

注　释　　大多数网络应用都会使用域名（例如 www.cisco.com），而不是使用 IP 地址来访问互联网上的信息。域名系统（Domain Name System，DNS）服务器可以把域名转换为 IP 地址。如果没有 DNS 服务器的 IP 地址，用户访问互联网就会遇到一些困难。

2.2.3 手动和自动地址配置

IP 地址既可以手动配置，也可以由另一台设备进行自动配置，如图 2-7 所示。

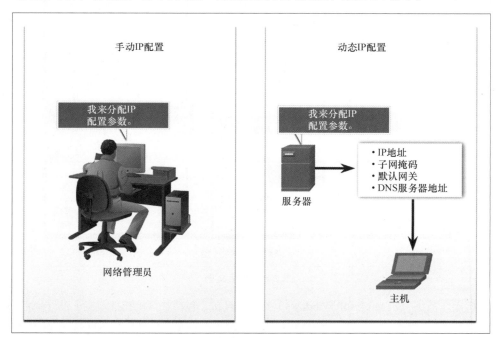

图 2-7　手动和动态 IP 配置

1. 手动 IP 配置

对于手动配置，人们（一般是网络管理员）需要通过键盘把所需的值输入设备。这里输入的 IP 地址称为静态地址，这个地址在网络上必须是唯一的。

2. 动态 IP 配置

大多数终端设备可以通过配置来动态接收网络配置信息，让设备在网络中从一台 DHCP（Dynamic Host Configuration Protocol，动态主机配置协议）服务器的地址池中请求一个地址。

2.3　网络文档

网络文档是任何网络的重要组成部分。一个可靠的、最新的网络文档是对任何网络进行规划、实施、维护和排错的一个重要工具。

2.3.1　设备名称与地址规划

随着网络规模不断扩大和其复杂性不断增加，网络变得越来越重要，因此需要对网络进行更加良好的规划、更加合理的组织、更加完善的记录，如图 2-8 所示。

很多组织机构都有自己的计算机（以及其他终端设备）命名和编址惯例。这些惯例提供了指导方针和规则，让网络支持人员在执行这类任务时有所参照。

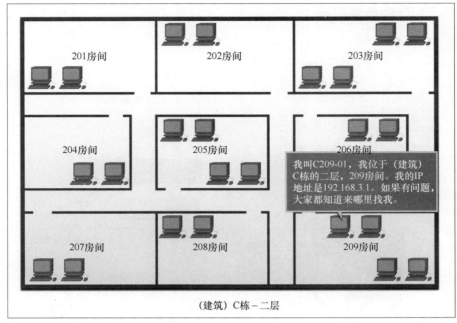

图 2-8   网络文档

计算机操作系统（如 Microsoft Windows）支持对设备（包括计算机和打印机）进行命名。设备名称必须是唯一的，同时应该采用统一的格式来表示有意义的信息。这些信息可以帮助我们根据设备的名称判断出设备的类型、功能、位置和序列号。每台设备的 IP 地址也必须是唯一的。

如果我们将设备命名和编址的逻辑惯例详细记录下来，就可以大幅度简化培训和网络管理工作，这些记录下来的惯例也可以在发生问题时帮助技术人员进行排错。

2.3.2   网络拓扑及其表示方式

在一个由为数不多的几台计算机所组成的简单网络中，我们很容易看到各个网络组件是如何连接在一起的。随着网络规模的扩大，追踪每个网络组件的位置以及弄清楚各个网络组件的连接方式会变得越来越困难。有线网络需要通过大量线缆和网络设备来为所有主机提供连接。拓扑可以通过一种比较简单的方式来帮助人们理解大型网络中的设备是如何连接的。

安装一个网络的同时，人们会绘制一个物理拓扑图（physical topology diagram），用它来记录网络中的每台主机分别位于什么位置，以及这些主机是如何连接到网络的。物理拓扑图中也会记录线缆连接在哪里，以及连接主机的网络设备位于何处。这类拓扑会通过专门的符号或者图标来表示不同类型的设备和不同的连接方式，这些设备和连接方式共同组成整个网络。图 2-9 显示了在拓扑中用来代表网络组件的一部分图标。

2.3.3   逻辑网络信息

如果我们把网络中的物理连接和设备信息记录下来，那么我们在连接新的设备或者对断开的连接进行排错时，这些信息就可以为我们提供帮助。但是在对网络故障进行排错的时候，还有其他我们必须掌握的信息。这类信息无法通过如图 2-10 所示的网络的外观直接"看"出来。

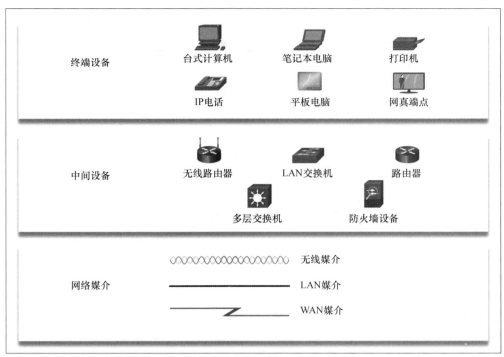

图 2-9　拓扑中使用的网络组件图标

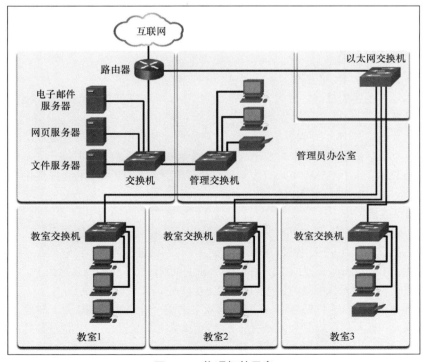

图 2-10　物理拓扑示意

　　设备名称、IP 地址、配置信息和网络设计方案都属于逻辑网络信息，这些信息很可能会比物理连接变更得更加频繁。逻辑拓扑图（logical topology diagram）可以展示出相关的网络配置信息，如图 2-11 所示。

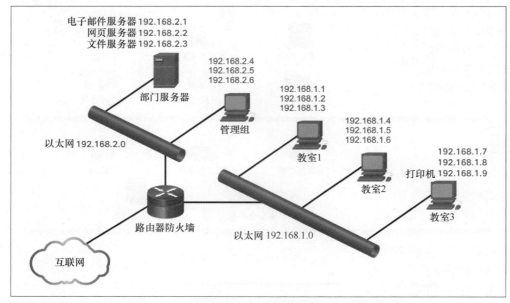

图 2-11   一个逻辑拓扑图

读者不妨想象一下我们家里或者学校里那些可以访问互联网的设备。在家里，有没有哪些你可以通过手机或者平板电脑进行控制或者管理的设备？画一张家里或者教室里的网络物理拓扑图，然后把你画的拓扑图和同学画的拓扑图比较一下。

2.4   本章小结

下面是对本章各主题的总结。

■   **无线网络**

手机会使用无线电波向天线传输语音信号。这些天线安装在覆盖一个特定地理范围的通信塔上。最常见的蜂窝移动通信网络称为 GSM 网络。在搜索到 4G 或者 5G 信号的时候，大多数普通手机和智能手机都会有所显示。除了 GSM、4G/5G 发射器和接收器之外，智能手机也可以连接其他不同类型的网络，包括 GPS、Wi-Fi、蓝牙和 NFC。

■   **本地网络连接**

LAN 组件可以归为 4 类，即主机、外围设备、网络设备和网络媒介。主机是指任何直接通过网络发送和接收消息的设备。共享外围设备并不会直接使其和网络进行通信，但它们会连接到主机。网络设备有时也称为"中间设备"，因为它们往往位于从源主机到目的主机的消息路径上。网络媒介指有线网络中使用的线缆，以及无线网络中使用的无线电波。

为了在物理上连接到一个网络当中，终端设备必须拥有一个 NIC。NIC 是一种硬件，它让设备可以连接到网络媒介（包括有线媒介和无线媒介）。终端设备需要配置一个 IP 地址和其他信息以便在网络中向其他设备标识自己。既可以手动配置 IP，也可以由一台 DHCP 服务器动态配置 IP。

■   **网络文档**

需要对网络进行更加良好的规划、更加合理的组织、更加完善的记录。设备名称必须是唯一的，同时应该采用统一的格式来表示有意义的信息。这些信息可以帮助我们根据设备的名称判断出设备的类型、功能、位置和序列号。每台设备的 IP 地址也必须是唯一的。安装一个网络的同时，人们会绘制一个物理拓扑图,用它来记录每台主机分别位于什么位置,以及这些主机是如何连接到网络的。物理拓扑图中也会记录线缆连接在哪里,以及连接主机的网络设备位于何处。在对网络故障进行排错的时候,还有其他我们必须掌握的信息。这类信息无法通过网络的外观直接"看"出来。设备名称、IP 地址、配置信息和网络设计方案都属于逻辑网络信息,这些信息很可能会比物理连接变更得更加频繁。逻辑拓扑图可以展示出相关的网络配置信息。

习题

完成下面的习题可以测试出你对本章内容的理解水平。附录中会给出这些习题的答案。

1. 下列哪种类型的网络组件包括有线网络中使用的线缆?

    A. 设备   B. 主机   C. 外围设备   D. 网络媒介

2. 下列哪句话描述的是一个 LAN 的物理拓扑图?

    A. 它描述了这个 LAN 中所使用的编址计划

    B. 它描述了这个 LAN 是一个广播网络还是一个令牌传输网络

    C. 它定义了主机和网络设备是如何连接到这个 LAN 的

    D. 它展示了主机访问网络的顺序

3. 下列哪种无线技术只能在智能手机向与它极其相近的设备传输数据时使用?

    A. Wi-Fi   B. 蓝牙   C. NFC   D. 3G/4G

4. 下列哪项 IP 配置参数提供的是一台网络设备的 IP 地址,让计算机可以用这个地址来访问互联网?

    A. 子网掩码   B. DNS 服务器   C. 主机 IP 地址   D. 默认网关

5. 一位出差的销售代表在酒店用自己的手机联系家庭办公室和客户、追踪样品、拨打销售电话、记录日程、上传和下载数据。下列哪种方式是移动设备以低成本连接互联网的最好方法?

    A. 蜂窝移动通信网络   B. 有线连接   C. DSL   D. Wi-Fi

6. 参见图 2-12,图中绘制的是哪种类型的拓扑图——逻辑拓扑图还是物理拓扑图?

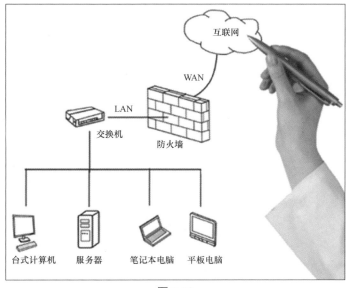

图 2-12

    A. 逻辑拓扑图   B. 物理拓扑图

7. 在给一个小型网络规划网络扩展项目时，下列哪项设计要素包含网络的物理拓扑图和逻辑拓扑图？

    A. 预算　　　　　　B. 流量分析　　　　　C. 设备清单　　　　　D. 网络文档

8. 一个组织机构在制定网络设备命名标准时，可以采用下列哪两种推荐做法？（选择 2 项）

    A. 设备名称应该采用统一的格式

    B. 设备名称（尤其是 PC）应该包含 IP 地址

    C. 设备名称应该超过 8 个字符

    D. 设备名称应该同时包含大写字母、小写字母、数字和符号

    E. 每台设备都应该使用唯一的、有意义的名称

9. 下列哪种技术用于在蜂窝移动通信网络中提供数据传输？

    A. NFC　　　　　　B. 蓝牙　　　　　　C. 4G　　　　　　　D. Wi-Fi

10. 下列哪种无线技术可以把手机连接到一台计算机上？

    A. Wi-Fi　　　　　B. 蓝牙　　　　　　C. 4G-LTE　　　　　D. NFC

11. 一个中学生向爷爷请教某种移动技术。爷爷忘了设备的名称，只记得这个中学生希望用它接听移动电话。下列哪种设备最有可能是这个中学生想要使用的？

    A. GPS　　　　　　B. 电子阅读器　　　C. 智能手表　　　　D. VR 头盔

12. 蜂窝移动通信网络使用下列哪一项技术？

    A. 蓝牙　　　　　　B. Wi-Fi　　　　　　C. GSM　　　　　　D. 光纤

第 3 章

使用 Packet Tracer 探索网络

学习目标

在完成本章的学习后，读者应有能力回答下列问题。

- Packet Tracer 的作用和功能是什么？
- 如何安装 Packet Tracer？
- 如何浏览 Packet Tracer 图形用户界面？
- 如何配置一个 Packet Tracer 网络？

读者可以想象一下自己创建一个网络，这个网络要多大就有多大，而且不需要购买昂贵的设备，也不需要清理房间来给那些路由器和交换机腾地方。感兴趣吗？这一章就是为此编写的。读完本章你可以学到关于 Packet Tracer 的相关知识。

3.1 Packet Tracer 网络模拟器

Packet Tracer 是一种用于教学的网络模拟器，它可以提供逼真的模拟效果和可视化的体验。

注　释	Packet Tracer 是一种创新的网络模拟器和可视化工具。这款免费软件可以帮助你在自己的计算机、安卓系统或 iOS 的移动设备上提升网络配置和排错技能。Linux 系统、Windows 系统和 macOS 的环境都有对应的 Packet Tracer。 你可以使用 Packet Tracer 从零开始搭建一个网络,也可以使用搭建好的示例网络。Packet Tracer 可以让用户轻松探索数据是如何穿越网络的。Packet Tracer 提供了一种简单的方式，让用户可以设计和搭建各种不同规模的网络，而不需要购买昂贵的实验设备。虽然这款软件在练习的体验感上无法替代物理路由器、交换机、防火墙和服务器，但是它确实有非常多的优势，而且这些优势绝对不容小觑。 Packet Tracer 是大量思科网络技术学院课程中使用的核心学习工具。

3.2 Packet Tracer 的安装

大部分操作系统都可以使用 Packet Tracer。本节会探讨 Packet Tracer 的安装流程。

为了获得并且安装 Packet Tracer，应该执行下列步骤。

步骤 1：打开思科网络技术学院的 I'm Learning 页面并登录。

步骤 2：在页面右上角选择 Resources（资源）。

步骤 3：选择 Download Packet Tracer（下载 Packet Tracer）。

步骤 4：选择自己需要的 Packet Tracer 版本。

步骤 5：把文件保存到自己的计算机中。

步骤 6：启动 Packet Tracer 安装程序。

步骤 7：安装完成后，重新启动浏览器。

步骤 8：双击对应图标启动 Packet Tracer。

步骤 9：在得到提示的时候，使用自己的思科网络技术学院登录信息进行认证。

步骤 10：在 Packet Tracer 启动后，就可以开始了解软件的特性了。

3.3 Packet Tracer 的图形用户界面

Packet Tracer 采用了直观的图形用户界面（Graphical User Interface，GUI），可以让用户轻松、高效地创建出一个模拟网络。Packet Tracer 支持大多数 CCNA（Cisco Certified Network Associate，思科认证网络工程师）考试大纲所要求掌握的命令和技术。

Packet Tracer 是一个可以让用户模拟真实网络的工具。它提供 3 个主要的菜单，让用户可以完成下列操作。

- 添加设备并且通过线缆或者无线方式连接这些设备。
- 在网络中对组件进行选择、删除、监控、贴标签和分组。
- 管理网络。

网络管理菜单可以让我们执行下列任务。

- 打开一个现有的网络或示例网络。
- 保存当前的网络。
- 修改用户配置文件或者用户偏好。

如果读者使用过任何诸如文字处理器或者电子表格的程序，就应该非常熟悉 Packet Tracer 顶部菜单栏中的文件（File）菜单。其中，打开（Open）、保存（Save）、另存为（Save As）和退出（Exit）命令的功能和其他程序中对应命令的功能是一样的，但这个菜单中有两项命令是 Packet Tracer 所独有的。

- 打开示例（Open Samples）命令用于显示一个清单，其中会罗列出 Packet Tracer 中所包含的预先搭建好的各种网络和互联网的特性和配置。
- 离开并退出登录（Exit and Logout）命令用于删除这个 Packet Tracer 副本的注册信息，同时要求这个 Packet Tracer 副本的下一位用户完成注册流程。

找到并部署设备

因为 Packet Tracer 会模拟网络和网络流量，所以这些网络的物理构成也需要进行模拟。模拟过程包括找到并部署设备、对这些设备进行自定义，然后使用线缆连接这些设备。在完成物理部署和连线之后，就可以对连接设备的各个接口进行配置了。

用户可以在设备类型（Device-Type）选择框中找到要部署的设备。在设备类型选择框中可以选择类别和子类，如图 3-1 所示。上方一排图标代表分类，包括网络设备（Networking Device）、终端设备（End Device）、组件（Component）、连接（Connection）、杂项（Miscellaneous）和多用户（Multiuser）。每种分类都包含至少一个子类组。

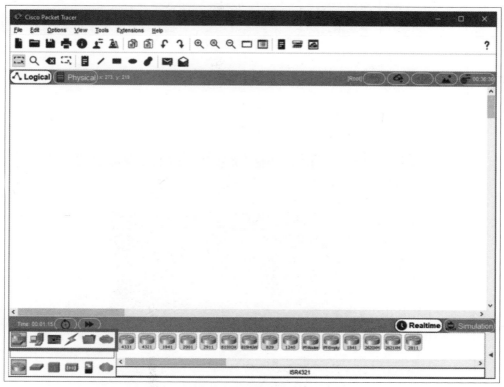

图 3-1 设备类型选择框

3.4 Packet Tracer 的网络配置

Packet Tracer 提供了多种配置网络的方法，还提供了一个很容易上手的 GUI 和一个 CLI（Command-Line Interface，命令行界面），其 CLI 类似于思科设备上使用的 CLI。

在网络创建完成之后，我们需要对设备和组件进行配置。Packet Tracer 可以让我们配置不同的中间设备和终端设备——正是这些设备共同组成了我们的网络。要访问任何设备的配置界面，首先需要单击我们想要配置的设备的图标。这时会弹出一个窗口，其中包含一系列的选项卡。不同类型的设备，接口也不相同。

Packet Tracer 中的 GUI 和 CLI 配置

Packet Tracer 提供了各种设备配置选项卡，其中包括：
- Physical（物理）；
- Config（配置）；
- CLI；
- Desktop（桌面）；
- Services（服务）等。

具体显示的选项卡取决于当前要进行配置的设备。

注　释	读者可能会在不同设备上看到其他选项卡，但与这些选项卡相关的知识不在本书的知识范畴内。

1. Physical 选项卡

如图 3-2 所示，Physical 选项卡提供了与设备进行互动的界面。这个选项卡可以让用户打开或者关闭某个接口，或者安装不同的模块，如无线 NIC。

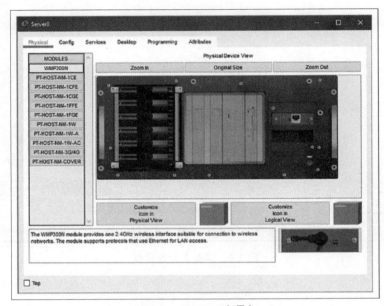

图 3-2　Physical 选项卡

2. Config 选项卡

对于路由器和交换机这类中间设备来说，可以采用两种配置方法，即可以通过 Config 选项卡（一个 GUI）或 CLI 进行配置和查看。

Config 选项卡并不会提供真实世界的环境，它是 Packet Tracer 中的一个学习选项卡。如果读者还不知道如何使用 CLI，这个选项卡可以提供一种方式来帮助读者填补基本配置方面的知识上的空白。它会显示和用户使用 CLI 选项卡进行配置后效果相同的 CLI 命令。

例如，在 Config 选项卡（见图 3-3）中，一位用户把设备的名称配置为 MyRouter。IOS 命令窗口中显示，用户所做的配置和在 CLI 中所做的配置产生了相同的效果。

3. CLI 选项卡

如图 3-4 所示，CLI 选项卡可以让用户访问 CLI，而使用 CLI 进行配置要求用户掌握设备配置相关的知识。在这里，读者可以练习如何在命令行中配置设备。CLI 配置是高级网络实施的必备技能。

注　释	所有在 Config 选项卡中输入的命令也会显示在 CLI 选项卡中。

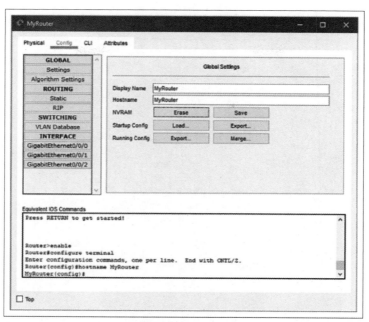

图 3-3 Config 选项卡

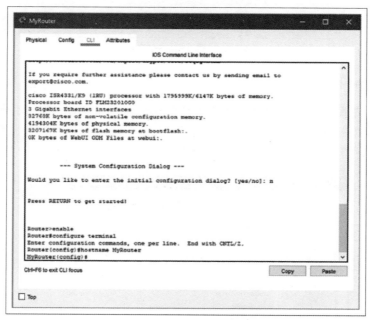

图 3-4 CLI 选项卡

4. Desktop 选项卡

如图 3-5 所示，Packet Tracer 为一些终端设备（如 PC 和笔记本电脑）提供了 Desktop 选项卡。用户可以在这里访问 IP 配置、无线配置、命令行提示、网页浏览器等。

图 3-5　Desktop 选项卡

5. Services 选项卡

如果你正在配置服务器，服务器会拥有主机所有的功能，而且会比主机多一个选项卡，也就是 Services 选项卡，如图 3-6 所示。我们可以使用这个选项卡把服务器配置为网页服务器、DHCP 服务器、DNS 服务器或者图 3-6 中可以看到的其他服务器。

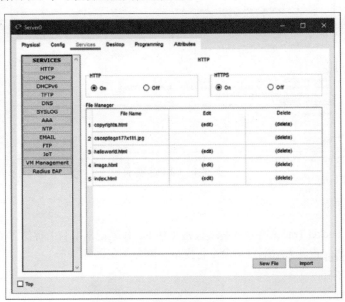

图 3-6　Services 选项卡

3.5　本章小结

下面是对本章各主题的总结。

■　**Packet Tracer 网络模拟器**

Packet Tracer 是一种网络模拟器和可视化工具。这款免费软件可以帮助你在自己的计算机、安卓系统或 iOS 的移动设备上提升网络配置和排错技能。Linux 系统、Windows 系统和 macOS 的环境都有对应的 Packet Tracer。

你可以使用 Packet Tracer 从零开始搭建一个网络，也可以使用搭建好的示例网络。Packet Tracer 可以让用户轻松探索数据是如何穿越网络的。Packet Tracer 提供了一种简单的方式，让用户可以设计和搭建各种不同规模的网络。

■　**Packet Tracer 的安装**

Packet Tracer 是在大部分思科网络技术学院课程中使用的核心学习工具。为了获得并且安装 Packet Tracer，应该执行下列步骤。

步骤 1：打开思科网络技术学院的 I'm Learning 页面并登录。

步骤 2：在页面右上角选择 Resources（资源）。

步骤 3：选择 Download Packet Tracer（下载 Packet Tracer）。

步骤 4：选择自己需要的 Packet Tracer 版本。

步骤 5：把文件保存到自己的计算机中。

步骤 6：启动 Packet Tracer 安装程序。

步骤 7：安装完成后，重新启动浏览器。

步骤 8：双击对应图标启动 Packet Tracer。

步骤 9：在得到提示的时候，使用自己的思科网络技术学院登录信息进行认证。

步骤 10：在 Packet Tracer 启动后，就可以开始了解软件的特性了。

■　**Packet Tracer 的图形用户界面**

Packet Tracer 提供了 3 个主要的菜单，让用户可以完成下列操作。

● 添加设备并且通过线缆或者无线方式连接这些设备。

● 在网络中对组件进行选择、删除、监控、贴标签和分组。

● 管理网络。

网络管理菜单可以让我们执行下列任务。

● 打开一个现有的网络或示例网络。

● 保存当前的网络。

● 修改用户配置文件或者用户偏好。

Packet Tracer 也会对网络的物理构成进行模拟，包括找到并部署设备、对这些设备进行自定义，然后使用线缆连接这些设备。用户可以在设备类型（Device-Type）选择框中找到要部署的设备。在设备类型选择框中可以选择类别和子类，最上面一排图标代表分类，包括网络设备（Networking Device）、终端设备（End Device）、组件（Component）、连接（Connections）、杂项（Miscellaneous）和多用户（Multiuser）。每种分类都包含至少一个子类组。

完成上述操作之后，我们需要对连接设备的接口进行配置。

■　**Packet Tracer 的网络配置**

我们可以配置不同的中间设备和终端设备——正是这些设备共同组成了我们的网络。单击我们想要配置的设备的图标，这时会弹出一个窗口，其中包含一系列的选项卡。不同类型的设备，接口也不相同。

　　对于路由器和交换机这类中间设备来说，可以采用两种配置方法，即可以通过 Config 选项卡（一个 GUI）或 CLI 进行配置和查看。使用 CLI 进行配置要求用户掌握与设备配置相关的知识。

　　Packet Tracer 为一些终端设备（如 PC 和笔记本电脑）提供了 Desktop 选项卡。用户可以在这里访问 IP 配置、无线配置、命令行提示、网页浏览器等。

　　如果你正在配置服务器，服务器会拥有主机所有的功能，而且会比主机多一个选项卡，也就是 Services 选项卡。我们可以使用这个选项卡把服务器配置为网页服务器、DHCP 服务器、DNS 服务器或者图 3-6 中可以看到的其他服务器。

习题

　　完成下面的习题可以测试出你对本章内容的理解水平。附录中会给出这些习题的答案。

　　1. 下列哪个操作系统在安装 Packet Tracer 时，需要安装软件的人员了解该系统是 32 位系统还是 64 位系统？

　　　　A. 安卓　　　　　　　　　B. Windows　　　　　　C. Linux　　　　　　D. iOS

　　2. 下列哪一项是 Packet Tracer 的特性？

　　　　A. 它支持建模和构建网络配置

　　　　B. 它可以替代实际物理网络设备的功能

　　　　C. 它可以使用实际的企业数据对数据包实施从源到目的地的追踪

　　　　D. 它可以检查（连接互联网的）企业网络的网络数据流

　　3. 参见图 3-7，技术人员正在 Packet Tracer 中对下列哪种网络设备进行配置？

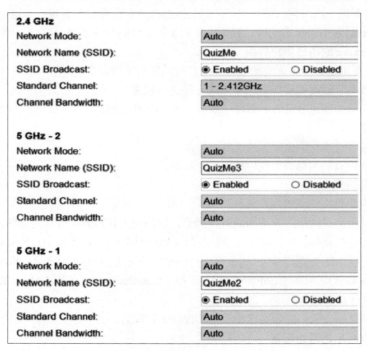

图 3-7

　　　　A. 家用无线路由器　　　　B. PC　　　　　　C. 笔记本电脑　　　　D. 交换机

4. 一位用户正在 Packet Tracer 中搭建一个家庭无线网络。这位用户添加了两台 PC 和两台笔记本电脑。这位用户需要图 3-8 所示的哪种设备才能搭建出这个网络？

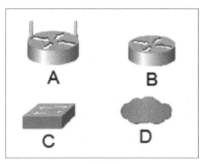

图 3-8

A. A 设备　　　　　　　B. B 设备　　　　　　　C. C 设备　　　　　　　D. D 设备

5. 参见图 3-9，在下列哪个选项卡中可以打开一个网页浏览器？

图 3-9

A. Desktop　　　　　　B. Programming　　　　C. Physical　　　　　　D. Config

E. Attributes

6. 应该在 Packet Tracer 中使用下列哪种线缆，把一台 PC 的快速以太网端口连接到交换机端口？

A. 控制台（console）线缆　　　　　　　B. 交叉（crossover）线

C. 光纤线缆　　　　　　　　　　　　　D. 直通（straight-through）线

7. 一位学生正在用 Packet Tracer 创建一个有线网络。这位学生添加了 6 台 PC。现在，他/她需要使用下列哪种设备让这些 PC 可以相互通信？

A. 交换机　　　　　　　B. 物联网网关　　　　C. 云　　　　　　　　　D. 防火墙

8. 参见图 3-10。一位用户使用 Packet Tracer 创建了一个包含有线网络和无线网络的混合网络。这位用户添加了一台家用无线路由器、一台 PC 和一台笔记本电脑。他/她配置了这台家用无线路由器。下面哪个选项对应的图标代表了笔记本电脑上可以用来查看 SSID 并连接到家用无线路由器的工具？

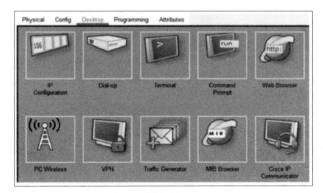

图 3-10

A. Web Browser　　　　B. IP Configuration　　　C. PC Wireless　　　　D. Command Prompt

9. 参见图 3-11。一名学生正在使用 Packet Tracer 进行练习，他/她选择了一个选项卡，其中包含一台可以用于有线设备和无线设备的无线路由器。他/她把这台路由器和笔记本电脑对应的图标都拖曳到了逻辑工作区中。随后，这名学生又添加了一台笔记本电脑，希望用无线网卡替代有线网卡。此时，安装无线网卡的第一步对应下列哪一项？

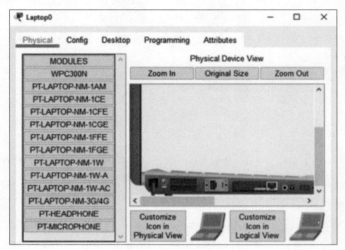

图 3-11

A. 选择 Config 选项卡，然后选择无线网卡复选框

B. 从左侧选择 WPC300N，然后把这张板卡拖曳到笔记本电脑图标的一侧

C. 把有线网卡拖曳到左侧的列表框中

D. 单击电源按钮关闭笔记本电脑

10. 参见图 3-12。一位技术人员选择了一台无线路由器的 GUI 选项卡，并且添加了一个 DNS 服务器的 IP 地址 208.67.220.220。然后，这位技术人员立刻退出了 GUI 选项卡。下列哪一项的说法是正确的？

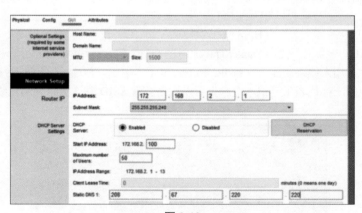

图 3-12

A. 这位技术人员应该通过 Config 选项卡来输入 DNS 服务器的 IP 地址

B. 所有配置了 DHCP 的直连设备，都会接收到这个 DNS 服务器的 IP 地址

C. 这位技术人员应该检查一下 Physical 选项卡中的配置，确保无线路由器已经通电

D. 因为这位技术人员忘记了保存配置，所以 DNS 服务器的 IP 地址不会被发送给直连设备

11. 参见图 3-13。应该使用 Packet Tracer 的下列哪个选项卡来修改用户偏好，如在逻辑工作区中显示端口标签？

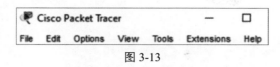

图 3-13

A. File（文件）　　　B. Tools（工具）　　　C. Edit（编辑）

D. Extensions（扩展）　　E. Options（选项）

第 4 章

搭建一个简单的网络

学习目标

在完成本章的学习后，读者应有能力回答下列问题。

- 主要使用的网络媒介是哪 3 种?
- 以太网双绞线是什么?
- 同轴电缆和光纤线缆是什么?
- 双绞线是如何传输和接收数据的?
- 在一个简单的网络中，如何验证网络的连通性?

一个简单的 P2P 网络往往包含用硬件接线方式直连的两台计算机，使用这种网络的目的之一是让这些计算机可以共享文件。使用硬件接线方式需要选择正确的线缆。本章会介绍网络中使用的 3 种不同类型的线缆、它们的连接方式，以及我们要如何确定自己的 P2P 网络工作正常。用自己家里或者学校里的网络作为学习网络技术的起点会让学习更加简单，更有意思。还等什么呢?

4.1 网络媒介的类型

网络媒介是指用来在网络中连接设备的通信信道。这里所说的通信信道既可以是有线的，也可以是无线的。

4.1.1 3 种网络媒介类型

数字通信会在网络媒介中跨越网络传输数据。网络媒介可以提供一条信道，让消息可以通过这条信道从源转发到目的地。

当今网络主要使用 3 种网络媒介来连接设备，如图 4-1 所示。

- 铜质电缆（线缆中包裹铜线）：数据会被编码为电脉冲。
- 光纤线缆（线缆中包裹玻璃或塑料纤维）：数据会被编码为光脉冲。
- 无线传输：数据通过调制特定频率的电磁波来进行编码。

下列是选择网络媒介的 4 项主要标准。

- 这种网络媒介可以成功承载信号的最大距离是多少?
- 安装网络媒介的环境是什么样的?
- 数据传输的总量和速率是多少?
- 网络媒介及其安装的成本是多少?

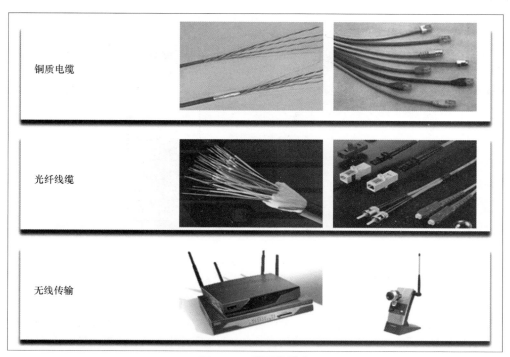

图 4-1　3 种网络媒介

4.1.2　常用的网络线缆

三大常用的网络线缆是双绞线、同轴电缆和光纤线缆。

1.　双绞线

以太网一般会使用双绞线来连接设备。因为以太网是绝大多数 LAN 的基础，所以双绞线也是人们常用的网络线缆。

在双绞线（见图 4-2）中，电线被成对分为一组，相互绞合在一起以减少干扰。每对电线都有独特的颜色，以便人们可以在其两端分辨出同一对电线。一般来说，在每对电线中，一条线的颜色是白色以外的纯色，另一条则是纯色加白色。

图 4-2　双绞线

2. 同轴电缆

同轴电缆（coaxial cable）是最早发展起来的一种网络线缆。同轴电缆是有线电视公司使用的一种铜质电缆，也可以用来连接卫星通信系统中的各个组件。同轴电缆使用一根刚性的铜芯来传导信号，如图 4-3 所示。这根铜芯一般会被包裹在一个用金属编织的屏蔽绝缘层和一个保护套内。同轴电缆会充当高频传输线，用来承载高频或者宽带信号。

图 4-3　同轴电缆

3. 光纤线缆

光纤线缆既可以是玻璃材质的，也可以是塑料材质的，它的直径和人的发丝的直径大致相仿，可以长距离承载非常高速的数字信息。因为使用的是光信号而不是电信号，所以电子干扰并不会对信号构成影响。光纤线缆（见图 4-4）有非常多的用途，这类线缆也被用于医学成像、医学治疗和机械工程检验。

图 4-4　光纤线缆

光纤线缆的带宽非常高，因此可以承载非常大的数据量。光纤线缆多用于骨干网、大型企业环境和大型数据中心。此外，光纤也广泛应用于电话公司。

4.2　以太网线缆

以太网是一种有线网络，在该网络中可以使用不同类型的线缆来连接设备。连接以太网的线缆可以是铜质电缆或者光纤线缆。

4.2.1 双绞线

大多数家庭和学校使用的网络都是用铜质双绞线连接起来的。这类线缆和其他线缆相比价格比较低廉，而且非常容易买到。我们在互联网上或者零售店里很容易买到的以太网跳线就是典型的铜质双绞线。

双绞线由一对或多对绝缘铜线组成，这些铜线绞合在一起，被包裹在一个保护套当中。双绞线和其他铜质电缆一样，使用电脉冲来传输数据。

通过铜质电缆进行数据传输时，信号比较容易受到**电磁干扰（Electromagnetic Interference，EMI）**的影响，这会降低线缆可以提供的数据吞吐量。家中可以产生 EMI 的常见物品包括微波炉和荧光灯装置。如果产生噪声干扰的无线电频率干扰了非屏蔽铜质电缆传输的信息，信道上就会产生**射频干扰（Radio Frequency Interference，RFI）**。

另一种干扰源叫作串音（crosstalk），如果线缆捆绑在一起的长度太长就会产生这种干扰。一条线缆上的电脉冲会传播到邻近的线缆上。如果线缆安装或者端接不当，就很容易产生这种干扰。如果数据传输因为串音等干扰而遭到破坏，数据就必须进行重传。重传数据会降低网络媒介承载的数据容量。

图 4-5 所示为数据传输如何受到干扰的影响。

① 一个纯数字信号被传输了出来。

② 网络媒介上出现干扰信号。

③ 数字信号被干扰信号破坏。

④ 接收方计算机读取到被（干扰）更改的信号。可以看到，0 被解释为 1。

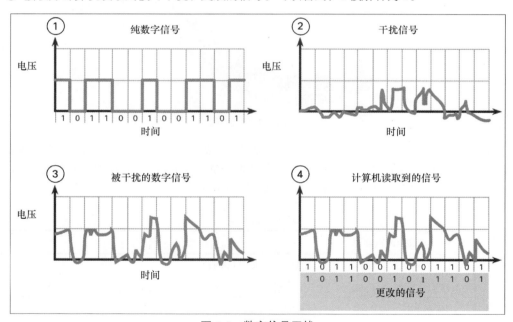

图 4-5　数字信号干扰

4.2.2 双绞线的类型

常用的双绞线分为两类。

- 非屏蔽双绞线（Unshielded Twisted-Pair，UTP）：这是北美洲和很多其他地区最常用的一种网络线缆。

- 屏蔽双绞线（Shielded Twisted-Pair，STP）：这是欧洲国家几乎都在使用的线缆。

1．UTP 线缆

如图 4-6 所示，UTP 线缆是一种价格低、可以提供高带宽又很容易安装的线缆。人们用这类线缆来连接工作站、主机和网络设备。它的护套内部有多对不同的电线，最常见的情况是有 4 对电线。每对电线都用不同的颜色进行标识。

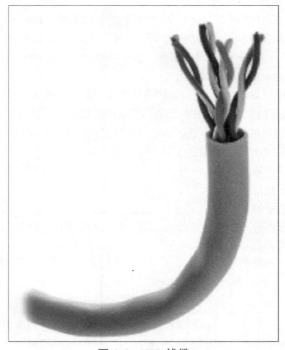

图 4-6   UTP 线缆

随着时间的推移，人们开发出了很多不同类型的 UTP 线缆，如表 4-1 所示。每种类型的线缆都是为了支持一种专门的技术而被开发出来的，其中大多数类型的线缆如今已经很难在家中或者办公室中看到了。如今能够看到的 UTP 线缆类型包括 3、5、5e 和 6 类。

表 4-1   UTP 线缆类型

类型	数据传输速率	特性
3 类 UTP	10Mbit/s（16MHz）	适用于以太网 LAN； 常用作电话线
5 类 UTP	100Mbit/s（100MHz）	制造标准高于 3 类 UTP，以支持更高的数据传输速率
5e 类 UTP	1000Mbit/s（100MHz）	制造标准高于 5 类 UTP，以支持更高的数据传输速率； 与 5 类 UTP 相比，每英尺（1 英尺≈0.3048 米）的扭数更多，从而可以更好地规避外部源产生的 EMI 和 RFI
6 类 UTP	1000Mbit/s（250MHz）	制造标准高于 5e 类 UTP
6a 类 UTP	1000Mbit/s（500MHz）	
7 类 ScTP	10Gbit/s（600MHz）	与 5 类 UTP 相比，每英尺的扭数更多，从而可以更好地规避外部源产生的 EMI 和 RFI

在传统上，所有类别的数据级 UTP 线缆都会安装 RJ-45 连接头。但有些应用仍然需要使用比较小的 RJ-11 连接头，比如模拟电话和传真机。在图 4-7 中，左侧是 RJ-11 连接头，右侧则是 RJ-45 连接头。

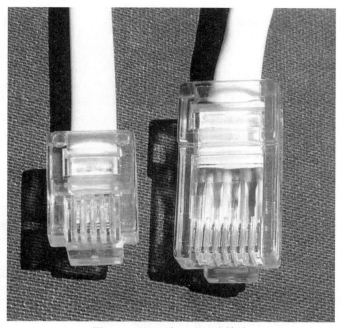

图 4-7　RJ-11 和 RJ-45 连接头

2. STP 线缆

在有些环境下，例如在工厂环境中，EMI 和 RFI 过强，因此屏蔽它们就成了通信的基本需求。在这种情况下，使用给每个电线对包裹屏蔽层的线缆（如 STP）是有必要的。一种类似的线缆称为 ScTP（Screened Twisted-Pair），它的做法是用一个屏蔽层包裹所有电线对，如图 4-8 所示。STP 和 ScTP 非常昂贵，且不够灵活，而且因为屏蔽导致它们使用起来比较困难，所以还有一些额外的需求。

图 4-8　ScTP 线缆

4.3 同轴电缆和光纤线缆

同轴电缆和光纤线缆在当今的通信网络中非常常用。虽然光纤线缆可以提供更高的带宽，但同轴电缆的价格比较便宜，安装也比较简单。

4.3.1 同轴电缆

同轴电缆可以承载以电信号形式传输的数据，这一点和双绞线类似。和 UTP 相比，它可以提供更理想的屏蔽效果，因此也就可以承载更多的数据。图 4-9 显示了同轴电缆的四大部分：

① BNC 连接器；
② 屏蔽层；
③ 绝缘层；
④ 铜芯。

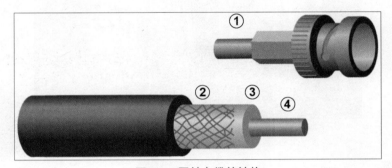

图 4-9　同轴电缆的结构

同轴电缆往往由铜制成。有线电视公司通常用同轴电缆来提供服务，此外同轴电缆也用来连接卫星通信系统中的各个组件。读者可能已经对使用同轴电缆把电视机连接到信号源（有线电视插座、卫星电视或家中的天线）的做法非常熟悉。通过使用有线调制解调器，有线电视提供商可以提供数据和互联网服务，以及通过同一条同轴电缆来传输电视信号和电话通信。

虽然同轴电缆提升了承载数据的能力，但双绞线已经在 LAN 中取代了同轴电缆。同轴电缆被取代的原因主要包括同轴电缆比 UTP 更难安装、价格更昂贵，而且排错也更加复杂。

4.3.2 光纤线缆

光纤线缆与 UTP 和同轴电缆的不同之处在于，光纤线缆是以光脉冲的形式传输数据的。光纤线缆在企业环境和大型数据中心环境中的使用非常频繁。

光纤线缆是由玻璃或者塑料制成的，它们都不能传输电信号。这也说明光纤传输不会受到 EMI 和 RFI 的影响，因此，光纤线缆适合安装在干扰比较严重的场所。光纤连接非常适合用于把网络从一个建筑物扩展到另一个建筑物，其原因既包括光纤传输距离比较远，也包括光纤比铜线更适合部署在室外。每条光纤信号传输线路实际上是由两条光纤线缆组成的，一条用来传输数据，另一条则用来接收数据。虽然上述这种做法更加普遍，但市面上也有只使用一条光纤线缆来进行传输的信号传输线路。这类信号传输线路会在一个方向上用一个波长的电磁波来发送数据，在另一个方向上则使用另一个不同波长的电磁波来发送数据。

图 4-10 所示为光纤线缆的结构。

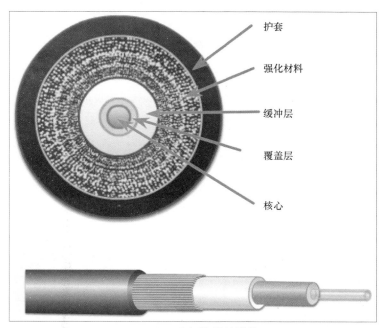

护套

强化材料

缓冲层

覆盖层

核心

图 4-10　光纤线缆的结构

如图 4-10 所示，光纤线缆包括下面几个部分。

- **护套**：一般来说，PVC（Polyvinylchloride，聚氯乙烯）护套可以为光纤提供保护，避免受潮或者其他磨损。外层护套的材质有很多选择，具体取决于这条线缆的具体用途。
- **强化材料**：这种材料会包裹在缓冲层周围，防止有人拉动线缆时内部光纤被拉伸。这种材料往往和防弹背心使用的材料相同。
- **缓冲层**：这部分用来保护核心和覆盖层，避免内部受到损坏。
- **覆盖层**：覆盖层所使用的化学材料和核心使用的材料略有不同。覆盖层主要是充当镜面来把光脉冲反射到光纤的核心。它的作用是确保光脉冲在传输过程中始终保持在核心中。
- **核心**：核心就是光纤线缆中心的传输元器件。制造核心的材料一般是二氧化硅或者玻璃。光脉冲会沿着光纤核心进行传输。

光纤线缆的传输距离可以长达数千米，超出这个距离之后，信号就需要重新创建。激光或发光二极管（Light Emitting Diode，LED）都可以生成光脉冲，以便在媒介上表示被传输的数据（位）。除了可以抵抗 EMI，光纤线缆也支持更高的带宽，所以特别适用于高速数据网络。光纤链路的带宽可以到达 100 Gbit/s，而且可以随着新标准的采用和发展继续提升。很多企业都使用光纤链路，因特网服务提供方（Internet Service Provider，ISP）也使用光纤链路。

4.4　双绞线原理

以太网连接的主流方式是使用双绞线。这类线缆的布线方案决定了两个端口之间传输和接收信息的方式。

4.4.1 双绞线布线方案

你仔细观察过以太网线缆末端的塑料 RJ-45 连接头吗？你想过为什么连接头的每条电线都使用了专门的颜色吗？UTP 线缆的电线颜色是由制造线缆的标准类型所决定的。不同标准有不同的目的，由标准组织进行严格管理。

在各类典型的以太网安装方案中，广泛使用的标准有两个。电信工业协会（Telecommunications Industry Association，TIA）和电子工业联盟（Electronic Industries Alliance，EIA）定义了两种不同的模式或称布线方案，分别为 T568A 和 T568B，如图 4-11 所示。每种布线方案都定义了电缆末端的针脚排列顺序或线序。

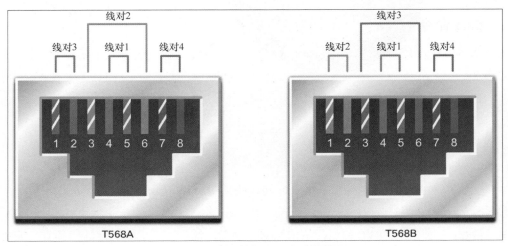

图 4-11   T568A 和 T568B 布线方案

在安装一个网络的过程中，我们需要从两种接线方法（T568A 和 T568B）中选择其一。在同一项目中使用相同的布线方案，这一点非常重要。

4.4.2 双绞线传输和接收对

网络设备上的以太网 NIC 和端口都会使用 UTP 线缆发送数据。连接头的特定针脚都会关联一个传输功能和一个接收功能。每台设备上的接口都会使用线缆中的指定电线来传输和接收数据。

当两台设备通过 UTP 线缆直接相连时，线缆每一端的传输功能和接收功能就必须相反。如果一台设备在指定电线上发送数据，那么线缆另一端的设备就必须在同样的电线上侦听数据。

使用不同电线来传输和接收数据的设备称为不同类设备，如图 4-12 所示。它们之间需要使用直通线来交换数据。直通线线缆两端的电线颜色相同。

图 4-12   通过直通线传输数据

　　使用相同针脚进行数据传输和接收的直连设备称为同类设备。它们需要使用交叉线进行连接，以交叉传输和接收功能，让设备之间可以交换数据。

4.5　验证连通性

　　搞清楚如何对网络运行进行测试和排错很重要，首先需要了解如何验证两台设备之间的连通性。

4.5.1　ping 命令

　　每一台通过互联网发送消息的设备都必须拥有一个 IP 地址，这样才能在网络中向其他的设备标识自己的位置。IP 地址是由网络管理员分配的。当一台新设备被添加到网络当中，或者当前的设备发生故障时，网络管理员有必要对网络进行测试，以判断网络中的其他设备目前是否能够访问分配给这台设备的 IP 地址。

　　一个名为 ping 的工具可以测试从消息源 IP 地址到消息目的 IP 地址之间的端到端连通性。它可以测量消息从源到目的地往返所花费的时间，以及判断传输是否成功。不过，如果测试消息没有到达目的地，或者在路径中发生了延迟，这个工具无法判断出问题究竟出在哪里。

　　ping 命令的格式是统一的。几乎所有联网设备都提供了执行 ping 测试的途径。**ping** 命令的格式是 **ping x.x.x.x**，其中 x.x.x.x 是 IP 地址或者域名，如 ping 192.168.30.1。图 4-13 所示为 **ping** 命令是如何工作的。

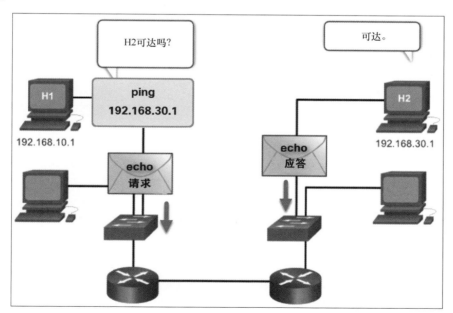

图 4-13　从一台主机 ping 另一台主机

4.5.2　traceroute 命令

　　互联网并不是一个地理概念，它是由很多不同网络相互连接所形成的网络，这些网络都会为用户提供服务。我们可以使用 **traceroute** 工具来查看网络的连通性。

如图 4-14 和例 4-1 所示，traceroute 工具可以追踪消息从源到目的地的传输路径。消息转发所经过的每个网络称为一跳。**traceroute** 命令可以显示出沿途的每一跳，以及消息到达目的网络并返回所花费的时间。

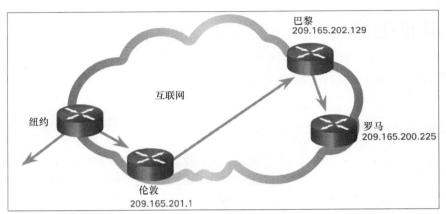

图 4-14   通往罗马之路

如果发生了问题，traceroute 工具的输出信息可以帮助人们判断出消息是在哪里丢失或者遭到破坏的。这个工具在 Windows 环境中的命令是 **tracert**。

例 4-1   追踪去往罗马的路径

```
York# traceroute ROME

Type escape to abort.

Tracing the route to Rome (209.165.200.225)
1. LONDON (209.165.201.1) 8msec 8 msec 4 msec
2. PARIS (209.165.202.129) 8 msec 8 msec 8 msec
3. ROME (209.165.200.225) 8msec 8 msec 4 msec
York#
```

4.6   本章小结

下面是对本章各主题的总结。

■   **网络媒介的类型**

当今网络主要使用 3 类网络媒介，即铜质电缆、光纤线缆和无线传输，来连接设备，并为消息传输提供路径。选择网络媒介的 4 项主要标准是这种网络媒介可以成功承载信号的最大距离、安装网络媒介的环境、数据传输的总量和速率，以及网络媒介及其安装的成本。

双绞线是人们常用的网络线缆。在双绞线中，电线被成对分为一组，相互绞合在一起以减少干扰。同轴电缆通常是铜质的。它使用一根刚性的铜芯来传导信号，这根铜芯一般会被包裹在一个用金属编织的屏蔽绝缘层和一个保护套内。玻璃或塑料材质的光纤线缆核心的直径大致和人的发丝的直径相仿。这种线缆可以长距离承载非常高速的数字信息。

■   **以太网线缆**

双绞线由一对或多对绝缘铜线组成，这些铜线绞合在一起，被包裹在一个保护套当中。双绞线和其他铜质电缆一样，使用电脉冲来传输数据。通过铜质电缆进行数据传输时，信号比较容易受到 EMI 的影响，这会降低线缆可以提供的数据吞吐量。家中可以产生 EMI 的常见物品包括微波炉和荧光灯装置。另一种干扰源叫作串音，如果线缆捆绑在一起的长度太长就会产生这种干扰。一条线缆上的电脉冲会传播到邻近的线缆上。

常用的双绞线分为两类：UTP（非常常用的类型）和 STP（多用于欧洲国家）。如今能够看到的 UTP 线缆类型包括 3、5、5e 和 6 类。所有类别的数据级 UTP 线缆都会安装 RJ-45 连接头。

■ 同轴电缆和光纤线缆

同轴电缆可以承载以电信号形式传输的数据，这一点和双绞线类似。和 UTP 相比，它可以提供更理想的屏蔽效果，因此也就可以承载更多的数据。虽然同轴电缆提升了承载数据的能力，但双绞线已经在 LAN 中取代了同轴电缆。同轴电缆被取代的原因主要包括同轴电缆比 UTP 更难安装、价格更昂贵，而且排错也更加复杂。

光纤线缆与 UTP 和同轴电缆的不同之处在于，光纤线缆是以光脉冲的形式传输数据的。光纤线缆是由玻璃或塑料制成的，它们都不能传输电信号。这也说明光纤传输不会受到 EMI 和 RFI 的影响，因此，光纤线缆适合安装在干扰比较严重的场所。光纤连接非常适合用于把网络从一个建筑物扩展到另一个建筑物，其原因既包括光纤传输距离比较远，也包括光纤比铜线更适合部署在室外。每条光纤线路实际上是由两条光纤线缆组成的，一条用来传输数据，另一条用来接收数据。激光或发光二极管都可以生成光脉冲，以便在媒介上表示被传输的数据（位）。除了可以抵抗 EMI，光纤线缆也支持更高的带宽，所以特别适用于高速数据网络。

■ 双绞线原理

UTP 线缆的电线颜色是由制造线缆的标准类型所决定的。不同标准有不同的目的，由标准组织进行严格管理。

在各类典型的以太网安装方案中，广泛使用的标准有两个。TIA 和 EIA 定义了两种不同的模式或称布线方案，分别为 T568A 和 T568B。每种布线方案都定义了电缆末端的针脚排列顺序或线序。在同一项目中使用相同的布线方案，这一点非常重要。

网络设备上的以太网 NIC 和端口都会使用 UTP 线缆发送数据。连接头的特定针脚都会关联一个传输功能和一个接收功能。每台设备上的接口都会使用线缆中的指定电线来传输和接收数据。使用不同电线来传输和接收数据的设备称为不同类设备，它们之间需要使用直通线来交换数据。直通线线缆两端的电线颜色相同。使用相同针脚进行数据传输和接收的直连设备称为同类设备，它们需要使用交叉线进行连接，以交叉传输和接收功能，让设备之间可以交换数据。

■ 验证连通性

一个名为 ping 的工具可以测试从消息源 IP 地址到消息目的 IP 地址之间的端到端连通性。它可以测量消息从源到目的地往返所花费的时间，以及判断传输是否成功。

traceroute 工具可以追踪消息从源到目的地的传输路径。消息转发所经过的每个网络称为一跳。**traceroute** 命令可以显示出沿途的每一跳，以及消息到达目的网络并返回所花费的时间。这个工具在 Windows 环境中的命令是 **tracert**。

习题

完成下面的习题可以测试出你对本章内容的理解水平。附录中会给出这些习题的答案。

1. 下列哪种类型的网络线缆包含多条铜质电线，并且使用额外的屏蔽层来防止干扰？

    A. STP   B. 同轴电缆   C. UTP   D. 光纤线缆

2. 有线电视公司使用下列哪种类型的线缆来承载数据和视频信号？

    A. 光纤线缆   B. 同轴电缆   C. STP   D. UTP

3. 下列哪个术语描述了从一条线缆跨越到邻近线缆的电脉冲？

    A. 串音   B. 碰撞   C. RFI   D. 交叉

4. 两位刚入职的初级网络工程师正在探讨他们准备安装的网络线缆。以太网直通 UTP 线缆的特征是下列的哪一项？

    A. 这类线缆容易受到 EMI 和 RFI 的影响   B. 这类线缆可以用来连接两台网络主机

    C. 这是思科私有的标准   D. 这类线缆两端只能使用 T568A 标准

5. 一家组装飞机引擎的公司聘请了一位网络专家来安装一个网络。因为这家企业自身的特点，网络所在的区域很容易受到 EMI 的影响。专家应该推荐公司采用下列哪种类型的网络媒介，让数据通信不会受到 EMI 的影响？

    A. 同轴电缆   B. STP   C. UTP   D. 光纤线缆

6. 骨干网和电话公司多采用下列哪种类型的网络线缆？

    A. 同轴电缆   B. 双绞线   C. STP   D. 光纤线缆

7. 如果两台设备都使用相同的针脚来传输和接收数据，那么应该用哪种类型的以太网线缆来直连这两台设备？

    A. 交叉双绞线   B. 直通双绞线   C. 光纤线缆   D. 同轴电缆

8. 下列哪条命令可以验证两台主机之间的连通性？

    A. **netstat**   B. **ping**   C. **ipconfig**   D. **nslookup**

9. 线缆的一端如图 4-15 所示，另一端则采用了 T568A 标准。这条线缆属于下面哪一类？

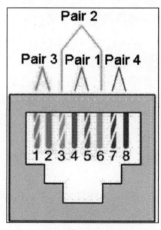

图 4-15

    A. 交叉线   B. 直通线   C. 光纤   D. 反转线

10. IP 地址的作用是什么？

    A. 标识内存中运行程序的位置   B. 标识数据中心的物理位置

    C. 为响应电子邮件消息标识的返程地址   D. 标识数据包的源和目的地

11. 一位网络管理员希望显示出一个数据包去往目的地址 192.168.1.1 的路径。在 Windows 系统中，应该使用下列哪条命令来显示出这个数据包的网络路径？

    A. **ping 127.0.0.1**   B. **ping 192.168.1.1**

    C. **ipconfig 192.168.1.1**   D. **tracert 192.168.1.1**

第 5 章

通信原则

学习目标

在完成本章的学习后，读者应有能力回答下列问题。

- 通信协议是什么？
- 通信标准是什么？
- OSI 参考模型和 TCP/IP 模型的异同分别是什么？

- 在以太网环境中，OSI 参考模型的第 1 层和第 2 层是如何工作的？

你和别人交谈时，你就是在通信[①]。当你给亲戚寄贺卡的时候，你也是在通信。你在做这些事情的时候，大概并没有过多地考虑过通信的规则。但通信确实是有规则的，只有在通信各方都了解并且遵守这些规则的时候，通信才能顺利进行。网络中设备的通信亦是如此。本章会对网络通信的规则（即协议）进行介绍。在你理解了大量协议，并且搞清楚这些协议和其他协议之间是如何互动的之后，你就不仅能够理解局域网和互联网的工作方式，还能对网络进行排错。

5.1　规则

在与别人进行通信之前，每个人都必须遵守一套控制对话方式的规则或者协定。网络中的设备同样需要规则才能进行通信。

5.1.1　三大要素

任何网络的首要目的都是提供一种通信和信息共享的方式。从最早的原始人类社会到当今的高新技术社会，与他人共享信息对人类的发展至关重要。

所有通信都始于消息或者信息，它们必须从一个人或者一台设备发送给另一个人或者另一台设备。但发送、接收和解析消息的方法则随着科技的进步不断变化。

所有通信方式都有三大要素。第一大要素是消息源或者发送方。消息源是指需要和其他人或设备通信的个人或者电子设备。第二大要素是消息的目的地或者接收方。目的地会接收到消息，并且对消息进行解析。第三大要素是网络媒介或者信道。它可以为消息从源传输到目的地提供通路。

比如，在图 5-1 中，两个人进行面对面的沟通。在沟通之前，他们必须针对如何沟通达成一致。如果采用语音的方式沟通，他们必须首先商量好沟通使用的语言。接下来，如果他们有消息需要分享，

---

① 译者注：在英语中，communicate 既可以表示通信，也可以表示沟通。后文会视语境交替使用这两种表达。

他们必须把消息用一种彼此能够理解的方式进行表达。如果有人使用英语，但是他的语法一塌糊涂，这个人发送的消息很可能会被人误解。这些都描述了用于完成通信的协议。

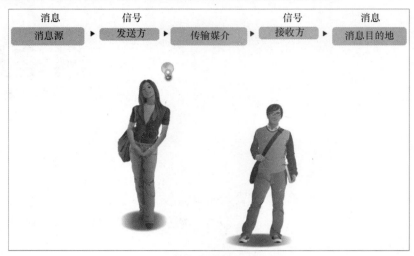

图 5-1　面对面通信协议示意

5.1.2　通信协议

日常生活中的沟通有多种形式，并且发生在很多不同的情境下。人们会根据自己是在网上聊天，还是在参加工作面试，而对沟通的结果产生完全不同的期望。对每个情景人们都有对应的期望和行为模式。

在开始沟通之前，我们需要建立一套规则或者协定来对对话进行控制。这里所说的规则或协定包括下面的内容。

- 你应该使用什么样的沟通方式？
- 你应该使用哪种语言？
- 你需要确认自己接收到了对方的消息吗？

图 5-2 显示两人达成了沟通方式的协定。

图 5-2　沟通方式

图 5-3 显示了两个人针对沟通使用的语言达成了一致。

图 5-3 沟通使用的语言

图 5-4 显示了两个人之间的沟通，包括对订单的确认。

图 5-4 沟通的确认

如果希望这些消息能够成功送达并且被对方理解，那么双方就必须遵守这些规则，或者说必须遵守这些协议。协议中用于确保人们能够顺利沟通的内容如下。

- 需要确认发送方和接收方的身份。
- 双方达成一致的沟通方式（面对面沟通、打电话沟通、写信沟通、使用图片沟通）。
- 使用共同的语言和语法。

- 沟通的速度和时间。
- 是否需要对接收到的信息进行确认。

网络通信中使用的技术和人类的对话拥有相同的基本原理。

现在，我们可以思考一下给朋友发送短信时，大家一般都会遵守的协议。

5.1.3　协议的重要性

计算机也和人类一样需要使用规则（协议）来进行通信。计算机要想跨越网络进行正确通信，就必须借助协议。在有线和无线环境中，本地网络是指所有主机必须"说同一种语言"的区域，用计算机语言来说就是它们必须"遵循一项相同的协议"。

如果同一个房间中的每个人都说不同的语言，这些人就没法相互沟通。同样的道理，如果本地网络中的设备不使用相同的协议，这些设备也就无法进行通信。

网络协议会定义关于本地网络通信的方方面面。如表 5-1 所示，协议特征包括消息格式、消息大小、时序、编码、封装和消息模式。

表 5-1　　　　　　　　　　　　　　　　协议特征

协议特征	描述
消息格式	在发送消息的时候，消息必须使用一种特定的格式或者结构。具体使用哪种消息格式取决于消息类型和用来传输消息的信道
消息大小	控制穿越网络进行通信的消息大小的规则是相当严格的。消息大小可以不同，具体取决于传输消息使用的信道。如果一个超长的消息要从一台主机通过网络发送给另一台主机，就需要把这个消息分成多个部分，以确保消息能够得到可靠传输
时序	很多网络通信功能都依赖时序。时序决定了数据跨越网络传输的速率。它也会影响一台主机何时可以发送数据，以及一次传输中可以发送的数据总量
编码	通过网络发送的消息会首先被发送方主机转换为位（bit），然后被编码成某种声波、光波或者电脉冲，编码的具体（物理表示）方式取决于传输这些位的网络媒介。目的主机在接收到这些信号之后，会对其进行解码以解读这些消息
封装	在网络中传输的每个消息都包含一个头部，这个头部包含用来表示源和目的主机的地址信息；如果没有包含头部，这个消息就无法发送。封装就是给数据添加这类信息的过程，消息就是在这个过程中形成的。除了编址信息，头部的其他信息可以确保消息会被转发给目的主机上的正确应用
消息模式	有些消息需要在之前的消息得到确认之后才能继续发送。这类请求/响应模式是很多网络协议常见的模式。不过，其他类型的消息则会封装成数据流，沿着网络发送，发送方不关心这些数据是否到达了目的地

5.2　通信标准

人类沟通中的方方面面都需要使用通信标准，比如在一个信封上写地址的时候，对于在哪里写寄件人地址、哪里写目的地址，甚至在哪里贴邮票，都有一套标准。网络通信也需要标准来确保网络中的所有设备都会使用相同的规则来发送和接收信息。

5.2.1　标准的重要性

随着联网的新设备和技术越来越多，我们如何才能妥善管理所有这些变化，同时仍然提供可靠的信息发送服务（如电子邮件）呢？这个答案就是，使用互联网标准。

所谓标准就是一系列决定如何完成任务的规则。网络和互联网标准确保连接到网络中的设备都会用相同的方式实现相同的规则或者协议。通过这些标准，不同类型的设备就可以通过互联网相互发送信息了。比如，针对电子邮件的格式、发送和接收，所有设备都是根据标准来完成的。一个人使用自己的 PC 发送了一封电子邮件，另一个人完全可以用手机来接收和阅读这封电子邮件，只要手机和 PC 使用了相同的标准。

5.2.2　互联网标准组织

互联网标准是人们探讨、解决问题和测试这个大循环的最终结果。不同的标准需要由大量的组织进行开发、发布和维护。在有人提出一项新的标准时，对该标准的开发和批准流程中的每一步都会被记录在一个名为"请求评论"（Request for Comments，RFC）的编号文档中，所以标准演化的过程会被记录下来。互联网标准的 RFC 文档是由 IETF（Internet Engineering Task Force，因特网工程任务组）进行发布和管理的。

其他支持互联网的标准组织如图 5-5 所示。

图 5-5　互联网标准组织

5.3　网络通信模型

网络通信模型可以帮助人们理解网络通信中所使用的各类组件和协议。这些模型可以帮助我们理解每项协议的功能，以及它们和其他协议之间的关系。

5.3.1　协议栈

如果主机之间要建立成功的通信，需要很多协议交互。这些协议会通过主机和网络设备上安装的软件和硬件来实现。

一台设备上不同协议之间的交互可以用协议栈进行说明，如图 5-6 所示。协议栈把协议用分层的方式展示，且每个高层协议都依赖下层协议所提供的服务。

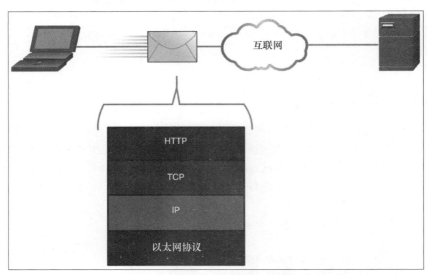

图 5-6　互联网通信的一个协议栈示例

把功能进行分离可以让协议栈中的每一层独立于其他层运作。比如，我们可以使用自己的笔记本电脑连接家中的宽带，来访问自己感兴趣的网站，也可以在图书馆用自己的笔记本电脑连接无线网络来访问这些网站。网页浏览器的功能不会因为（笔记本电脑的）物理位置和连接方式的改变而变化。

图 5-6 所示的协议如下。

- **超文本传送协议（Hypertext Transfer Protocol，HTTP）**：这个协议旨在控制网页服务器和网页客户端之间的互动方式。HTTP 定义了客户端和服务器之间所交换的请求消息和响应消息的内容和格式。网页客户端和网页服务器软件都把实现 HTTP 作为应用的一部分。HTTP 依靠其他协议来控制消息如何在客户端和服务器之间传输。
- **传输控制协议（Transmission Control Protocol，TCP）**：这个协议旨在管理各个会话。TCP 负责确保信息的可靠传输和管理终端设备之间的流量控制。
- **互联网协议（IP）**：这个协议负责把消息从发送方传输到接收方。路由器使用 IP 把消息跨越多个网络进行转发。
- **以太网（Ethernet）协议**：这个协议负责把消息从同一个以太网中的 NIC 传输到另一个 NIC。

5.3.2　TCP/IP 模型

分层模型可以帮助我们看出各个协议是如何相互协作以实现网络通信的。分层模型可以描述每层中的协议是如何工作的，以及它们如何与上一层和下一层的协议交互。分层模型具有以下优势。

- 为协议设计提供帮助，因为工作在某一层的协议会定义它需要处理的信息，并定义上一层和下一层协议的接口。

- 促进竞争，因为不同厂商生产的产品可以一起工作。
- 让技术变更仅发生在某一层，而不会对其他层产生影响。
- 提供共同的语言来描述网络功能。

第一个互联网通信的分层模型是 20 世纪 70 年代早期创建的，称为互联网模型。这个模型定义了通信成功所必须实现的 4 类功能。互联网通信所使用的 TCP/IP 协议栈沿用了这个模型的结构，如表 5-2 所示。因此，互联网模型也常常被人们称为 TCP/IP 模型。

表 5-2 TCP/IP 模型的分层

TCP/IP 模型的分层	描述
应用层	把数据向用户展示出来，它的功能包括编码和对话控制
传输层	支持各类设备跨越不同网络进行通信
网络层	确定通过网络进行通信的最佳路径
网络接口层	控制构成网络的硬件设备和媒介

5.3.3　OSI 参考模型

有两种基本类型的模型，即协议模型和参考模型，可以对网络通信成功所必备的条件进行描述。

- **协议模型：**这种类型的模型会严格匹配某种特定协议栈的结构。协议栈包含提供人们与数据网络进行通信所必备功能的一系列相关协议。TCP/IP 模型就是一种协议模型，因为它描述了 TCP/IP 协议栈中每一层所实现的功能。
- **参考模型：**这种类型的模型会描述各层必须完成的功能，但不会具体描述如何实现每一项功能。参考模型的作用不是提供大量的细节，以准确地定义各协议应该在每一层如何工作，而是帮助人们更加清楚地理解网络通信必备的功能和流程。

广为人知的互联网参考模型是由国际标准化组织（International Organization for Standardization，ISO）的开放系统互连（Open Systems Interconnection，OSI）项目组所创建的。这个模型的作用是帮助人们对数据网络进行设计、操作和排错。这个模型通常称为 OSI 参考模型。OSI 参考模型的分层如表 5-3 所示。

表 5-3 OSI 参考模型的分层

OSI 参考模型的分层	描述
应用层	应用层包含用于实现进程间通信的协议
表示层	表示层为在应用层服务之间传输的数据提供公共表示方法
会话层	会话层为表示层提供服务，组织对话并管理数据交换
传输层	传输层为终端设备之间的通信定义了数据分段、传输和重组服务
网络层	网络层提供终端设备之间跨越网络交换数据分组的服务
数据链路层	数据链路层描述了设备通过公共网络媒介交互数据帧的方法
物理层	物理层描述了激活、维护和停用物理连接的机械、电子、功能和流程的方式，而物理连接用于在网络设备之间以位为单位传输数据

5.3.4 OSI 参考模型的上层与下层

读者不妨想象一下数据是如何使用 OSI 参考模型的 7 层结构（见表 5-3）穿越一个网络的。OSI 参考模型把网络通信分成多个层级，如表 5-4 所示。每个层级都是整个通信任务中的一个组成部分。

表 5-4   OSI 参考模型分层的常见组件

分类	层数	分层名称	该层对应的常见网络组件
上层	7	应用层	网络感知（network-aware）应用
	6	表示层	电子邮件
	5	会话层	网页浏览器与服务器
			文件传输
			域名解析
下层	4	传输层	视频和语音的流机制
			防火墙的过滤列表
	3	网络层	IP 编址
			路由选择
	2	数据链路层	NIC 和驱动
			网络交换
			WAN（Wide Area Network，广域网）连通性
	1	物理层	网络媒介（铜质电缆、光纤线缆、无线发射器）

在一家汽车制造厂中，整车并不是由某一个人进行组装的。车辆会从一个车间移到另一个车间，并且在每个车间都由专门的团队来安装专门的零部件。汽车组装这项复杂的任务也是通过细分为多个可管理的任务来进行简化的。这个过程也使故障排除更容易。如果制造过程中发生了问题，人们就可以把问题隔离到某一项特定的任务中，判断问题出在哪个环节，并对问题进行修正。

同理，OSI 参考模型也可以帮助人们在排错时把焦点聚集在某一层，从而找到并且解决网络问题。网络团队经常会用 OSI 参考模型分层中某一层的编号来代指网络的不同功能。比如，对数据进行编码从而让数据可以在网络媒介中传输的功能发生在第 1 层，也就是物理层；对数据进行格式化从而让我们的笔记本电脑或者手机能够对数据进行解读是第 2 层的功能，也就是数据链路层。

5.3.5 OSI 参考模型与 TCP/IP 模型的比较

既然 TCP/IP 协议栈是互联网通信所使用的协议栈，我们为什么还要学习 OSI 参考模型呢？TCP/IP 模型是一种把 TCP/IP 协议栈各项协议交互方式形象化的方法。这个模型并不会描述所有网络通信所必需的通用功能。它描述的是 TCP/IP 协议栈所使用的那些协议所提供的网络功能。比如，在网络接口层，TCP/IP 协议栈并不会指明应该使用哪些协议来通过网络媒介传输数据，也不会指明为了实现传输应如何对信号进行编码。OSI 参考模型的第 1 层和第 2 层会探讨访问网络媒介的必要流程，以及通过网络发送数据的物理方式。

组成 TCP/IP 协议栈的协议都可以使用 OSI 参考模型来进行描述。TCP/IP 模型中的网络层所负责的功能也包含在 OSI 参考模型的网络层中，如图 5-7 所示。两个模型的传输层功能是相同的。但 TCP/IP 模型中的网络接口层和应用层在 OSI 参考模型中进行了细分，以具体描述这些层必须提供的详细功能。

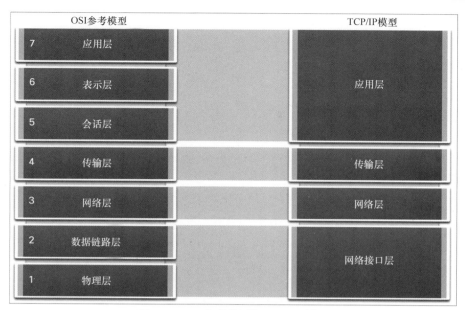

图 5-7 OSI 参考模型与 TCP/IP 模型

两个模型最大的相似之处在于它们的传输层和网络层。不过，在这些层与其之上和之下的各层的关系上，两个模型存在差异。

- OSI 参考模型第 3 层（网络层）可以直接对应到 TCP/IP 模型的网络层。这一层的作用是描述那些对穿越网络的消息进行编址和路由的协议。
- OSI 参考模型第 4 层（传输层）可以直接对应到 TCP/IP 模型的传输层。这一层的作用是描述在源和目的主机之间为数据提供有序和可靠传输的服务和功能。
- TCP/IP 模型的应用层包含大量的协议，这些协议可以为大量终端用户应用提供特定的功能。OSI 参考模型的第 5、6、7 层可以给应用软件开发人员和厂商提供参考，以便他们开发出能够在网络中运行的应用。
- 在讨论协议所在的分层时，TCP/IP 模型和 OSI 参考模型都会被人们用到。因为 OSI 参考模型把数据链路层从物理层中分离了出来，所以在提到下层的时候，OSI 参考模型使用得更加普遍。

5.4 以太网

在使用有线接口连接网络的时候，我们使用的就是以太网协议。甚至大多数无线网络最终还是要连接到有线以太网中。以太网是一种在 LAN 和大部分 WAN 中得到广泛使用的重要的数据链路层协议。

5.4.1 以太网的崛起

在网络兴起之时，每个厂商都在使用自己私有的方法来连接网络设备和网络协议。如果一个人从不同厂商那里购买设备，就无法保证这些设备能够一起工作。从一个厂商那里购买的设备有可能无法与从另一个厂商那里购买的设备进行通信。

随着网络越来越普及，人们开发了一些标准，用来定义由不同厂商生产的设备所组成的网络应该如何工作。这些标准在以下方面为网络做出了重要贡献：

- 便于设计；
- 简化产品开发；
- 促进竞争；
- 提供一致的互连方式；
- 促进培训；
- 为客户提供更多的厂商选择。

虽然没有官方的 LAN 标准协议，但随着时间的推移，以太网技术运用得比其他技术更加普遍。以太网协议定义了数据的格式，以及数据如何通过有线网络进行传输。以太网标准定义了工作在 OSI 参考模型第 1 层和第 2 层的协议。以太网现在已经成为一种事实上的标准，成为几乎所有有线 LAN 所使用的技术，如图 5-8 所示。

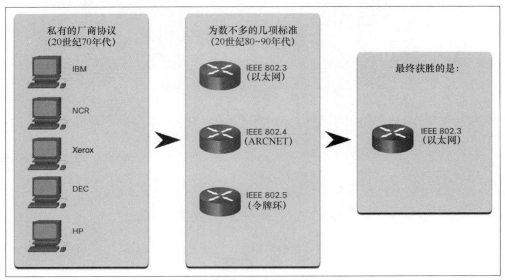

图 5-8　从私有局域网到以太网的演化过程

5.4.2　以太网的演化

电气电子工程师学会（Institute of Electrical and Electronics Engineers，IEEE）会维护网络标准，包括以太网和无线标准。IEEE 委员会负责批准和维护关于连接建立、媒介需求和通信协议的标准。每个技术标准都会分配到一个号码，这个号码代表了负责批准和维护这项标准的委员会，而负责以太网标准的委员会是 IEEE 802.3。

以太网于 1973 年诞生，至今，其标准已经经过了多次演化，可以支持更快、更灵活的技术版本。以太网可以随着时间的推移而不断改进，这是以太网如今使用如此广泛的主要原因之一。以太网的每个版本都有一个关联的标准。比如，IEEE 802.3 标准的 100BASE-T 代表的是使用双绞线的百兆以太网标准。这项标准各部分的含义分别为：

- 100 表示数据传输速率，单位是 Mbit/s；
- BASE 表示基带传输；
- T 表示线缆类型，本例中就是双绞线。

早期以太网版本的数据传输速率为 10Mbit/s，比较慢。最新版本的以太网的数据传输速率可以达到 10Gbit/s，甚至更高。读者可以大致计算一下，新版以太网与最初版本的以太网相比，数据传输速率提升了多少。

5.4.3　以太网 MAC 地址

所有通信都需要通过某种方式来表示源和目的地。在人类的沟通过程中，源和目的地可以看作人们的姓名。

在有人叫我们的名字时，我们就会听到信息并且做出回应。房间中的其他人可能也听到了信息，但是他们不会做出回应，因为这个消息的"地址"并不是他们。

以太网环境也需要通过类似的方法来表示源和目的主机。每台连接到以太网的主机都有一个物理地址，这个地址用来在网络中标识这台主机。

每个以太网接口在生产时都会获得一个分配给它的地址。这个地址称为 MAC 地址。MAC 地址可以标识出网络中的每个源和目的主机，如图 5-9 所示。

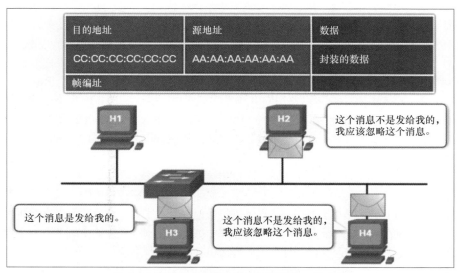

图 5-9　MAC 地址在 LAN 中标识唯一的主机

5.5　本章小结

下面是对本章各主题的总结。

■　**规则**

所有通信方式都有三大要素。第一大要素是消息源或者发送方。消息源是指需要和其他人或设备通信的个人或者电子设备。第二大要素是消息的目的地或者接收方。目的地会接收到消息，并且对消息进行解析。第三大要素是网络媒介或者信道。它可以为消息从源传输到目的地提供通路。

协议中用于确保人们能够顺利沟通的内容包括发送方和接收方的身份需要得到确认、双方达成一致的沟通方式（面对面沟通、打电话沟通、写信沟通、使用图片沟通）、使用共同的语言和语法、沟通的速度和时间、是否需要对接收到的信息进行确认。网络协议会定义本地网络的消息格式、消息大小、时序、编码、封装和消息模式。

■   **通信标准**

网络和互联网标准确保连接到网络中的设备都会用相同的方式实现相同的规则或者协议。通过这些标准，不同类型的设备就可以通过互联网相互发送信息了。这些标准需要由大量的组织进行开发、发布和维护。在有人提出一项新的标准时，对该标准的开发和批准流程中的每一步都会被记录在一个名为 RFC 的编号文档中，所以标准演化的过程会被记录下来。互联网标准的 RFC 文档是由 IETF 进行发布和管理的。

■   **网络通信模型**

协议栈把协议用分层的方式展示出来，且每个高层协议都依赖下层协议所提供的服务。把功能进行分离可以让协议栈中的每一层独立于其他层运作。

分层模型具有以下优势。

● 为协议设计提供帮助，因为工作在某一层的协议会定义它需要处理的信息，并定义上一层和下一层协议的接口。

● 促进竞争，因为不同厂商生产的产品可以一起工作。

● 让技术变更仅发生在某一层，而不会对其他层产生影响。

● 提供共同的语言来描述网络功能。

互联网通信所使用的 TCP/IP 协议栈沿用了分层模型的结构。有两种基本类型的模型，即协议模型和参考模型，可以对网络通信成功所必备的条件进行描述。广为人知的互联网参考模型是 OSI 参考模型。OSI 参考模型把网络通信分成多个层级。每个层级都是整个通信任务中的一个组成部分。

组成 TCP/IP 协议栈的协议都可以使用 OSI 参考模型来进行描述。TCP/IP 模型中的网络层所负责的功能包含在 OSI 参考模型的网络层中。两个模型的传输层功能是相同的。但 TCP/IP 模型中的网络接口层和应用层在 OSI 参考模型中进行了细分，以具体描述这些层必须提供的详细功能。

■   **以太网**

虽然没有官方的 LAN 标准协议，但随着时间的推移，有一种技术（以太网）运用得比其他技术更加普遍。以太网协议定义了数据的格式，以及数据如何通过有线网络进行传输。以太网标准定义了工作在 OSI 参考模型第 1 层和第 2 层的协议。以太网标准已经经过了多次演化，可以支持更快、更灵活的技术版本。以太网的每个版本都有一个关联的标准。每台连接到以太网的主机都有一个物理地址，这个地址用来在网络中标识这台主机。每个以太网接口在生产时都会获得一个分配给它的地址。这个地址称为 MAC 地址。MAC 地址可以标识出网络中的每个源和目的主机。

习题

完成下面的习题可以测试出你对本章内容的理解水平。附录中会给出这些习题的答案。

1. 下列哪个组织负责发布和管理 RFC 文档？

    A. TIA/EIA   B. IETF   C. ISO   D. IEEE

2. 下列哪个标识符用来在数据链路层中唯一标识一台以太网设备？

    A. MAC 地址   B. 序列号   C. IP 地址

    D. UDP 端口号   E. TCP 端口号

3. OSI 参考模型中哪一层的功能可以和 TCP/IP 模型中应用层的功能相当？（选择 3 项）

    A. 数据链路层   B. 传输层   C. 网络层   D. 表示层

    E. 应用层   F. 会话层   G. 物理层

4. 下列哪个术语是指一系列的公共规则，开发这些规则的目的是用它们来让不同厂商的设备能够共同协作？

　　A. 域　　　　　　　　B. 标准　　　　　　　C. 模型　　　　　　　D. 协议

5. 下列哪个标准组织发布了当前的以太网标准？

　　A. ANSI　　　　　　　B. CCITT　　　　　　C. IEEE　　　　　　　D. EIA/TIA

6. 下列哪句话描述的是一个 MAC 地址？

　　A. 它包含两个部分：网络部分和主机部分

　　B. 它的长度是 128 位

　　C. 它标识了互联网上主机的源和目的地址

　　D. 它是由厂商分配给以太网 NIC 的物理地址

7. 所有通信方式都会包含下列哪些元素？（选择 3 项）

　　A. 消息优先级　　　　B. 消息源　　　　　　C. 网络媒介

　　D. 消息类型　　　　　E. 消息数据　　　　　F. 消息目的地

8. OSI 参考模型的哪一层会标识与以太网标准有关的协议？（选择 2 项）

　　A. 物理层　　　　　　B. 传输层　　　　　　C. 会话层

　　D. 数据链路层　　　　E. 网络层

9. OSI 参考模型的哪一层定义了终端设备通信分段和重组数据的服务？

　　A. 网络层　　　　　　B. 表示层　　　　　　C. 传输层

　　D. 会话层　　　　　　E. 应用层

10. 下列哪句话描述的是一个数据通信协议？

　　A. 一个网络设备制造商联盟

　　B. 给各类网络设备定义的一系列产品标准

　　C. 各厂商的网络设备之间的交换协定

　　D. 控制通信流程的一系列规则

第 6 章

网络设计和接入层

学习目标

在完成本章的学习后，读者应有能力回答下列问题。

- 以太网数据帧及其封装流程是什么样的？
- 在三层网络设计模型中，各层的功能是什么？
- 如何在接入层改进网络通信？
- 为什么在一个网络中要包含广播？

学习到这里，读者已经了解了协议的概念，以及协议在网络通信中的重要作用。继续以给亲戚寄贺卡为例，读者可以想象一下这张贺卡、装贺卡的信封、亲戚的地址和我们自己的地址。如果希望这张贺卡能够正确地从我们的家中寄到亲戚的家中，那么所有这些信息都必须填写正确。本章会帮助读者理解网络地址的不同类型和网络地址的不同部分。本章介绍的内容，读者在整个职业生涯都会用到。时不我待，现在就开始吧。

6.1 以太网数据帧及其封装

以太网是一种用来把信息从一个网络中的一个以太网 NIC 传输给另一个以太网 NIC 的协议。本节会介绍封装的流程，以及如何使用以太网数据帧的字段来传输封装好的信息。

6.1.1 封装

在发出一封信件时，发信人会使用一种大家都能接受的格式来确保这封信可以寄给收信人，收信人也能正确理解这封信的内容。同样，通过计算机网络发送消息时也会采用一种特定的格式规则，以确保消息能够正确地发送和处理。

把一个消息格式（信件）放入另一个消息格式（信封）的流程称为封装（encapsulation）。解封装（de-encapsulation）就是收信人逆向执行这个流程的操作，也就是把信件从信封中拿出来。就像信件需要封装在信封中进行发送一样，计算机消息也需要进行封装。

每个计算机消息都会封装在一个特定的格式中通过网络进行发送，这个特定的格式称为数据帧（frame）。数据帧的作用类似于一个信封，它可以提供目的地址和源主机的地址。数据帧的格式和内容是由消息类型和转发消息的信道所决定的。如果消息没有采用正确的格式进行封装，那么这个消息要么无法成功送达，要么无法被目的主机正确处理。

人类沟通过程中必须使用正确格式的例子就是信件，如图 6-1 所示。信件上都会写明发信人和收信人的地址，且这两个地址必须写在正确的位置上。如果目的地址和格式有误，信件就无法正确送达。

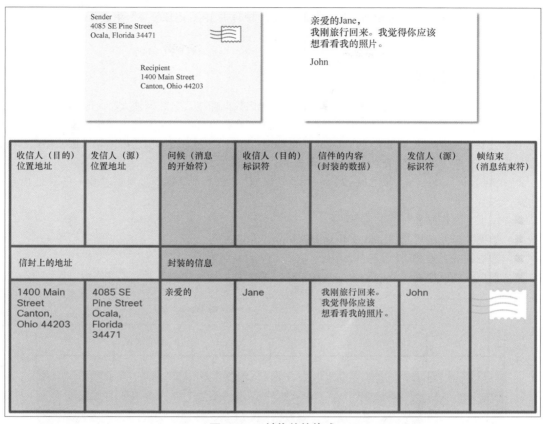

图 6-1 一封信件的格式

  和信件一样，通过计算机网络发送的消息也需要使用特定的格式和规则，才能确保消息能够被正确地转发和处理。

  互联网协议（IP）的功能和信封类似。在图 6-2 中，IPv6 的数据包字段会标识数据包的源和目的IP 地址。IP 负责跨越一个或者多个网络把消息从消息源发送给消息目的地。

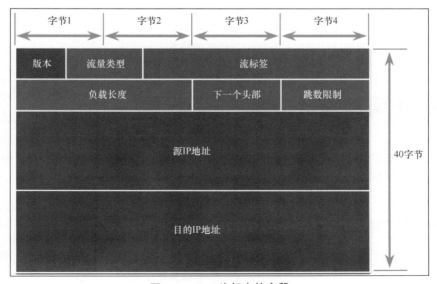

图 6-2 IPv6 头部中的字段

注 释   IPv6 数据包中的字段会在第 10 章 "IPv4 与 IPv6 地址管理" 中进行详细介绍。

6.1.2   以太网数据帧

以太网协议标准定义了网络通信的很多方面，包括数据帧格式、数据帧大小、时序和编码。

当连接在同一个以太网上的主机发送消息时，主机会根据标准定义的数据帧格式来封装消息。数据帧也称为第 2 层协议数据单元（Protocol Data Unit，PDU），因为提供创建规则和数据帧格式的协议会执行定义在 OSI 参考模型数据链路层（第 2 层）的功能。

以太网数据帧的格式（见图 6-3）包含目的 MAC 地址和源 MAC 地址，以及一些其他信息，包括：

- 用于判断顺序和时序的前导码；
- 数据帧起始定界符（Start of Frame Delimiter，SFD）；
- 数据帧的类型和长度；
- 数据帧校验序列（Frame Check Sequence，FCS）（用来监测是否发生了传输错误）。

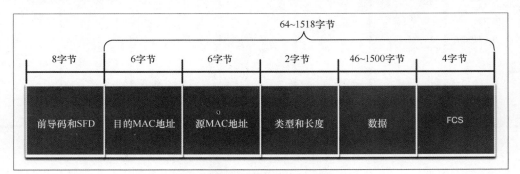

图 6-3   以太网数据帧格式与字段大小

以太网数据帧的大小一般不大于 1518 字节，最小则为 64 字节。这里所说的数据帧的大小是指从目的 MAC 地址到 FCS 之间的字段字节之和。前导码和 SFD 用来标识数据帧的开始。它们不是用来计算数据帧的大小。接收方主机不会处理那些不满足大小限制条件的数据帧。除了数据帧格式、大小和时序之外，以太网标准还定义了组成数据帧的位（bit）应该经过什么样的编码才能发送到信道上。位是通过由铜质电缆发送的电脉冲或由光纤线缆发送的光脉冲在信道上传输的。

6.2   分层网络设计方案

有两种不同类型的地址，它们分别是逻辑地址和物理地址。这两种地址都有一项功能，那就是确保消息可以在同一个网络中的两台设备或不同网络中的两台设备之间进行转发。

6.2.1   物理地址与逻辑地址

一个人的姓名很少更改，但一个人的地址是由这个人住在哪里所决定的，所以地址是会发生变更的。对于一台主机而言，它的 MAC 地址不会变更，该地址是在物理上分配给主机 NIC 的，因此也被称为物理地址。无论主机位于网络中的何处，物理地址都不会变更。

IP 地址类似于人们的地址。它被称为逻辑地址，因为它是根据主机所在的位置而在逻辑上被分配的地址。IP 地址（或者说网络地址）由网络管理员根据本地网络来分配给每一台主机。

IP 地址包含两个部分。第一部分是网络部分。对于所有连接到同一个本地网络的主机来说，它们的 IP 地址的网络部分都是相同的。第二部分是主机部分，它标识的是在这个网络上的各个主机。在同一个本地网络中，每台主机的 IP 地址的主机部分都是唯一的，如图 6-4 所示。

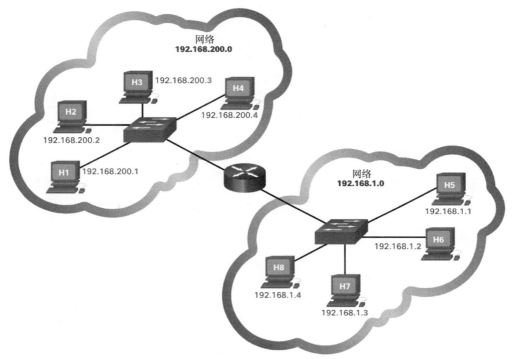

图 6-4　IP 地址的网络部分和主机部分

要让一台计算机在一个分层网络中成功实现通信，物理 MAC 地址和逻辑 IP 地址都是必不可少的——这就像发送一封信，需要同时使用收件人的姓名和地址。

6.2.2　分层结构的类比

设想一下，如果给一个人发送消息的唯一方式就是用那个人的姓名来发送，通信会变得何其困难。如果没有街道、城市、国家这样的分层地址，把消息发给某个人几乎就是不可能的。

在一个以太网中，主机 MAC 地址类似于姓名。一个 MAC 地址可以标识出一台特定主机，但是它无法标识出这台主机位于网络的什么地方。如果互联网上数以亿计的所有主机都只通过唯一的 MAC 地址标识出它们的身份，读者可以设想一下从中找到一台主机是多么困难。

此外，以太网技术也会产生大量的广播流量，这样主机之间才有可能实现通信。广播只会发送给同一个网络中的所有主机。广播会消耗带宽，影响网络的性能。如果连接到互联网的数亿台主机都位于同一个以太网中，而且都使用广播，那会是怎样的一幅场景。

出于上述两个原因，由大量主机所组成的大型以太网效率势必不高。我们最好把一个大型网络分成众多规模更小、更容易管理的组成部分。分隔大型网络的一种方式就是使用分层网络设计模型。

6.2.3   分层网络设计的优势

在网络世界中，分层网络设计用于把设备分为很多个网络，这些网络通过分层的方式进行组织。这种网络设计方法会把设备分为很多个规模更小、更容易管理的组，其目的是让本地流量停留在本地。只有去往其他网络的流量才会被转发到更高的层级。

一个分层网络设计方案可以提供更高的效率，可以对功能进行优化，也可以提升网络的数据传输速率。它可以让网络根据需要进行扩展，因为增加其他本地网络不会影响当前网络的性能。

如图6-5所示，分层网络设计将网络分为如下3层。

■ 接入层：在本地以太网中，这一层会提供与主机的连接。
■ 分布层：这一层负责建立小型本地网络之间的互联。
■ 核心层：这一层会在分布层设备之间提供高速连接。

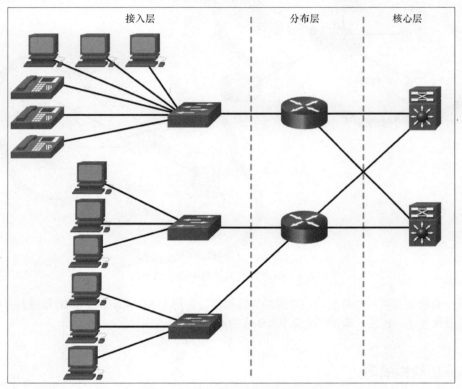

图6-5   一个3层的分层网络设计方案

如果使用分层网络设计方案，人们就需要通过逻辑编址方案来标识主机的位置。互联网中最常见的编址方案之一就是IPv4。IPv6是人们当前用来取代IPv4的网络层协议。在可见的未来，IPv4和IPv6都会保持共存关系。从这里开始，下文如果提到IP，指的是IPv4和IPv6。

6.2.4   接入层、分布层与核心层

IP流量是根据分层网络设计模型3层方案中每一层对应的特征和设备来进行管理的，这3层即接入层、分布层和核心层。

1. 接入层

接入层为终端用户提供了网络连接点，让大量主机可以通过一台网络设备（通常是一台交换机，例如图 6-6 所示的思科 2960-XR 或者 WAP）连接到其他主机。一般来说，一个接入层中的所有设备的 IP 地址的网络部分都是相同的。

图 6-6　思科 2960-XR

如果一个消息的目的地是一台本地主机，那么因为 IP 地址的网络部分是相同的，所以消息会停留在本地。如果消息的目的地在另一个网络当中，那么它会被传输给分布层。交换机会提供去往分布层设备的连接，而分布层设备通常是一台三层设备，如一台路由器或者三层交换机。

2. 分布层

分布层会为各个网络提供一个连接点，也会控制网络之间的信息流动。分布层通常包含一些比接入层交换机更加强大的交换机（例如图 6-7 所示的思科 C9300 系列），也会包含路由器以便为不同网络的流量提供路由。对于从接入层发送到核心层的流量，分布层设备会控制它们的流量类型和总量。

图 6-7　思科 C9300 系列

3. 核心层

核心层是包含冗余（备份）连接的高速骨干网。它负责在网络中传输大量的流量。核心层设备通常会包含非常强大的高速交换机和路由器，例如图 6-8 所示的思科 Catalyst 9600。核心层的主要目的是高速地传输数据。

图 6-8   思科 Catalyst 9600

6.3 接入层

接入层描述了为终端设备提供网络和 LAN 连接的网络组件。

6.3.1 接入层设备

接入层是网络最基本的层级。人们就是通过这部分网络才能访问其他主机，并且共享文件和打印机的。接入层提供了把主机连接到有线以太网当中的第一台网络设备。

网络设备可以让我们为大量主机建立互联，同时让这些主机能够访问网络中的服务。接入层不同于那些两台主机通过一条线缆直连的简单网络，接入层中的每台主机都要连接到一台网络设备。这种连接方式如图 6-9 所示。

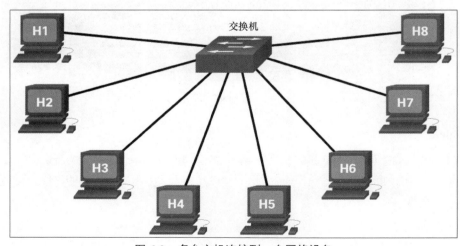

图 6-9   多台主机连接到一台网络设备

在一个以太网中，每台主机都可以使用以太网线缆直接连接到网络设备上。这些线缆的制造都要满足特定的以太网标准。每条线缆会插入一个主机 NIC，然后连接到网络设备的一个端口上。很多类型的网络设备都可以在接入层连接主机，包括以太网交换机。

6.3.2 以太网集线器

最初的以太网用一条线缆连接所有主机，这种连接方式类似于有线电视线缆的连接方式。网络中的所有用户共享线缆的可用带宽。随着以太网越来越普及，通过一条线缆连接所有主机的做法已经变得非常不合理，甚至根本不可能实现了。于是，工程师开发了一种不同类型的网络技术，让人们可以更加轻松地把大量设备连接到网络中。第一个这种类型的网络设备就是以太网集线器（hub）。

集线器包含大量端口，可以把主机连接到网络中。集线器是一种非常简单的设备，它不需要使用必要的电子元器件来对主机和网络之间传输的消息进行解码。这种设备无法判断哪台主机应该接收到某一条特定的消息。集线器只会把从一个端口接收到的电信号通过其他所有的端口发出去。所有连接到同一个集线器的主机都会共享带宽，并且接收到相同的消息。主机会忽略掉所有不是发送给它的消息。只有消息目的地址标识的那台主机才会对消息进行处理，并且向消息的发送方做出响应。

通过以太网集线器，每次只能发送一个消息。但是连接到同一集线器的两台甚至多台主机可能会同时尝试发送消息。如果发生了这种情况，描述消息的电信号就会在集线器上发生碰撞，这个碰撞称为冲突。主机是无法解读冲突的消息的，所以必须把消息进行重传。如果在一个网络区域中，主机有可能接收到被冲突破坏的消息，这个区域就称为一个冲突域。

因为大量重传会阻塞网络，降低网络的数据传输速率，所以集线器如今已经过时，被以太网交换机所取代。

图 6-10 所示为集线器的工作方式。

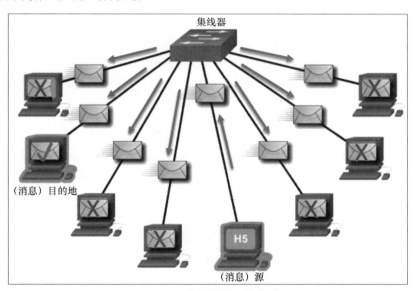

图 6-10　集线器的工作方式

6.3.3 以太网交换机

以太网交换机是一种在接入层使用的设备。当一台主机向另一台连接在同一个交换网络中的主机发送消息时，交换机在接收到消息之后就会对数据帧进行解码，读取消息的 MAC 地址，然后把消息发送给目的地，如图 6-11 所示。

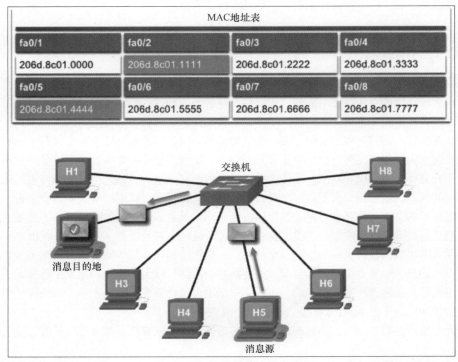

图 6-11　交换机的工作方式

　　交换机上的表称为 MAC 地址表，它是由所有直连主机的 MAC 地址和对应的活动端口所组成的列表。当两台主机相互发送消息时，交换机就会对消息进行查看，判断消息的目的 MAC 地址是否保存在表中。如果保存在表中，交换机就会在源和目的端口之间建立一条临时的连接，这条连接称为一条电路（circuit）。这条新建的电路会为两台主机之间的通信提供一条专用的信道。其他连接到这台交换机上的主机不会共享这条信道的带宽，也不会接收到不是以它们为目的地的消息。每当两台主机新建对话的时候，就会有新的电路建立起来。独立的电路可以让很多对话同步进行，而不会出现冲突。以太网交换机也可以通过同一条以太网线缆来同时发送和接收数据帧。这样一来，冲突被消除了，网络的性能也就得到了提升。

6.3.4　MAC 地址表

　　如果交换机接收到了一个去往新主机的数据帧，而这台主机的 MAC 地址还没有保存到 MAC 地址表中，那该怎么办呢？如果目的 MAC 地址没有保存在表中，交换机就没有必要的信息来创建专门的电路。当交换机无法判断目的主机位于哪里时，它就会使用一种叫作泛洪（flooding）的处理方式来把消息发送给除发送方主机之外的所有直连主机。每台主机都会把消息中的目的 MAC 地址与自己的 MAC 地址进行比较，只有拥有正确目的 MAC 地址的那台主机才会对消息进行处理，并且对发送方做出响应。

　　那么，新主机的 MAC 地址又是如何保存进 MAC 地址表的呢？交换机通过查看主机间发送的每个数据帧的源 MAC 地址来建立自己的 MAC 地址表条目。当新的主机发送了一个消息或者对一个泛洪消息做出响应之后，交换机立刻就会学习到该主机的 MAC 地址，以及该主机连接的端口。MAC 地址表会在交换机读取到一个新的源 MAC 地址时动态更新。通过这种方式，交换机也就快速学习到了所有直连主机的 MAC 地址。图 6-12～图 6-15 展示了上文介绍的这个操作过程。

在图 6-12 中，源主机 H3 向目的主机 H7 发送消息。此时交换机还没有 H7 的 MAC 地址。

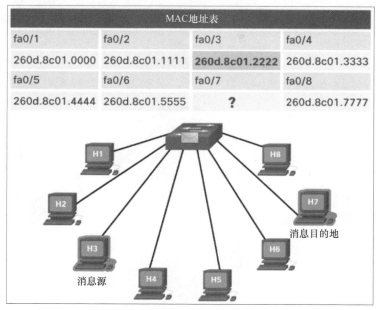

图 6-12 源主机向目的主机发送了一个消息

在图 6-13 中，交换机把从 H3 接收到的数据帧从其他所有端口泛洪出去。

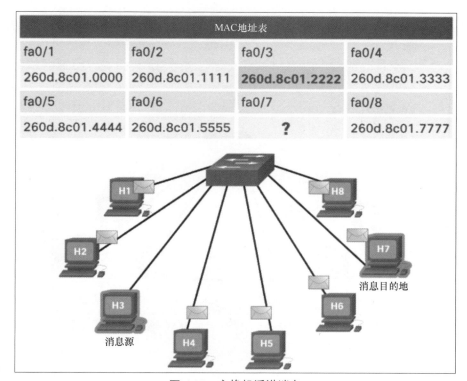

图 6-13 交换机泛洪消息

在图 6-14 中，在 H7 接收到数据帧之后，封装数据包的 IP 地址就匹配到了 H7 的 IP 地址。因此，H7 会对 H3 做出响应。

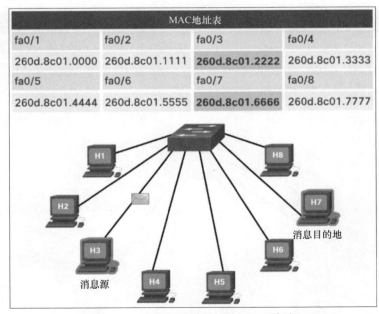

MAC地址表			
fa0/1	fa0/2	fa0/3	fa0/4
260d.8c01.0000	260d.8c01.1111	260d.8c01.2222	260d.8c01.3333
fa0/5	fa0/6	fa0/7	fa0/8
260d.8c01.4444	260d.8c01.5555	?	260d.8c01.7777

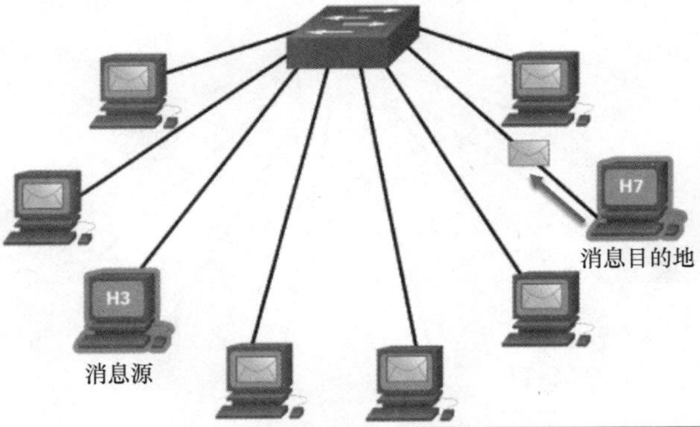

图 6-14　目的主机对消息进行了响应

在图 6-15 中，交换机用 H7 的 MAC 地址更新了自己的 MAC 地址表，建立了 MAC 地址和端口的映射。

MAC地址表			
fa0/1	fa0/2	fa0/3	fa0/4
260d.8c01.0000	260d.8c01.1111	**260d.8c01.2222**	260d.8c01.3333
fa0/5	fa0/6	fa0/7	fa0/8
260d.8c01.4444	260d.8c01.5555	**260d.8c01.6666**	260d.8c01.7777

图 6-15　交换机记录了目的 MAC 地址

6.4 广播遏制

有时，终端设备可能需要向同一个以太网中的所有设备发送数据帧。虽然以太网广播的使用非常普遍，但是广播的数量应该尽可能少，这样它们就不会对网络的性能构成影响。

6.4.1 本地网络中的以太网广播

在本地网络中，一台主机往往需要同时给其他所有主机发送消息，这可以使用广播消息来实现。当一台主机希望查找信息，但又不知道其他主机可以给它提供什么信息，或者一台主机希望在最短时间内给相同网络中的其他所有主机提供信息的时候，广播的价值就体现出来了。

一个消息只能包含一个目的 MAC 地址。既然如此，那如何才能让一台主机既把消息发送给本地网络中的其他所有主机，又不需要给各个 MAC 地址分别封装消息呢？

为了解决这个问题，广播消息需要发送给一个专门的 MAC 地址，所有主机都会处理发送给这个 MAC 地址的消息。广播 MAC 地址其实就是由全 1 组成的 48 位地址。因为 MAC 地址比较长，所以 MAC 地址往往会用十六进制来表示，于是用十六进制表示的广播 MAC 地址就是 FFFF.FFFF.FFFF。十六进制中的每个 F 都代表了 4 个二进制的 1。

图 6-16 显示，H1 在 LAN 中发送了一个广播消息，其他所有设备都接收到了这个消息。

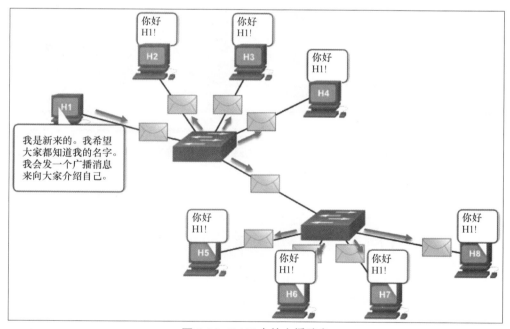

图 6-16 LAN 中的广播消息

6.4.2 广播域

当一台主机接收到了发送给广播地址的消息时，会对其进行处理，就像这个消息是直接发送给这台主机的一样。当一台主机发送了一个广播消息，交换机会把这个消息转发给同一个本地网络中的其他所有直连主机。因此，一个本地网络，或者说一个有一台或者多台以太网交换机的网络，也被称为一个广播域。

如果过多主机连接到了同一个广播域中，网络中就有可能产生过量的广播流量。主机的数量和本地网络能够支持的网络流量都会受到直连交换机性能的限制。随着网络规模的扩大和主机数量的增加，网络流量（也包括广播流量）也会增加。为了提升性能，我们往往必须把一个本地网络分为多个网络，或者说分为多个广播域，如图 6-17 所示。路由器的作用之一是把网络划分为多个广播域。

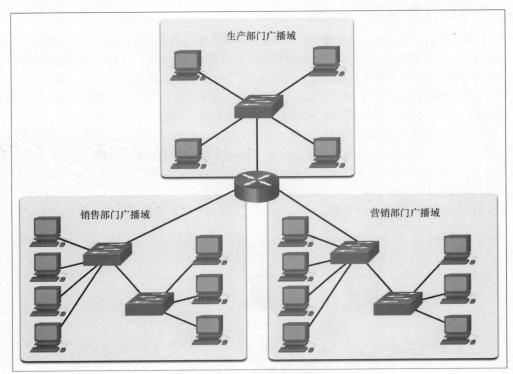

图 6-17   用一台路由器划分的广播域

6.4.3   接入层通信

在一个本地以太网中，NIC 只有当一个数据帧的目的地址是广播地址，或者与其 MAC 地址对应的地址时，才会接收这个数据帧。

然而，大多数网络应用都依靠逻辑目的 IP 地址来标识服务器和客户端的位置。图 6-18 所示为当发送方主机只携带目的主机的逻辑 IP 地址时会产生的问题。然而，发送方主机要如何才能判断出数据帧中的目的 MAC 地址呢？

发送方主机可以使用一种称为地址解析协议（Address Resolution Protocol，ARP）的 IPv4 来发现同一本地网络中任何一台主机的 MAC 地址。IPv6 则会使用另一种类型的方法，该方法被称为邻居发现（neighbor discovery）。

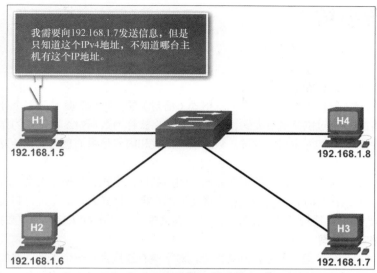

图 6-18   一台主机需要拥有目的 IPv4 地址

6.4.4 ARP

当一台设备知道另一台设备的 IPv4 地址，但却不知道它的以太网 MAC 地址时，这台设备就可以使用 ARP 流程。如果某主机只知道本地网络中另一台主机的 IPv4 地址，它就可以借助 ARP 通过一个三步走的流程来发现和保存那台主机的 MAC 地址。ARP 流程如下。

（1）发送方主机会创建和发送一个以广播 MAC 地址为目的地址的数据帧。这个数据帧中包含的消息则会以目的主机的 IPv4 地址为目的地址。

（2）网络中的每台主机都会接收到这个广播数据帧，因此它们会把消息中包含的 IPv4 地址和自己的 IPv4 地址进行比较。IPv4 地址匹配的那台主机会把自己的 MAC 地址发回给最初的发送方主机。

（3）发送方主机把接收到的消息中的 MAC 地址和 IPv4 地址信息保存在一个称为 ARP 表的表格中。

当发送方主机的 ARP 表中有了目的主机的 MAC 地址时，它就可以直接向目的主机发送数据帧，而不需要再进行 ARP 请求了。因为 ARP 消息需要依靠广播数据帧来发送请求，所以本地 IPv4 网络中的主机都必须在同一个广播域中（见图 6-19）。

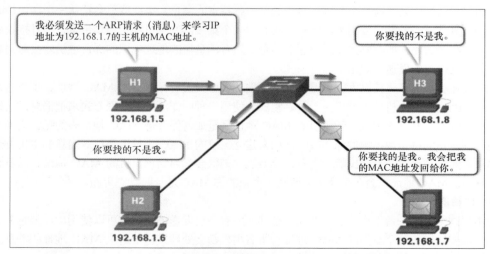

图 6-19   一台主机使用 ARP 来学习拥有特定 IPv4 地址的主机的 MAC 地址

6.5   本章小结

下面是对本章各主题的总结。

■   **封装与以太网数据帧**

把一个消息格式（信件）放入另一个消息格式（信封）的流程称为封装。每个计算机消息都会封装在一个特定的格式中通过网络进行发送，这个特定的格式称为数据帧。数据帧的作用类似于一个信封，它可以提供目的地址和源主机的地址。数据帧的格式和内容是由消息类型和转发消息的信道所决定的。

以太网协议标准定义了网络通信的很多方面，包括数据帧格式、数据帧大小、时序和编码。当以太网中的主机相互发送消息时，主机会根据标准定义的数据帧格式来对消息进行封装。数据帧也称为第 2 层 PDU，因为提供创建规则和数据帧格式的协议会执行定义在 OSI 参考模型数据链路层的功能。

■   **分层网络设计方案**

IP 地址包含两个部分。第一部分是网络部分。对于所有连接到同一个本地网络的主机来说，它们的 IP 地址的网络部分都是相同的。第二部分是主机部分，它标识的是在这个网络上的各个主机。要让一台计算机在一个分层网络中成功实现通信，物理 MAC 地址和逻辑 IP 地址都是必不可少的——这就像发送一封信，需要同时使用收件人的姓名和地址。由大量主机所组成的大型以太网需要分成多个规模更小、更容易管理的组成部分。分隔大型网络的一种方式就是使用分层网络设计模型。分层网络设计将网络分为如下 3 层。

● 接入层：在本地以太网中，这一层会提供与主机的连接。
● 分布层：这一层负责建立小型本地网络之间的互联。
● 核心层：这一层会在分布层设备之间提供高速连接。

如果使用分层网络设计方案，人们就需要通过逻辑编址方案来标识主机的位置。互联网中最常见的编址方案之一就是 IPv4。IPv6 是人们当前用来取代 IPv4 的网络层协议。

■   **接入层**

接入层是网络的一个组成部分，人们就是通过这部分网络才能访问其他主机，并且共享文件和打印机的。接入层提供了把主机连接到有线以太网当中的第一台网络设备。很多类型的网络设备都可以在接入层连接主机，包括以太网集线器和以太网交换机。

集线器包含大量端口，可以把主机连接到网络中。集线器不能对主机和网络之间发送的消息进行解码。这种设备无法判断哪台主机应该接收到某一条特定的消息。集线器只会把从一个端口接收到的电信号通过其他所有的端口发出去。所有连接到同一个集线器的主机都会共享带宽，并且接收到相同的消息。主机会忽略掉所有不是发送给它的消息。只有消息目的地址标识的那台主机才会对消息进行处理，并且向消息的发送方做出响应。

如果使用交换机来连接以太网，但其 MAC 地址表中又没有保存目的 MAC 地址，那么这台交换机就无法判断出目的主机位于哪里。于是，它就会使用一种叫作泛洪的处理方式来把消息发送给除发送方主机之外的所有直连主机。新主机的 MAC 地址又是如何保存进 MAC 地址表的呢？交换机通过查看主机间发送的每个数据帧的源 MAC 地址来建立自己的 MAC 地址表条目。当新的主机发送了一个消息或者对一个泛洪消息做出响应之后，交换机立刻就会学习到该主机的 MAC 地址，以及该主机连接的端口。MAC 地址表会在交换机读取到一个新的源 MAC 地址时动态更新。

■   **广播遏制**

在本地网络中，一台主机往往需要同时给其他所有主机发送消息，这可以使用广播消息来实现。广播消息需要发送给一个专门的 MAC 地址，所有主机都会处理发送给这个 MAC 地址的消息。广播 MAC 地址其实就是由全 1 组成的 48 位地址。

当一台主机接收到了发送给广播地址的消息时，会对其进行处理，就像这个消息是直接发送给这台主机的一样。当一台主机发送了一个广播消息，交换机会把这个消息转发给同一个本地网络中的其他所有直连主机。因此，一个本地网络，或者说一个有一台或者多台以太网交换机的网络，也被称为一个广播域。路由器可以把网络划分为多个广播域。

发送方主机要如何才能判断出数据帧中的目的 MAC 地址呢？发送方主机可以使用一种称为 ARP 的 IPv4 来发现同一本地网络中任何一台主机的 MAC 地址。IPv6 则会使用另一种类型的方法，该方法被称为邻居发现。如果某主机只知道本地网络中另一台主机的 IPv4 地址，它就可以借助 ARP 通过三步走的流程来发现和保存那台主机的 MAC 地址。ARP 流程如下。

（1）发送方主机会创建和发送一个以广播 MAC 地址为目的地址的数据帧。这个数据帧中包含的消息则会以目的主机的 IPv4 地址为目的地址。

（2）网络中的每台主机都会接收到这个广播数据帧，因此它们会把消息中包含的 IPv4 地址和自己的 IPv4 地址进行比较。IPv4 地址匹配的那台主机会把自己的 MAC 地址发回给最初的发送方主机。

（3）发送方主机把接收到的消息中的 MAC 地址和 IPv4 地址信息保存在一个称为 ARP 表的表格中。

习题

完成下面的习题可以测试出你对本章内容的理解水平。附录中会给出这些习题的答案。

1. ARP 请求数据帧中使用的目的地址是什么？
   A. AAAA.AAAA.AAAA　　B. 255.255.255.255　　C. 目的主机的物理地址
   D. 0.0.0.0　　E. FFFF.FFFF.FFFF
2. 下列哪种网络设备可以充当分隔二层广播域的边界？
   A. AP　　B. 以太网集线器　　C. 以太网网桥　　D. 路由器
3. 下列哪个术语描述的是把一个消息格式放入另一个消息格式中的过程？
   A. 封装　　B. 操作　　C. 编码　　D. 分片
4. 在分层网络设计模型中，核心层的作用是什么？
   A. 提供高速骨干交换
   B. 充当小型网络的汇聚点
   C. 为终端设备提供网络接入
   D. 在网络之间提供流量控制
5. 下列哪种网络设备的主要功能是根据 MAC 地址表中的信息把数据发送给特定的目的主机？
   A. 调制解调器　　B. 交换机　　C. 路由器　　D. 集线器
6. 参考图 6-20。如果交换机 SW1 的 MAC 地址表是空的，那么数据帧如何从 PCA 发送到 PCC？
   A. SW1 在所有交换机端口泛洪这个数据帧，除了连接交换机 SW2 的互联端口和接收到这个数据帧的那个端口
   B. SW2 会丢弃这个数据帧，因为它不知道目的 MAC 地址
   C. SW1 会直接把数据帧泛洪给 SW2。SW2 把数据帧泛洪给所有 SW2 直连的端口，除了接收到这个数据帧的那个端口
   D. SW1 在所有交换机端口泛洪这个数据帧，除了接收到这个数据帧的那个端口

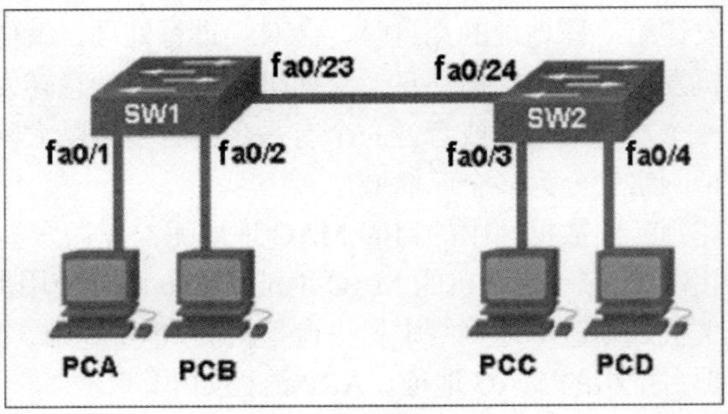

图 6-20

7. 以太网交换机会查看下列哪项信息，并且用它来建立自己的 MAC 地址表？
   A. 目的 MAC 地址　　　　B. 目的 IP 地址　　　　C. 源 MAC 地址　　　　D. 源 IP 地址

8. IEEE 802.3 标准的以太网数据帧中包含下列哪些字段？（选择 3 项）
   A. 源逻辑地址　　　　　　B. 源物理地址　　　　　C. 目的物理地址
   D. 数据帧校验序列　　　　E. 目的逻辑地址　　　　F. 媒介类型标识符

9. 在分层企业 LAN 设计模型的接入层中，通常部署的是下列哪种设备？（选择 2 项）
   A. 二层交换机　　　　　　B. AP　　　　　　　　　C. 三层设备
   D. 防火墙　　　　　　　　E. 模块化交换机

10. 下列哪项关于广播域和冲突域的说法是正确的？
    A. 向网络中添加一台交换机就会增加广播域的大小
    B. 向网络中添加一台集线器可以减小冲突域的大小
    C. 向网络中添加一台路由器就会增加冲突域的大小
    D. 路由器上的接口越多，形成的广播域就越大

11. 一个正常大小的以太网数据帧在发送到网络中之前可以封装多少字节的数据？
    A. 23～1500 字节　　　　B. 46～1500 字节　　　　C. 64～1518 字节　　　D. 0～1024 字节

12. 在一个 IPv4 网络中，ARP 的作用是什么？
    A. 根据目的 MAC 地址来发送数据
    B. 根据目的 IPv4 地址来发送数据
    C. 在 IPv4 地址已知的情况下获取对应的 MAC 地址
    D. 在交换机上根据获取到的信息来建立 MAC 地址表

第 7 章

网络间路由

学习目标

在完成本章的学习后，读者应有能力回答下列问题。

- 为什么需要路由转发?
- 路由器如何使用路由表?
- 如何搭建完全互联的网络?

搭建一个自己的 P2P 网络确实很有意思，但读者可能希望试着去搭建一些其他的网络，并且把它们连接到互联网中。这种网络更有趣。

7.1 路由的必要性

大多数网络通信都需要通过多个网络来发送数据包。路由转发（routing）就是把 IP 数据包从一个网络转发到另一个网络的过程。

7.1.1 分隔本地网络的标准

随着网络规模的扩大，人们必须把一个接入层网络分成多个接入层网络。根据下列不同标准可以对本地网络进行分隔：

- 广播遏制；
- 安全需求；
- 物理位置；
- 逻辑分组。

分布层负责连接独立的本地网络，控制这些网络之间的流量。它负责保证在本地网络中由一台主机发送给另一台主机的流量停留在这个网络本地。只有去往其他网络的流量才会穿越分布层。分布层也可以使用安全规则和流量管理规则来过滤入站和出站的流量。

对于构成分布层的网络设备来说，它们的作用是对网络进行互联，而不是对主机进行互联。主机通过接入层设备（如交换机）连接到网络。接入层设备通过分布层设备（如路由器）进行互联。

1. 广播遏制

分布层中的路由器可以把广播遏制在本地网络当中，这也正是广播应该泛洪的范围（见图 7-1）。虽然广播必不可少，但是如果把过多的主机连接到同一个本地网络中，就会产生过大的广播流量，导致网络变慢。

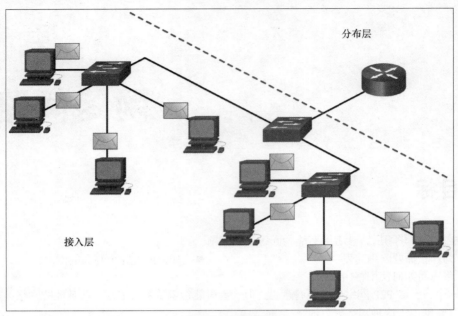

图 7-1　广播遏制

2. 安全需求

分布层中的路由器可以隔离并且保护保存了机密信息的那一部分计算机，如图 7-2 所示。路由器也可以对外隐藏内部计算机的地址，从而防止针对内部计算机的攻击，控制哪些用户可以出入本地网络。

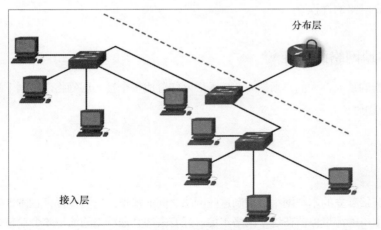

图 7-2　一台实施了安全策略的路由器

3. 物理位置

分布层中的路由器可以用来连接位于组织机构中不同站点、在地理上相距很远的本地网络，如图 7-3 所示。

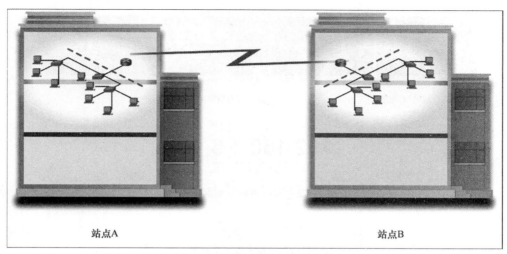

图 7-3　连接两个站点的路由器

4. 逻辑分组

分布层中的路由器可以用来把用户在逻辑上分入不同的组,例如按照一家企业中的部门进行分组,因为相同部门的人员在资源访问方面的需求往往也是相同的，如图 7-4 所示。

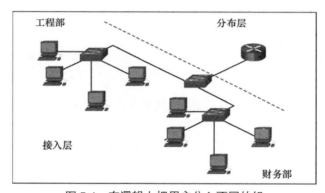

图 7-4　在逻辑上把用户分入不同的组

7.1.2　何时需要进行路由转发

在大多数情况下，我们都希望自己的设备能够连接到本地网络之外，连接到自己的家庭、企业网络之外，连接到互联网中。不在本地网络中的设备称为远端主机。当一台源设备向远端的目的设备发送一个数据包时，就需要借助路由器和路由转发。路由转发是判断去往目的地的最佳路径的过程。

路由器是用来连接多个三层 IP 网络的一种网络设备。在网络的分布层中，路由器负责转发流量，并且执行其他让网络正常工作的重要功能。路由器和交换机一样可以对发送给它的消息进行解码并且阅读。但路由器和交换机不一样的地方在于，交换机是根据二层 MAC 地址做出转发决策的，路由器则是根据三层 IP 地址来做出转发决定的，如图 7-5 所示。

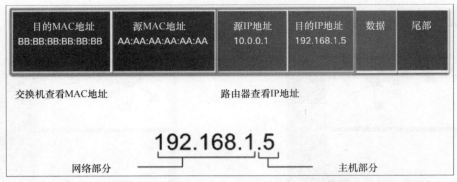

图 7-5 一个以太网数据帧中封装的 IP 数据包

数据包中包含目的主机和源主机的 IP 地址，以及在它们之间传输的数据。路由器会读取数据包中目的 IP 地址的网络部分，并且根据它来查找自己的哪个直连网络是向目的地转发这个数据的最佳路径。

只要源和目的主机 IP 地址的网络部分不匹配，就必须使用路由器来转发这个数据。如果一台位于网络 1.1.1.0 的主机需要向网络 5.5.5.0 中的一台主机发送消息，那么前者就会把数据转发给路由器。路由器接收到消息并对以太网数据帧进行解封装，然后读取 IP 数据包中的目的 IP 地址。接下来，路由器就会根据这个地址来判断应该向哪里转发这个数据，然后把数据包重新封装成一个新的数据帧，再把这个数据帧转发给目的地。

7.2 路由表

路由器是一种三层中间设备，负责执行数据包转发或者路由。路由器使用路由表来查看转发数据包所需的信息。

7.2.1 选择路径

路由器如何才能判断出应该使用哪个接口把消息发送给目的网络呢？路由器上的每个端口（或者说接口）都连接到一个不同的本地网络。每台路由器都会维护一个包含所有本地直连网络的路由表。这些路由表中包含路由器用来访问远端网络（即非直连网络）的路由（或称为路径）。

当一台路由器接收到一个数据帧时，它会对数据帧进行解封装，以获取数据包中的目的 IP 地址。它会把目的 IP 地址的网络部分与路由表中包含的网络地址进行匹配。如果目的网络地址出现在路由表中，路由器就会把这个数据包封装到一个新的数据帧中，将其发送出去。（注意，路由器在这里会给数据帧插入一个新的目的 MAC 地址，并且重新计算新数据帧的 FCS 字段。）路由器会把新的数据帧从与去往目的网络的路径相对应的那个接口发送出去，如图 7-6 所示。向数据包的目的网络转发数据包的过程称为路由转发。

路由器接口不会转发去往本地网络广播 IP 地址的消息。因此，本地网络中的广播不会跨越路由器被转发到其他本地网络中。

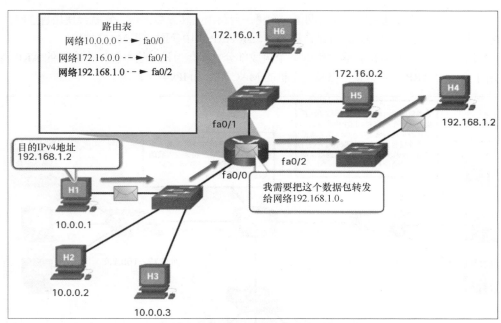

图 7-6　一台路由器选择了去往数据包目的网络的路径

7.2.2　数据包转发

路由器会把数据包转发给下面两个地方之一：连接了目的主机的直连网络或者去往目的主机路径上的另一台路由器。当一台路由器封装了一个数据帧，并且把它通过一个以太网接口转发出去时，这个数据帧中必须包含一个目的 MAC 地址。如果目的主机所在的网络是路由器直连的网络，那么这个目的 MAC 地址就应该是目的主机的 MAC 地址。图 7-7 所示为一台主机向同一个本地网络中的另一台主机发送一个消息。

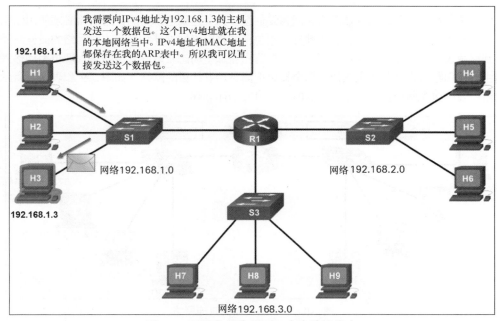

图 7-7　目的主机位于同一个本地网络中

如果这台路由器必须通过一个以太网接口向另一台路由器转发数据包，它就会使用直连路由器的MAC 地址作为数据帧的目的 MAC 地址。路由器会从 ARP 表中获取这些 MAC 地址。

每个路由器接口都是本地直连网络的一个组成部分，都会为该网络维护一个自己的 ARP 表，如图 7-8 所示。这个 ARP 表包含该网络各个主机的 MAC 地址和 IPv4 地址。

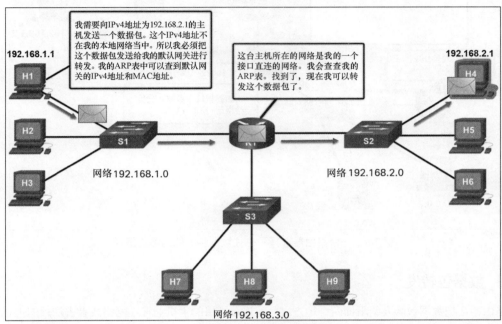

图 7-8   目的主机位于一个远端网络中

7.2.3 路由表条目

路由器负责在本地网络和远端网络之间转发信息。为了达到这个目的，路由器必须使用路由表来存储信息。路由表并不关心各个主机的地址。它包含的是网络的地址和到达这些网络的最佳路径。条目保存到路由表中的途径有两种：从网络中其他路由器那里动态获取或者由网络管理员手动输入路由表。路由器使用路由表来判断应该使用哪个接口把消息转发给目的网络。如图 7-9 和表 7-1 所示，路由器的路由表中包含两个直连网络：10.0.0.0/8 和 172.16.0.0/16。

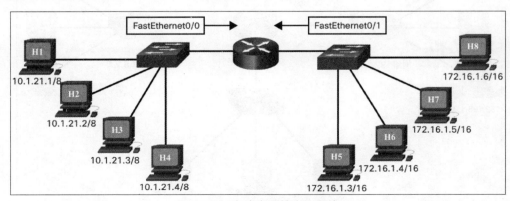

图 7-9   一台路由器的直连网络

表 7-1 保存了直连网络的路由表

类型	网络地址	端口
C	10.0.0.0/8	FastEthernet0/0
C	172.16.0.0/16	FastEthernet0/1

- **类型**：连接类型，C 代表直连。
- **网络**：网络地址。
- **端口**：用来把数据包转发给其他网络的接口。

如果路由器无法判断出向哪里转发消息，它就会把消息丢弃。网络管理员可以在路由表中配置一条静态路由，让数据包不会因为路由表中没有目的网络而被丢弃。默认路由是指路由器用来转发包含未知目的 IP 地址的数据包的那个接口。默认路由往往会连接到另一台可以把数据包转发到最终目的网络的路由器。

7.2.4 默认网关

一台主机向位于远端的网络发送消息的方法和它向本地网络发送消息的方法是截然不同的。当一台主机需要向同一个网络中的另一台主机发送一个消息的时候，它会直接发送消息。主机会使用 ARP 来发现目的主机的 MAC 地址。IPv4 数据包中会包含目的 IPv4 地址，主机会把这个数据包封装到包含目的 MAC 地址的数据帧中，并且把它转发出去。

当一台主机需要向远端网络发送消息的时候，它就必须使用路由器，这里的路由器称为默认网关（default gateway）。主机也会把目的主机的 IP 地址包含在数据包中。但是，在主机把数据包封装到数据帧中的时候，它会使用那台路由器的 MAC 地址作为数据帧的目的地址。通过这种方式，路由器就可以根据这个 MAC 地址接收并且处理这个数据帧。

那么，源主机是如何知道路由器的 MAC 地址的呢？主机上的路由器 IPv4 地址是管理员在配置 TCP/IP 设置的时候，手动输入的默认网关地址。默认网关地址就是路由器连接源主机所在网络的那个接口的地址。本地网络中的所有主机都会使用这个默认网关地址来向路由器发送消息。当主机知道了默认网关的 IPv4 地址，它就可以使用 ARP 来判断出对应的 MAC 地址。这样，路由器的 MAC 地址就可以被封装到发往另一个网络的数据帧中了。

在本地网络中给每台主机配置正确的默认网关非常重要，如图 7-10 和表 7-2 所示。如果主机的 TCP/IP 设置中没有配置默认网关，或者如果配置的默认网关地址有误，那么去往远端网络的主机的消息就无法发送了。

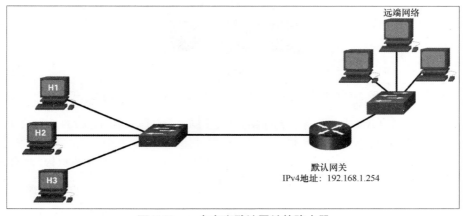

图 7-10 一台充当默认网关的路由器

表 7-2		主机的地址表（包含默认网关地址）	
主机	IPv4 地址	子网掩码	默认网关地址
H1	192.168.1.1	255.255.255.0	192.168.1.254
H2	192.168.1.2	255.255.255.0	192.168.1.254
H3	192.168.1.3	255.255.255.0	192.168.1.254

7.3   创建一个局域网

终端设备（无论是客户端还是服务器）都会连接到 LAN 中。LAN 也是用户访问本地网络并到达其他网络的渠道。

7.3.1   局域网

LAN 指的是一个本地网络或者一组相互连接且处于同一个管理域中的本地网络，如图 7-11 所示。在网络发展的早期，LAN 的定义是处于某一个位置的小型网络。虽然 LAN 确实可以是安装在家中或者小型办公环境中的一个本地网络，但 LAN 的定义已经经过了演化，现在也指由成百上千台主机组成的互联本地网络，这种网络往往会部署在多个楼宇和地点。

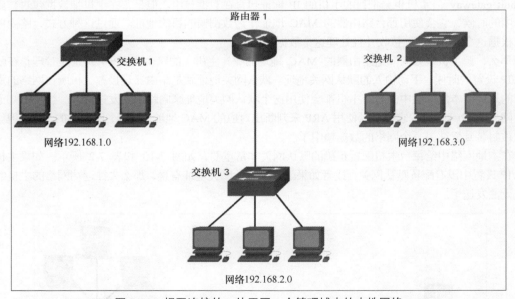

图 7-11   相互连接的、处于同一个管理域中的本地网络

一定要记住，一个 LAN 中的所有本地网络都是处于同一个管理域中的。LAN 一般会使用以太网或者无线协议，它们都支持高速数据传输。

内联网（intranet）一般用来指代一种私有 LAN，这种 LAN 属于某一个组织机构，其作用也仅是给这家组织机构的员工和其他授权人员提供访问的途径。

7.3.2　本地网段和远端网段

在一个 LAN 中，我们可以把所有主机都放在一个本地网段中，也可以把它们分散在由一台分布层设备所连接的多个网段中。具体采用哪种部署方式取决于这个网络的设计目的。

1. 把所有主机放在一个本地网段

把所有主机放在一个本地网段中可以让所有主机能够相互"可见"，如图 7-12 所示。因为这种环境中只有一个广播域，各个主机只需要使用 ARP 就可以找到彼此。

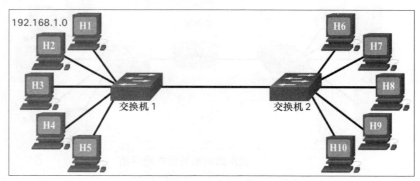

图 7-12　一个本地网段

在一个简单的网络设计方案中，让所有主机都处于一个本地网段中的好处更加明显。不过，网络规模的扩大、流量的增加会导致网络性能和数据传输速率下降。在这种情况下，把一部分数据迁移到一个远端网段上是更合理的选择。

使用一个本地网段的优点如下。

- 适合简单的网络。
- 复杂性更低，网络管理成本也更低。
- 每台设备都可以被其他设备"看见"。
- 数据传输速率更高——通信更加直接。
- 设备访问更加简单。

使用一个本地网段的缺点如下。

- 所有主机都处于同一个广播域中，网段中的流量更多，有可能导致网络性能下降。
- 实施服务质量（Quality of Service，QoS）策略更加困难，QoS 会在网络拥塞的情况下优先处理某些类型的消息。
- 实施安全策略更加困难。

2. 把新增的主机放在远端网段

把新增的主机部署到远端网段中可以降低更多主机给流量带来的影响，如图 7-13 所示。不过，在不使用路由器的情况下，一个网段中的主机不能和处于其他网段中的主机进行通信。然而，不仅路由器会增加配置网络的复杂性，数据包从本地网段发送到另一个网段的过程也会引入延迟。

使用远端网段的优点如下。

- 更适合大型的、更加复杂的网络。
- 分隔了广播域，减少了每个网段中的流量。
- 可以提升每个网段的性能。
- 让设备对其他网段的设备来说"不可见"。

- ■ 可以提高安全性。
- ■ 可以改善网络的结构。

使用远端网段的缺点如下。

- ■ 必须在分布层使用路由转发。
- ■ 路由器会导致网段之间的数据传输速率降低。
- ■ 网络更复杂，成本也更高（因为需要额外购买路由器）。

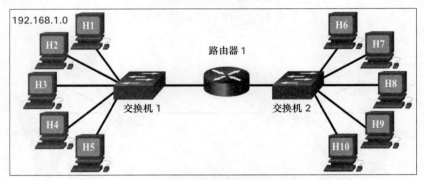

图 7-13　使用路由器分隔本地网络

7.4　本章小结

下面是对本章各主题的总结。

- ■ **路由的必要性**

随着网络规模的扩大，人们必须把一个接入层网络分成多个接入层网络。分布层负责连接独立的本地网络，控制这些网络之间的流量。它负责保证在本地网络中由一台主机发送给另一台主机的流量停留在这个网络本地。对于构成分布层的网络设备来说，它们的作用是对网络进行互联，而不是对主机进行互联。

不在本地网络中的设备称为远端主机。当一台源设备向远端的目的设备发送一个数据包时，就需要借助路由转发。路由转发是判断去往目的地的最佳路径的过程。路由器是用来连接多个三层 IP 网络的一种网络设备。在网络的分布层中，路由器负责转发流量，并且执行其他让网络正常工作的重要功能。路由器和交换机一样可以对发送给它的消息进行解码并且阅读。但路由器和交换机不一样的地方在于，交换机是根据二层 MAC 地址做出转发决策的，路由器则是根据三层 IP 地址来做出转发决定的。

- ■ **路由表**

路由器上的每个端口（或者说接口）都会连接到一个不同的本地网络。每台路由器都会维护一个包含所有本地直连网络的路由表。这些路由表中包含路由器用来访问远端网络的路由。路由器会把数据包转发给下面两个地方之一：连接了目的主机的直连网络或者去往目的主机路径上的另一台路由器。当一台路由器封装了一个数据帧，并且把它通过一个以太网接口转发出去时，这个数据帧中必须包含一个目的 MAC 地址。如果目的主机所在的网络是路由器直连的网络，那么这个目的 MAC 地址就应该是目的主机的 MAC 地址。如果这台路由器必须通过一个以太网接口向另一台路由器转发数据包，它就会使用直连路由器的 MAC 地址作为数据帧的目的 MAC 地址。路由器会从 ARP 表中获取这些 MAC 地址。

路由表包含网络的地址和到达这些网络的最佳路径。条目保存到路由表中的途径有两种：从网络中其他路由器那里动态获取或者由网络管理员手动输入路由表。

源主机是如何知道路由器的 MAC 地址的呢？主机上的路由器 IPv4 地址是管理员在配置 TCP/IP 设置的时候，手动输入的默认网关地址。默认网关地址就是路由器连接源主机所在网络的那个接口的地址。

■ **创建一个局域网**

LAN 指的是一个本地网络或者一组相互连接且处于同一个管理域中的本地网络。LAN 的其他特点包括 LAN 一般会使用以太网或者无线协议，它们都支持高速数据传输。

在一个简单的网络设计方案中，让所有主机都处于一个本地网段中的好处更加明显。把新增的主机部署到远端网段中可以降低更多主机给流量带来的影响。不过，在不使用路由器的情况下，一个网段中的主机不能和处于其他网段中的主机进行通信。

习题

完成下面的习题可以测试出你对本章内容的理解水平。附录中会给出这些习题的答案。

1. 路由器会使用下列哪种信息把数据包转发给它的目的地？

    A. 目的 IP 地址   B. 目的 MAC 地址

    C. 源 IP 地址   D. 源 MAC 地址

2. 路由器从 GigabitEthernet 0/0 接口接收到了一个数据包，判断出这个数据包需要通过 GigabitEthernet 0/1 接口转发出去。接下来，这台路由器会执行下列哪项操作？

    A. 创建一个新的二层以太网数据帧，将其转发到目的地

    B. 把数据包从 GigabitEthernet 0/0 接口转发出去

    C. 查找路由表，判断目的网络的地址是否保存在自己的路由表中

    D. 查找 ARP 表，判断目的 IP 地址

3. 参考图 7-14。哪台设备的哪个接口的 IP 地址应该作为 H1 主机上的默认网关？

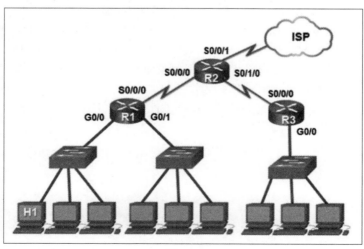

图 7-14

    A. R2: S0/0/1   B. R1: G0/0   C. R2: S0/0/0   D. R1: S0/0/0

4. 在转发流量的过程中，路由器在目的 IP 地址匹配了路由表中的一个直连网络之后，会立刻执行下列哪项操作？

    A. 把数据包转发到直连接口   B. 查看数据包的下一跳地址

    C. 在查询路由表之后丢弃流量   D. 分析目的 IP 地址

5. 如果路由器无法判断向哪里转发入站数据包，这台路由器会怎么处理？

    A. 路由器会向网络管理员发送一个事件消息

    B. 路由器会把这个数据包保存在发送队列中，稍后尝试转发

    C. 路由器会把这个数据包从所有接口转发出去

    D. 路由器会丢弃这个数据包

6. 在企业中实施 LAN 时，用分布层交换机把主机部署到多个网络中的优势包括下列哪几项？（选择 3 项）

    A. 可以提高安全性

    B. 只需要部署 LAN 交换机

    C. 可以通过部署 LAN 交换机降低复杂性和成本

    D. 可以通过分布层设备增加网段之间的流量带宽

    E. 可以让主机对其他本地网段中的主机"不可见"

    F. 可以分离广播域，减少流量

7. 在一台思科路由器的 IPv4 路由表中，C 表示的是哪种类型的路由？

    A. 静态路由   B. 直连路由

    C. 通过 EIGRP 学习到的动态路由   D. 默认路由

8. 路由器使用网络层地址中的哪一部分地址来确定如何转发数据包？

    A. 网关地址   B. 网络部分   C. 主机部分   D. 广播地址

9. 路由器在网络中发挥的作用是什么？

    A. 根据 MAC 地址转发数据帧   B. 选择去往目的网络的路径

    C. 转发二层广播   D. 把小型网络连接到单一的广播域中

10. 路由器接收到了一个入站数据包，并且判断出数据包的目的主机位于自己某个接口所直连的 LAN 中。此时，路由器在转发这个数据包时，会使用哪个目的地址来封装以太网数据帧？

    A. 交换机虚拟接口的 MAC 地址   B. LAN 默认网关的 MAC 地址

    C. 目的主机的 MAC 地址   D. 路由器直连接口的 MAC 地址

11. 下列哪个地址应该作为客户端设备的默认网关地址进行配置？

    A. 路由器连接互联网接口的 IPv4 地址

    B. 路由器连接同一个 LAN 的接口的 IPv4 地址

    C. 交换机管理接口的二层地址

    D. 连接工作站的交换机端口的二层地址

第 8 章
互联网协议

学习目标

在完成本章的学习后，读者应有能力回答下列问题。

- IPv4 地址的作用是什么？
- 如何实现十进制和二进制的转换？
- IPv4 地址和子网掩码如何一起使用？
- IPv4 地址的分类是什么样的？
- 公有 IPv4 地址范围和私有 IPv4 地址范围的区别是什么？
- 单播地址、多播地址和广播地址分别是指什么？

我们都知道网络中需要部署路由器才能访问本地网络之外的网络。路由器自己完成不了这项任务。我们还需要配置合适的源和目的地址。读者也需要对 IP 地址有所了解，例如每个 IP 地址都拥有网络部分和主机部分。但读者显然还需要了解更多关于 IP 地址的知识。本章会对 IP 和 IPv4 地址结构进行介绍，并介绍应该何时、如何使用 IP 地址。

读者在本章中也会学到如何把二进制的 IPv4 地址转换成十进制的 IPv4 地址，反之亦然。相信我，本章介绍的内容比乍听之下有意思多了，而且了解本章介绍的内容也可以让读者领先同侪。

8.1 IPv4 地址的作用

处于相同网络或不同网络中的设备都会使用 IPv4 地址进行通信。消息会从源 IPv4 地址发送到目的 IPv4 地址。

一台主机需要拥有 IPv4 地址才能连接到互联网和当今几乎所有的 LAN。IPv4 地址是一种逻辑上的网络地址，用来标识一台主机。它必须正确地进行配置才能进行通信，而且它在 LAN 中必须是唯一的。要想实现远程通信，则要求它在全世界必须是唯一的。这就是一台主机和互联网上其他主机通信的方式。

连接到主机的网络接口也需要分配一个 IPv4 地址。这条连接往往是通过设备上的 NIC 来建立的。安装了网络接口的终端设备包括工作站、服务器、网络打印机和 IP 电话等。有些服务器可能会配备多个 NIC，每个 NIC 都拥有自己的 IPv4 地址。提供 IP 网络连接的路由器接口也需要配置 IPv4 地址。

每个通过互联网发送的数据包都携带一个源 IPv4 地址和一个目的 IPv4 地址。网络设备需要通过这些地址才能确保信息被转发给目的设备，并且确保响应消息返回到源设备。

8.2 IPv4 地址的二进制转换

IPv4 地址的长度是 32 位，用十进制来表示。要想理解 IPv4 地址的编址方式，读者需要理解如何实现二进制和十进制之间的转换。

8.2.1 IPv4 的编址

IPv4 地址是 32 位二进制数（每一位均为 1 或者 0）。因为 IPv4 地址使用的是 32 位编址方式，所以 IPv4 地址的数量超过 40 亿个。

二进制的 IPv4 地址对人们来说很难阅读。鉴于此，32 位二进制数被分为 4 个 8 位（8bit）二进制数，每个 8 位二进制数为一个字节。这种二进制格式的 IPv4 地址仍然不便于人们进行阅读、写作和记忆。为了让 IPv4 地址更便于人们理解，还需要把每个字节用十进制数表示出来，每个字节都用一个英文句号分隔开。这种表示方法称为点分十进制。

在给一台主机配置 IPv4 地址时，我们需要输入的就是用点分十进制表示的数，例如图 8-1 中的 192.168.1.5。它对应的 32 位二进制数为 11000000101010000000000100000101。只要有一位输入错误，输入的就是一个完全不同的地址，这台主机也就无法在这个网络中进行通信了。

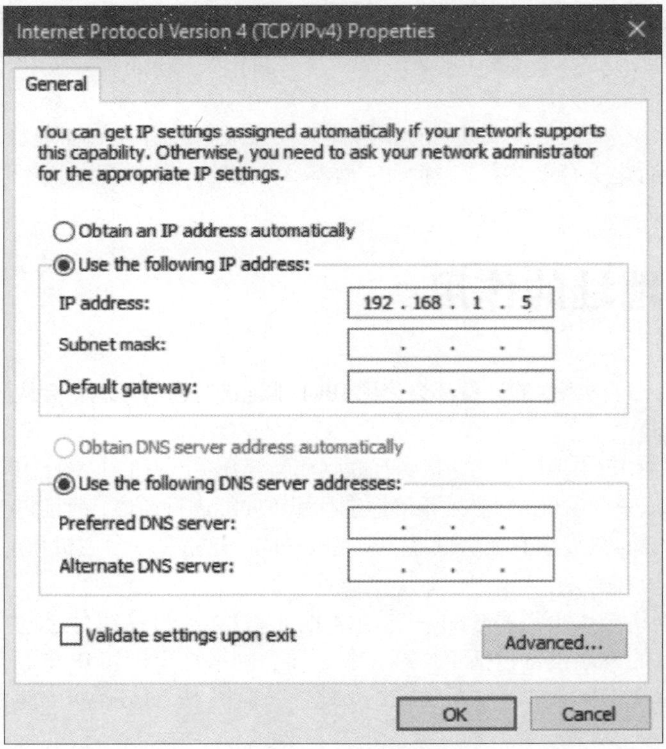

图 8-1 在 Windows 上添加 IPv4 地址

8.2.2 二进制与十进制的转换

当主机接收到一个 IPv4 地址的时候，它会在 NIC 接收到地址的时候对 32 位二进制数进行查看。

但人们需要把这个 32 位二进制数转换为等价的 4 个十进制数。每个字节都是由 8 位组成的，每位代表一个值。每个字节最右侧那一位对应的十进制数为 1，然后从右向左的每一位对应的十进制数分别为 2、4、8、16、32、64 和 128。

如图 8-2 所示，我们可以把二进制数中为 1 的位所对应的十进制数累加起来，得到每个字节对应的十进制数，具体方法如下。

- 如果某个位置上的值是 0，该位不累加。
- 如果 8 位上的所有值都是 0，即 00000000，那么这个字节对应的十进制数就是 0。
- 如果 8 位上的所有值都是 1，即 11111111，那么这个字节对应的十进制数就是 255（128+64+32+16+8+4+2+1）。
- 如果 8 位上的值当中有 0 也有 1，如 00100111，它对应的十进制数就是 39（32+4+2+1）。

因此，对于每个字节的值，其范围都是 0～255。

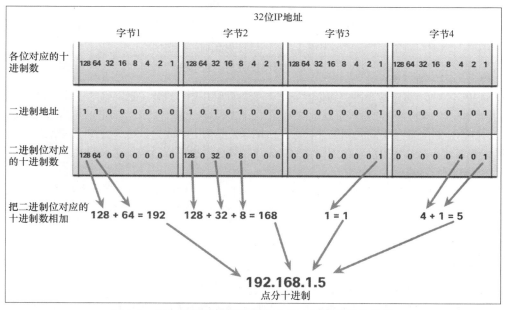

图 8-2　把二进制地址转换为用点分十进制表示的地址

8.3　IPv4 地址的结构

IPv4 地址的结构既可以确保地址是唯一的，也可以标识出这个地址所在的网络。

8.3.1　网络部分与主机部分

32 位的逻辑 IPv4 地址是一种分层的地址，该地址包含两部分：网络部分和主机部分。在图 8-3 所示的 IPv4 地址中，网络部分是前 3 个十进制数，主机部分则是最后一个十进制数。IPv4 地址中的这两部分必不可少。两个网络的子网掩码都为 255.255.255.0。

例如，在图 8-3 中，其中一台主机的 IPv4 地址为 192.168.5.11，子网掩码为 255.255.255.0。IPv4 地址的前 3 个十进制数（192.168.5）标识的是地址所在的网络，最后一个十进制数（11）标识的是这台主机。这种地址结构称为分层编址结构。因为网络部分标识出了每一台主机所在的网络，所以路由器只需要知道如何到达各个网络，而不需要知道每台主机所在的具体位置。

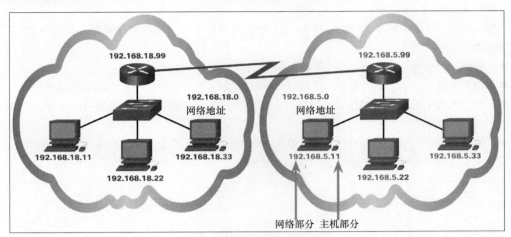

图 8-3   网络部分与主机部分

借助 IPv4 地址，多个逻辑网络可以共存于一个物理网络中，只要逻辑网络主机地址的网络部分是不同的。比如，同一个物理网络中有 3 台主机，它们的 IPv4 地址的网络部分都是相同的（192.168.18），还有另外 3 台主机则使用不同的网络部分（192.168.5）。这时，IPv4 地址中包含相同网络部分的主机之间可以相互通信，但是如果没有路由，它们就无法和其他主机进行通信。在本例中，物理网络只有一个，但是逻辑网络却有两个。

另一个分层网络的例子是电话系统。电话号码中的区号类似网络地址，其余位的本地电话号码类似主机地址。

8.3.2 逻辑与

逻辑与（AND）是逻辑运算中的 3 种基本二进制运算之一。另外两种基本二进制运算是逻辑或（OR）和逻辑非（NOT）。虽然这 3 种运算都在数据网络中得到了广泛的应用，但是判断网络地址只需要使用逻辑与运算。因此，这里只对逻辑与运算进行介绍。

逻辑与运算是对参与运算的两个值进行比较，然后得到下列结果。读者可以看到，只有 1 AND 1 的结果是 1。

- 1 AND 1 = 1。
- 0 AND 1 = 0。
- 1 AND 0 = 0。
- 0 AND 0 = 0。

为了判断一个 IPv4 主机的网络地址，会把 IPv4 地址和子网掩码逐位进行逻辑与运算。IPv4 地址与子网掩码进行逻辑与运算的结果就是网络地址。

为了展示如何用逻辑与运算计算出网络地址，我们假设一台主机的 IPv4 地址是 192.168.10.10，子网掩码是 255.255.255.0。图 8-4 显示了主机的 IPv4 地址和转换后的二进制地址。子网掩码的二进制地址会和转换后的二进制 IPv4 地址进行逻辑与运算。

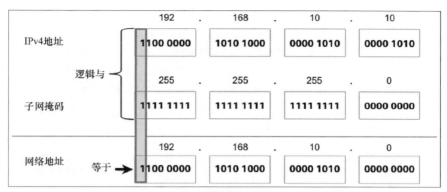

图 8-4　把 IPv4 地址和子网掩码进行逻辑与运算得到网络地址

8.3.3　判断目的网络在本地还是远端

主机如何知道 IPv4 地址的哪一部分是网络部分，哪一部分是主机部分呢？这就是子网掩码的作用了。

在配置 IPv4 主机时，主机会随 IPv4 地址分配到一个子网掩码。子网掩码的长度和 IPv4 地址相同，也是 32 位。子网掩码可以指出 IPv4 地址的哪部分是网络地址，哪部分是主机地址。

将子网掩码从左到右逐位与 IPv4 地址进行比较，子网掩码中的 1 标识的是网络部分；0 标识的是主机部分。在图 8-5 所示的 IPv4 地址中，前 3 个字节属于网络部分，最后一个字节属于主机部分。

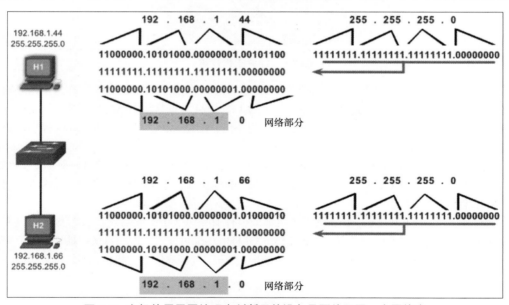

图 8-5　主机使用子网掩码来判断目的设备是否处于同一个网络中

一台主机在发送一个数据包时，它会把自己的子网掩码和 IPv4 地址进行比较，也会把自己的子网掩码和数据包的目的 IPv4 地址进行比较。如果网络部分匹配，说明数据包的源和目的主机处于同一个网络中，数据包可以在本地网络中进行转发。如果不匹配，主机就需要把这个数据包发送给本地路由器接口，让路由器把它转发到其他网络中。

在图 8-5 中，主机 H1 会使用自己的子网掩码来判断主机 H2 是否与它处于同一个网络中。

8.3.4 计算主机数量

家庭和小型企业网络中最常见的子网掩码是 255.0.0.0（8 位）、255.255.0.0（16 位）和 255.255.255.0（24 位）。子网掩码 255.255.255.0（十进制）或 11111111.11111111.11111111.00000000（二进制）的前 24 位是网络地址，最后 8 位则是网络地址对应网络中的主机地址，如图 8-6 所示。

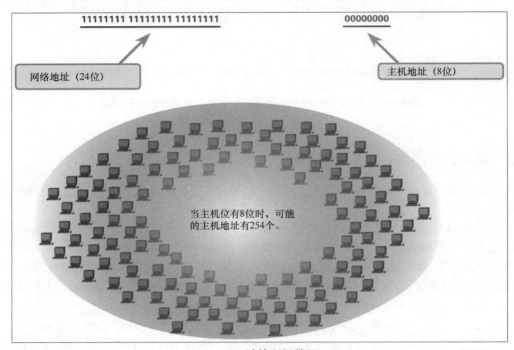

图 8-6　计算主机数量

要计算出上述网络中的主机数量，需要以 2 为底，计算主机位的幂（2^8=256）。在这个结果的基础上，必须减 2，即 256−2=254。这是因为主机位全为 1 的 IPv4 地址是该网络的广播地址，不能分配给某台主机。主机位全为 0 的 IPv4 地址是网络 ID，也不能分配给某台主机。用 Windows 操作系统自带的计算器计算以 2 为底、主机位的幂非常简单。

另一种计算可用主机数量的方法是把所有可用主机位的值相加（128+64+32+16+8+4+2+1=255）。在得到的数的基础上减 1（255−1=254），因为主机位不能全为 1。这里之所以不减 2，是因为全为 0 就是 0，没有包含在加法当中。

如果使用 16 位的子网掩码，那就代表主机地址也有 16 位（2 个十进制数），主机地址可以在其中一个十进制数的所有二进制位上取全 1（即 255）。这样的地址可能乍一看有点像广播地址，但只要另一个十进制数不是 255，它就是一个有效的主机地址。切记，要观察所有主机位，不能只看其中一个十进制数。

8.4　有类 IPv4 地址

有类编址是一种传统的编址方式，这种编址方式会根据 IPv4 地址的前面几位自动给 IPv4 地址分配子网掩码。虽然有类编址已经被无类编址所取代，读者仍然有必要了解这两种编址方式的区别。

有类编址与无类编址

1981 年，互联网 IPv4 地址都是使用有类编址的方式进行分配的。根据 3 类地址，即 A 类、B 类或 C 类，为客户分配网络地址。所有地址可以分为以下类别。

- **A 类（0.0.0.0/8 ～ 127.0.0.0/8）**：用来支持极大的网络，每个网络可以支持超过 1600 万个主机地址。这类地址使用固定的 8 位前缀（255.0.0.0），其中第 1 个十进制数表示网络地址，其余 3 个十进制数表示主机地址。

- **B 类（128.0.0.0/16 ～ 191.255.0.0/16）**：用来支持中大型网络，每个网络最多支持部署约 65000 台主机。这类地址使用固定的 16 位前缀（255.255.0.0），其中前 2 个十进制数表示网络地址，其余 2 个十进制数表示主机地址。

- **C 类（192.0.0.0/24 ～ 223.255.255.0/24）**：用来支持小型网络，每个网络最多可以部署 254 台主机。这类地址使用固定的 24 位前缀（255.255.255.0），其中前 3 个十进制数表示网络地址，最后一个十进制数表示主机地址。

注　释　　D 类多播地址块的范围为 224.0.0.0~239.0.0.0。E 类实验地址块的范围为 240.0.0.0 ～ 255.0.0.0。

如图 8-7 所示，有类编址把 50% 的可用 IPv4 地址分配给了 128 个 A 类网络，把 25% 的可用 IPv4 地址分配给了 B 类，最后 25% 的可用 IPv4 地址则由 C 类、D 类和 E 类分享。虽然在当时看来，这种分配方式还算合理，但随着互联网规模的扩大，这种方案显然是对可用 IPv4 地址的浪费，最终会把可用的 IPv4 网络地址耗尽。

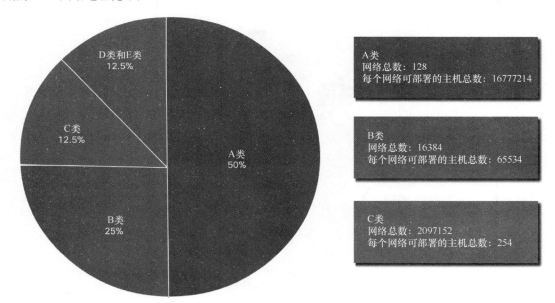

图 8-7　有类编址

20 世纪 90 年代末期，有类编址方式就已经被抛弃，取而代之的是目前使用的无类编址方式。这种无类编址方式的正式名称是无类别域间路由选择（Classless Inter Domain Routing，CIDR）。在无类编址方式中，客户接收到的 IPv4 网络地址可以配之以任何长度的子网掩码，从而更加合理地满足主机数量的需求。子网掩码可以是任意长度的，不限于有类编址方式中的那 3 种子网掩码。

8.5 公有 IPv4 地址与私有 IPv4 地址

为了保护数量有限的 IPv4 地址，20 世纪 90 年代中期，人们引入了公有 IPv4 地址和私有 IPv4 地址的概念。这两类 IPv4 地址把 IPv4 地址的生命周期延长了很多年。

8.5.1 私有 IPv4 编址

公有 IPv4 地址是指可以由 ISP 路由器进行全局路由的地址。不过，并不是所有可用 IPv4 地址都可以在互联网中使用。大多数组织机构都会使用一种被称为私有地址的地址块来给内部主机分配 IPv4 地址。

到了 20 世纪 90 年代中期，因为 IPv4 地址已经出现耗竭之虞，人们引入了私有 IPv4 地址。私有 IPv4 地址并不需要全局唯一，它可以在内部网络中使用。

具体来说，私有地址块包括：

- 10.0.0.0/8，即 10.0.0.0 ~ 10.255.255.255；
- 172.16.0.0/12，即 172.16.0.0 ~ 172.31.25.255；
- 192.168.0.0/16，即 192.168.0.0 ~ 192.168.255.255。

上面这几个地址块中的地址不允许在互联网中使用，必须由互联网路由器进行过滤（或者说丢弃），这一点非常重要。比如，在图 8-8 中，网络 1、网络 2、网络 3 中的用户正在向远端目的地发送数据包。ISP 路由器会看到数据包中的源 IPv4 地址，因此如果私有 IPv4 地址不做网络地址转换，路由器就应该能够发现这些数据包是从私有地址发送出来的，并丢弃这些数据包。

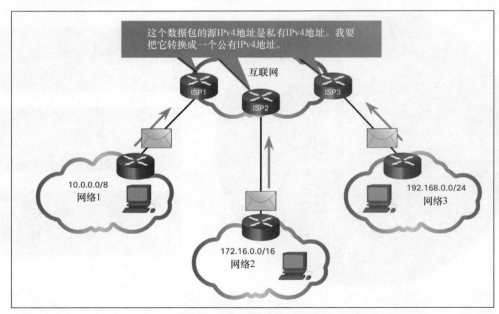

图 8-8 私有 IPv4 地址被转换为公有 IPv4 地址

注　释　私有地址定义在 RFC 1918 中。

大多数组织机构都会给它们的内部主机分配私有 IPv4 地址。不过，这些私有 IPv4 地址无法在互联网上路由，因此必须转换为公有 IPv4 地址。**网络地址转换（Network Address Translation，NAT）**用来实现私有 IPv4 地址和公有 IPv4 地址之间的转换。NAT 往往会在把内部网络连接到 ISP 网络的路由器上执行。

家用路由器也会提供相同的功能。比如，大多数家用路由器都会从私有地址 192.168.1.0/24 中给有线主机和无线主机分配 IPv4 地址。连接 ISP 网络的家用路由器接口则会被分配到一个公有 IPv4 地址。

8.5.2 分配 IPv4 地址

对于一家公司或者一个组织机构，如果想要支持网络主机（比如通过互联网访问的网页服务器），它们就必须获得一个公有地址块。切记，公有地址必须是唯一的，这些公有地址是由各个组织分别进行规范和分配的。这一点既适用于 IPv4 地址，也适用于 IPv6 地址。

IPv4 地址和 IPv6 地址是由因特网编号分配机构（Internet Assigned Numbers Authority，IANA）进行管理的。IANA 会管理 IP 地址，并且负责把 IP 地址块分配给区域互联网注册管理机构（Regional Internet Registry，RIR），如：

- 非洲网络信息中心（African Network Information Centre，AfriNIC），服务于非洲地区；
- 亚太互联网络信息中心（Asia Pacific Network Information Centre，APNIC），服务于亚太地区；
- 美洲互联网号码注册管理中心（American Registry for Internet Numbers，ARIN），服务于北美地区；
- 拉丁美洲和加勒比地区互联网地址注册管理中心（Regional Latin American and Caribbean IP Address Registry，LACNIC），服务于拉丁美洲和一些加勒比岛屿地区；
- 欧洲 IP 网络资源协调中心（Réseaux IP Européens Network Coordination Centre，RIPE NCC），服务于欧洲、中东和中亚地区。

RIR 负责给 ISP 分配 IP 地址，而 ISP 则会给组织机构和更小型的 ISP 提供 IPv4 地址块。组织机构可以根据 RIR 的政策直接从 RIR 获取地址。

8.6 单播地址、广播地址和多播地址

3 类目的 IPv4 地址包括单播地址、广播地址和多播地址。地址的类型决定了数据包的目的地是一台设备还是多台设备。

8.6.1 单播传输

单播传输的作用是在客户端/服务器和 P2P 网络这两种通信模型中实现常规的主机到主机的通信。单播数据包会用目的设备的地址作为目的地址，可以跨网络进行路由，如图 8-9 所示。

在一个 IPv4 网络中，应用在终端设备上的单播地址称为主机地址。针对单播通信来说，分配给两端设备的地址会充当源和目的 IPv4 地址。在封装过程中，源主机会使用自己的 IPv4 地址作为源地址，使用目的主机的 IPv4 地址作为目的地址。无论数据包的目的地址被设置为单播地址、广播地址还是多播地址，任何数据包的源地址永远是发送方主机的单播地址。

注　释　　　在本书中，除非专门说明，否则设备之间的所有通信都是指单播通信。

IPv4 单播地址的范围为 0.0.0.0 ~ 223.255.255.255。不过，这个范围内的很多地址都留作了一些特殊的用途。

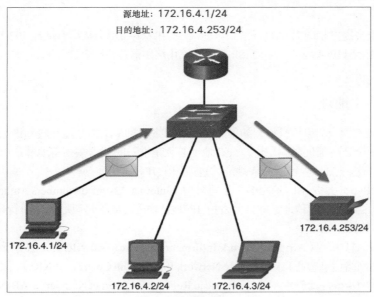

源地址：172.16.4.1/24
目的地址：172.16.4.253/24

172.16.4.1/24

172.16.4.2/24   172.16.4.3/24

172.16.4.253/24

图 8-9　单播传输

8.6.2　广播传输

广播数据包会通过广播地址被发送给网络中的所有主机。广播数据包的目的 IPv4 地址为主机位全为 1 的目的 IPv4 地址。这就表示本地网络（即广播域）中的所有主机都会接收到广播数据包，也都会查看广播数据包。很多网络协议（如 DHCP）都会使用广播。当主机接收到一个发送给网络广播地址的数据包时，就会对这个数据包进行处理，就像主机处理发送给自己的单播地址的数据包一样。

广播有可能是定向的，或者说接收方是有限的。定向广播会发送给一个特定网络中的所有主机。比如在图 8-10 中，网络 172.16.4.0/24 中的一台主机 172.16.4.1/24 使用有限广播地址 255.255.255.255 发送一个数据包。在默认情况下，路由器不会转发广播数据包。

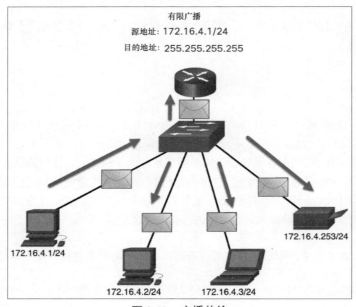

有限广播
源地址：172.16.4.1/24
目的地址：255.255.255.255

172.16.4.1/24

172.16.4.2/24   172.16.4.3/24

172.16.4.253/24

图 8-10　广播传输

在对一个数据包进行广播时，这个数据包会占用网络中的资源，网络中接收到这个数据包的每台主机都会对这个数据包进行处理。因此，广播流量应该加以限制，以确保它不会对网络或者设备的性能构成负面影响。因为路由器会隔离广播域，所以对网络进行分隔可以避免网络中产生过多的广播流量，从而提升网络的性能。

8.6.3 多播传输

多播传输可以让一台主机把一个数据包发送给加入了这个多播组的主机，因此这个数据包的目的主机是一系列选定的主机。多播传输可以减少网络中的流量。

IPv4 多播地址 224.0.0.0 ~ 224.0.0.255 保留给本地网络的多播通信使用，这些地址用于本地网络上的多播组。与本地网络直连的路由器可以判断出包含这些地址的数据包是发送给本地网络多播组的，于是就不会把它们转发到其他网络中。保留的本地网络多播地址最典型的用法是用于路由协议，从而让路由器使用多播传输来交换路由信息。比如，224.0.0.9 是路由信息协议（Routing Information Protocol，RIP）第 2 版与其他使用该协议的路由器进行通信时使用的多播地址。

接收到多播数据的主机称为多播客户端。多播客户端会使用客户端程序所请求的服务来加入这个多播组。

每个多播组都会用一个 IPv4 多播目的地址来表示。如图 8-11 所示，当一台 IPv4 主机加入一个多播组时，主机就会处理发送给这个多播目的地址的数据包，使用的方法和处理发送给专门分配给这台主机的单播目的地址的那些数据包的方法一样。

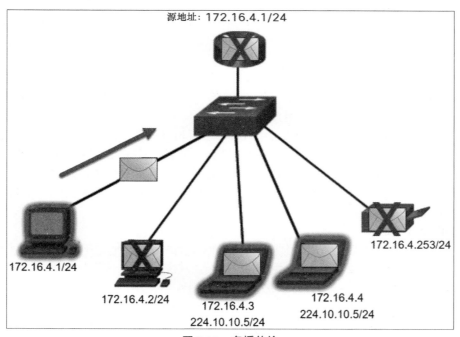

图 8-11 多播传输

8.7　本章小结

下面是对本章各主题的总结。

- **IPv4 地址的作用**

IPv4 地址是一种逻辑上的网络地址，用来标识一台主机。连接到主机的网络接口也需要分配一个 IPv4 地址。这条连接往往是通过设备上的 NIC 来建立的。每个通过互联网发送的数据包都携带一个源 IPv4 地址和一个目的 IPv4 地址。

- **IPv4 地址的二进制转换**

IPv4 地址是 32 位二进制数（每一位均为 1 或者 0）。32 位二进制数被分为 4 个 8 位二进制数，每个 8 位二进制数为一个字节。每个字节分别用十进制数表示，每个字节都用一个英文句号分隔开。这种表示方法称为点分十进制。每个字节都是由 8 位组成的，每位代表一个值。每个字节的取值范围都为 0～255。我们可以把每个字节中为 1 的二进制位所对应的十进制数累加起来，得到每个字节对应的十进制数，具体方法如下。

- 如果某个位置上的值是 0，该位不累加。
- 如果 8 位上的所有值都是 0，即 00000000，那么这个字节对应的十进制数就是 0。
- 如果 8 位上的所有值都是 1，即 11111111，那么这个字节对应的十进制数就是 255（128+64+32+16+8+4+2+1）。
- 如果 8 位上的值当中有 0 也有 1，如 00100111，它对应的十进制数就是 39（32+4+2+1）。

- **IPv4 地址的结构**

32 位的逻辑 IPv4 地址是一种分层的地址，该地址包含两部分：网络部分和主机部分。第一部分标识的是网络，第二部分标识的是网络中的一台主机。在分层编址中，网络部分表示的是各个主机所在的那个网络。

逻辑与运算是对参与运算的两个值进行比较，得出 0 或 1 的结果。在数字逻辑中，1 代表真（true），0 代表假（false）。在进行逻辑与运算时，只有在两个输入值都是真（1）时，计算的结果才是真（1），即只有 1 AND 1 的结果是 1。所有其他组合的计算结果都是 0。

为了判断一个 IPv4 主机的网络地址，会把 IPv4 地址和子网掩码逐位进行逻辑与运算。IPv4 地址与子网掩码进行逻辑与运算的结果就是网络地址。将子网掩码从左到右逐位与 IPv4 地址进行比较，子网掩码中的 1 标识的是网络部分；0 标识的是主机部分。子网掩码 255.255.255.0（十进制）或 11111111.11111111.11111111.00000000（二进制）的前 24 位是网络地址，最后 8 位则是网络地址对应网络中的主机地址。

- **有类 IPv4 地址**

1981 年，互联网 IPv4 地址都是使用有类编址的方式进行分配的，地址分为 A 类、B 类和 C 类。

- A 类（0.0.0.0/8～127.0.0.0/8）：用来支持极大的网络，可以支持超过 1600 万个主机地址。
- B 类（128.0.0.0/16～191.255.0.0/16）：用来支持中大型网络，最多支持部署约 65000 台主机。
- C 类（192.0.0.0/24～223.255.255.0/24）：用来支持小型网络，最多可以部署 254 台主机。

20 世纪 90 年代末期，有类编址方式就已经被抛弃，取而代之的是目前使用的无类编址方式。

- **公有 IPv4 地址与私有 IPv4 地址**

大到大型企业网络，小到家庭网络，这些网络中大多数内部网络都会使用私有 IPv4 地址来给所有内部设备（包括主机和路由器）进行编址。具体来说，私有地址块包括：

- 10.0.0.0/8，即 10.0.0.0～10.255.255.255；
- 172.16.0.0/12，即 172.16.0.0～172.31.25.255；

- 192.168.0.0/16，即 192.168.0.0 ~ 192.168.255.255。

私有 IPv4 地址无法在互联网上路由，因此必须使用 NAT 将其转换为公有 IPv4 地址，ISP 才能转发这种最初携带私有 IPv4 地址的数据包。

公有地址（包括 IPv4 地址和 IPv6 地址）必须是唯一的，这些公有地址是由各个组织分别进行规范和分配的。公有地址是由 IANA 进行管理的。IANA 会管理 IP 地址，并且负责把 IP 地址块分配给 RIR。RIR 负责给 ISP 分配 IP 地址，而 ISP 则会给组织机构和更小型的 ISP 提供 IPv4 地址块。

■ 单播地址、广播地址和多播地址

针对单播通信来说，分配给两端设备的地址会充当源和目的 IPv4 地址。IPv4 单播地址的范围为 0.0.0.0 ~ 223.255.255.255。

广播数据包会通过广播地址发送给网络中的所有主机。广播数据包的目的 IPv4 地址为主机位全为 1 的 IPv4 地址。这就表示本地网络中的所有主机都会接收到广播数据包，也都会查看广播数据包。因为路由器会隔离广播域，所以对网络进行分隔可以避免网络中产生过多的广播流量，从而提升网络的性能。

多播传输可以让一台主机把一个数据包发送给加入了这个多播组的主机，因此这个数据包的目的主机是一系列选定的主机。多播传输可以减少网络中的流量。IPv4 多播地址 224.0.0.0 ~ 224.0.0.255 保留给本地网络的多播通信使用。每个多播组都会用一个 IPv4 多播目的地址来表示。当一台 IPv4 主机加入一个多播组时，主机就会处理发送给这个多播地址的数据包，使用的方法和处理发送给专门分配给这台主机的单播地址的那些数据包的方法一样。

习题

完成下面的习题可以测试出你对本章内容的理解水平。附录中会给出这些习题的答案。

1. 有人请一位网络设计工程师给客户网络设计一个 IPv4 编址方案。这个网络会使用 192.168.30.0/24 网络中的 IPv4 地址。工程师需要给网络中的主机分配 254 个 IPv4 地址，但是不能使用 192.168.30.0/24 和 192.168.30.255/24 这两个 IPv4 地址。为什么这两个 IPv4 地址不能使用？
   - A. 192.168.30.0/24 这个地址需要保留给默认网关，而 192.168.30.255/24 这个地址需要保留给 DHCP 服务器
   - B. 192.168.30.0/24 和 192.168.30.255/24 需要保留给电子邮件服务器和 DNS 服务器
   - C. 192.168.30.0/24 和 192.168.30.255/24 需要保留给外部连接
   - D. 192.168.30.0/24 这个地址是网络 IPv4 地址，而 192.168.30.255/24 这个地址是 IPv4 广播地址

2. 下列哪几个地址是私有 IPv4 地址？（选择 3 项）
   - A. 192.168.5.5
   - B. 10.1.1.1
   - C. 192.167.10.10
   - D. 172.32.5.2
   - E. 172.16.4.4
   - F. 224.6.6.6

3. 下列哪个地址范围是保留给 IPv4 多播的前缀？
   - A. 169.254.0.0 ~ 169.254.255.255
   - B. 224.0.0.0 ~ 239.255.255.255
   - C. 127.0.0.0 ~ 127.255.255.255
   - D. 240.0.0.0 ~ 254.255.255.255

4. 为什么三层设备会对目的 IP 地址和子网掩码执行逻辑与（AND）操作？
   - A. 为了判断目的网络的网络地址
   - B. 为了判断目的主机的主机地址
   - C. 为了判断目的网络的广播地址
   - D. 为了判断错误帧

5. 下列哪几项描述属于多播传输的特征？（选择 3 项）
   - A. 计算机会使用多播传输来请求 IPv4 地址

B. 路由器不会转发范围为 224.0.0.0 ~ 224.0.0.255 的多播地址对应的数据包

C. 多播消息会把底层地址映射到高层地址

D. 多播传输的源地址范围为 224.0.0.0 ~ 224.0.0.255

E. 多播可以把一个数据包发给一组主机

F. 路由器可以使用多播传输来交换路由信息

6. 在给网络中的一台计算机配置 IPv4 地址时，子网掩码可以标识出什么信息？

A. 动态子网掩码配置　　　　　　　B. 网络中分配的地址池

C. 标识这个网络的那部分 IPv4 地址　　D. 计算机用来访问另一个网络的设备

7. 如果一个 IPv4 地址为 172.32.65.13 的主机采用的是有类编址方式（使用默认子网掩码），那么这台主机位于下列哪个网络中？

A. 172.32.65.32　　B. 172.32.65.0　　C. 172.32.0.0　　D. 172.32.32.0

8. 一位技术人员在网络上安装了一台设备。下列哪些设备需要 IP 地址？（选择 3 项）

A. 一台配备了集成 NIC 的打印机　　B. 一部连接到网络工作站的 PDA

C. 一个直连到主机的网络摄像头　　D. 一部 IP 电话

E. 一台配备了两个 NIC 的服务器　　F. 一个无线鼠标

9. 下列哪种类型的 IP 地址是分配给一台特定主机的？

A. 单播　　　　B. 广播　　　　C. 联播　　　　E. 多播

10. 二进制数 11001010 对应的十进制数是多少？

A. 212　　　　B. 240　　　　C. 202　　　　D. 196

11. 一个子网掩码为 255.255.255.0 的网络中有多少可用的 IPv4 主机？

A. 255　　　　B. 256　　　　C. 252　　　　D. 254

12. 二进制数和十进制数的区别是什么？（选择 2 项）

A. 二进制数的基数为 2

B. 十进制数由 0 ~ 9 组成

C. 键盘上输入的数字是二进制数，然后由计算机转换为十进制数

D. 二进制数包括 3 种状态：on、off 和 null。十进制数则没有状态

E. 十进制数的基数为 1

第 9 章

使用 DHCP 进行动态编址

学习目标

在完成本章的学习后，读者应有能力回答下列问题。

- 静态和动态 IPv4 地址分配的异同分别是什么？
- 如何配置一台 DHCPv4 服务器来动态分配 IPv4 地址？

假如我们有 3 台计算机、一台网络打印机和一台无线路由器。针对这寥寥几台需要 IP 地址的设备，我们当然可以手动给它们分配地址。但是如果我们拥有 100 台计算机呢？我们要是给它们全都手动分配 IP 地址，然后验证它们之间的连通性，恐怕至少需要几小时的时间。如果我们有一个 ISP，就可以通过 DHCP 来动态完成这项任务。实际上，我们也可以使用 DHCP 来给任何网络中的设备动态地分配 IP 地址，在小型家庭网络环境中亦可如此。因此，DHCP 值得我们认真学习。

9.1 静态 IPv4 地址分配与动态 IPv4 地址分配

设备拥有正确的 IPv4 地址信息至关重要。这里所说的 IPv4 地址信息包括 IPv4 地址、子网掩码、默认网关地址和 DNS 服务器地址。

9.1.1 静态 IPv4 地址分配

IPv4 地址既可以静态分配，也可以动态分配。

如果采用静态分配，网络管理员就必须手动给主机配置网络信息。这里所说的配置至少包括主机的 IPv4 地址、子网掩码和默认网关，如图 9-1 所示。

静态地址也有一些优点。比如，对于打印机、服务器和其他需要网络中的客户端能够进行访问的网络设备来说，静态地址就是十分重要的。如果主机经常访问一台使用某个特定 IPv4 地址的服务器，那么这个地址发生变更就不是什么好事了。

静态分配可以增加对网络资源的控制，但是在每台主机上输入信息是十分浪费时间的。如果 IPv4 地址是静态分配的，主机只会对这个 IPv4 地址执行基本的错误校验。因此，发生错误的可能性更大。

如果使用静态 IPv4 地址分配，一定要维护一份准确的列表，记录哪些 IPv4 地址分配给了哪些设备。此外，这些 IPv4 地址都是永久地址，一般不会重复使用。

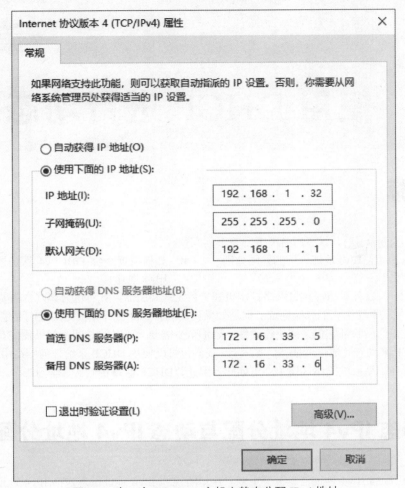

图 9-1   在一台 Windows 主机上静态分配 IPv4 地址

9.1.2   动态 IPv4 地址分配

在本地网络中,用户流动往往比较频繁。新的用户往往会自带笔记本电脑,这时需要一条连接。其他人也可能有新的工作站需要连接到网络中。与其让网络管理员为每个工作站分配 IPv4 地址,不如自动分配 IPv4 地址。自动分配需要使用一种称为 DHCP 的协议。

DHCP 会自动分配地址信息,包括 IPv4 地址、子网掩码、默认网关和其他配置信息,如图 9-2 所示。

DHCP 是在大型网络中为主机分配 IPv4 地址的最合理方式,因为这种方式可以减轻网络管理员的工作负担,还可以消除输入错误的情形。

DHCP 的另一大优势在于,某个地址不会永久分配给一台主机,而是把这个地址租借给主机一段时间。如果主机关机或者离线,地址就会回收到地址池中以供下次使用。这一点对网络中那些来来往往的移动用户来说格外重要。

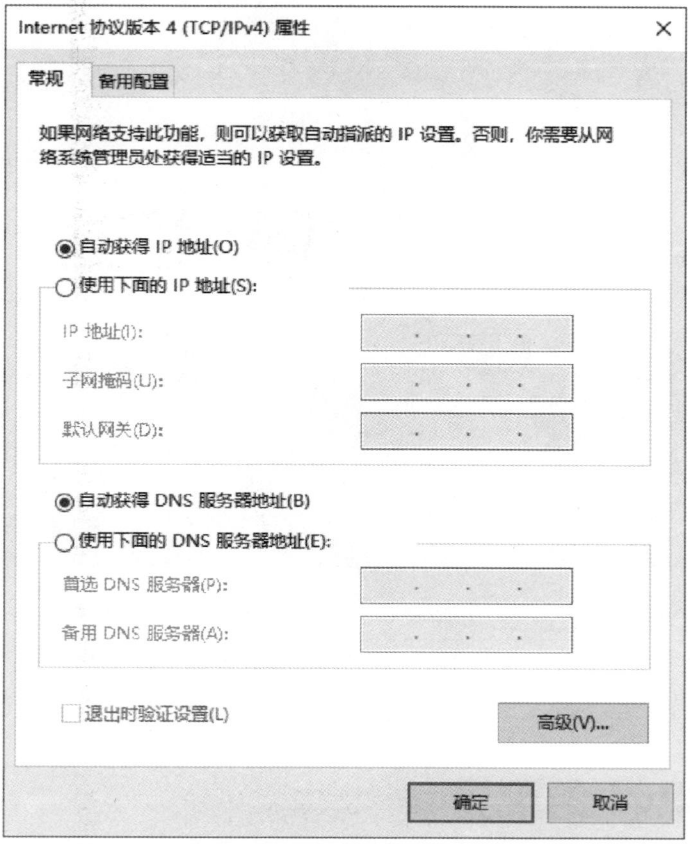

图 9-2　在一台 Windows 主机上动态分配 IPv4 地址

9.1.3　DHCP 服务器

如果你进入一个机场或者咖啡厅，里面配备了无线热点，DHCP 就可以帮助你访问互联网。在你进入这个区域的时候，你的笔记本电脑上的 DHCP 客户端就会通过无线连接向本地 DHCP 服务器发送请求。DHCP 服务器则会给这台笔记本电脑分配一个 IPv4 地址。

各类设备都可以充当 DHCP 服务器，只要这台设备上运行了 DHCP 服务软件。但是针对中等规模到大规模的网络，人们往往会把一台本地专用的 PC 作为 DHCP 服务器。

对于家庭网络来说，DHCP 服务器往往会部署在 ISP 中，家庭网络会直接从 ISP 那里接收到自己的 IPv4 配置信息，如图 9-3 所示。不过，这种做法并不算非常普遍。

大多数家庭和小型企业都使用了无线路由器。无线路由器往往只是一台设备，它既是路由器，也是调制解调器，既是 WAP，也是以太网交换机。在这种场景中，无线路由器既充当 DHCP 客户端，也充当 DHCP 服务器。无线路由器充当 DHCP 客户端从 ISP 那里接收 IPv4 配置信息，然后充当本地网络中内部主机的 DHCP 服务器。无线路由器会从 ISP 那里接收公有 IPv4 地址，而作为 DHCP 服务器这个角色时，它会给内部主机分配私有地址。

除了用 PC 和无线路由器充当 DHCP 服务器，其他网络设备，如专用的路由器，也可以为 DHCP 客户端提供 DHCP 服务，虽然这种做法并不普遍。

注　释　　　IPv6 的 DHCP（DHCPv6）可以为 IPv6 客户端提供类似的服务。

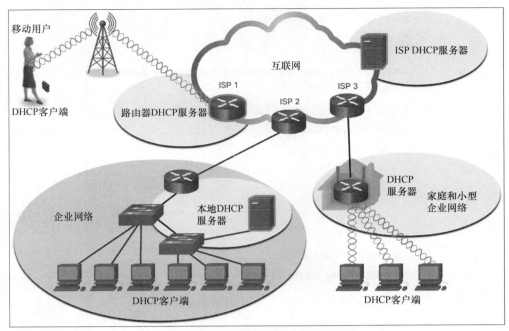

图 9-3 DHCP 服务器和 DHCP 客户端

9.2 DHCPv4 的配置

一台设备可以从 DHCPv4 服务器那里动态接收到自己的 IPv4 地址信息。大多数客户端计算机（包括台式计算机、笔记本电脑、智能手机和平板电脑）都可以使用 DHCPv4 接收到自己的 IPv4 地址信息。

9.2.1 DHCPv4 的工作原理

在一台主机第一次被配置为一台 DHCP 客户端的时候，它并没有配置 IPv4 地址、子网掩码或者默认网关。它会从 DHCP 服务器那里获取这些信息，DHCP 服务器既可以部署在本地网络中，也可以部署于 ISP。DHCP 服务器上可以配置一个 IPv4 地址范围，或者一个 IPv4 地址池，这里的地址会用来分配给 DHCP 客户端。

DHCP 服务器可能位于另一个网络中。只要 DHCP 服务器和 DHCP 客户端之间的路由器可以转发 DHCP 请求，DHCP 客户端就依然可以获取到 IPv4 地址。

需要获取 IPv4 地址的 DHCP 客户端会发送 DHCP Discover 消息，这是一种广播消息，其目的 IPv4 地址是 255.255.255.255（32 个 1），而其目的 MAC 地址是 FF-FF-FF-FF-FF-FF（48 个 1）。网络中的所有主机都会接收到这个广播 DHCP 数据帧，但只有 DHCP 服务器会做出响应。DHCP 服务器会使用 DHCP Offer 消息做出响应，并给 DHCP 客户端提供自己建议的 IPv4 地址。接下来，DHCP 客户端会发送一个 DHCP Request 消息，请求使用 DHCP 服务器建议的 IPv4 地址。DHCP 服务器则会用 DHCP ACK 消息进行响应，如图 9-4 所示。

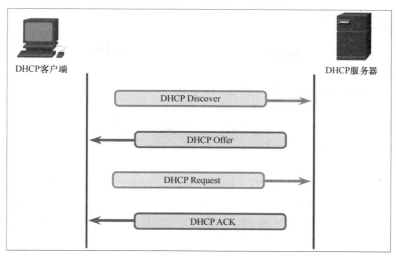

图 9-4　DHCPv4 消息

9.2.2 DHCPv4 服务配置

对于大多数家庭和小型企业网络来说，无线路由器可以给本地网络客户端提供 DHCP 服务。要对家用无线路由器进行配置，用户可以打开浏览器，在 IP 地址栏输入家用无线路由器的默认 IPv4 地址 192.168.0.1，以访问家用无线路由器的 GUI 界面。

IPv4 地址 192.168.0.1 和子网掩码 255.255.255.0 是内部路由器接口的默认地址。这是本地网络中所有主机的默认网关，也是内部 DHCP 服务器的 IPv4 地址。大多数家用无线路由器默认都会启用 DHCP 服务器功能。

在无线路由器的 DHCP 配置界面，有一个默认的 DHCP 地址范围。你也可以给这个 DHCP 地址范围指定一个起始地址（但不要使用 192.168.0.1，因为无线路由器所使用的就是这个地址）和要分配的地址数量。租期时间也可以进行修改（图 9-5 中采用的是默认的 24 小时租期）。大多数路由器上的 DHCP 配置都可以提供直连主机和 IPv4 地址、它们对应的 MAC 地址和租期时间等信息。

图 9-5　Packet Tracer 中一台无线路由器上的 DHCP 配置

9.3   本章小结

下面是对本章各主题的总结。

■   **静态 IPv4 地址分配与动态 IPv4 地址分配**

IPv4 地址既可以静态分配，也可以动态分配。如果采用静态分配，网络管理员就必须手动给主机配置网络信息。这里所说的配置至少包括主机的 IPv4 地址、子网掩码和默认网关。如果使用静态 IPv4 地址分配，一定要维护一份准确的列表，记录哪些 IPv4 地址分配给了哪些设备。静态分配的 IPv4 地址是永久地址。

动态地址分配需要通过 DHCP 来实现。DHCP 会自动分配地址信息，包括 IPv4 地址、子网掩码、默认网关和其他配置信息。DHCP 会把地址租借给主机一段时间，这段时间称为租期。在租期到期或者 DHCP 服务器接收到了一个 DHCP Release 消息的时候，地址就会回到地址池中以供下次使用。

对于家庭网络来说，DHCP 服务器往往会部署在 ISP 中，家庭网络会直接从 ISP 那里接收到自己的 IPv4 配置信息。大多数家庭和小型企业都使用了无线路由器。在这种场景中，无线路由器既充当 DHCP 客户端，也充当 DHCP 服务器。无线路由器充当 DHCP 客户端从 ISP 那里接收 IPv4 配置信息，然后充当本地网络中内部主机的 DHCP 服务器。

很多网络会同时使用 DHCP 和动态地址分配。DHCP 用于一般目的，例如给终端设备分配地址。静态地址分配则用于网络设备，如网关路由器、交换机、服务器和打印机。

DHCPv6 可以为 IPv6 客户端提供类似的服务。DHCPv6 不会提供默认网关地址。默认网关地址只能从路由器发送的路由器通告（router advertisement）消息中动态获取。

■   **DHCPv4 的配置**

DHCP 服务器上可以配置一个 IPv4 地址范围或者一个 IPv4 地址池，这里的地址会用来分配给 DHCP 客户端。需要获取 IPv4 地址的 DHCP 客户端会发送 DHCP Discover 消息，这是一种广播消息，其目的 IPv4 地址是 255.255.255.255（32 个 1），而其目的 MAC 地址是 FF-FF-FF-FF-FF-FF（48 个 1）。网络中的所有主机都会接收到这个广播 DHCP 数据帧，但只有 DHCP 服务器会做出响应。DHCP 服务器会使用 DHCP Offer 消息做出响应，并给 DHCP 客户端提供自己建议的 IPv4 地址。接下来，DHCP 客户端会发送一个 DHCP Rrequest 消息，请求使用 DHCP 服务器建议的 IPv4 地址。DHCP 服务器则会用 DHCP ACK 消息进行响应。

IPv4 地址 192.168.0.1 和子网掩码 255.255.255.0 是内部路由器接口的默认地址。这是本地网络中所有主机的默认网关，也是内部 DHCP 服务器的 IPv4 地址。大多数路由器上的 DHCP 配置都可以提供直连主机和 IPv4 地址、它们对应的 MAC 地址和租期时间等信息。

习题

完成下面的习题可以测试出你对本章内容的理解水平。附录中会给出这些习题的答案。

1. 在 DHCPv4 客户端查找 DHCP 服务器时，它会使用下列哪个目的 IPv4 地址来发送最初的 DHCP Discover 消息？

    A. 255.255.255.255   B. 127.0.0.1   C. 默认网关的 IP 地址   D. 224.0.0.1

2. 下列哪种 DHCPv4 地址分配方式会把 IPv4 地址分配给客户端一段有限的租期时间？

    A. 手动分配   B. 预分配   C. 自动分配   D. 动态分配

3. 客户端会发送下列哪种 DHCPv4 消息来表示自己接受 DHCP 服务器提供的 IPv4 地址?

A. 广播的 DHCP Request   B. 广播的 DHCP ACK

C. 单播的 DHCP Offer   D. 单播的 DHCP ACK

4. 参见图 9-6。一名用户正在给一台 PC 配置图 9-6 所示的 IP 设置,但是操作系统没有接受这名用户的配置。下列配置的问题何在?

图 9-6

A. 这个 IP 地址并不是一个可用的主机地址   B. DNS 服务器没有进行配置

C. 子网掩码配置有误   D. 网关地址没有配置

5. 下列哪一类设备一般会分配静态 IP 地址? (选择 2 项)

A. 打印机   B. 笔记本电脑   C. 工作站   D. 网页服务器

6. 一台启用了 DHCP 的客户端 PC 刚刚启动。在这个过程中,当客户端与 DHCP 服务器进行通信时,客户端 PC 会使用下列哪些广播消息? (选择 2 项)

A. DHCP ACK   B. DHCP NAK   C. DHCP Offer

D. DHCP Request   E. DHCP Discover

7. 为什么在大型网络中,DHCP 通常是给主机分配 IP 地址的推荐做法? (选择 2 项)

A. 它可以确保每台需要地址的设备都能获得地址

B. 它只给授权连接到网络的设备提供地址

C. 它可以避免大多数地址配置错误的情形

D. 它减轻了网络支持人员的工作负担

E. 它可以确保这些地址只会应用于那些需要使用永久地址的设备上

8. 如果本地网络中有多台 DHCP 服务器,那么主机和 DHCP 服务器之间发送 DHCP 消息的顺序是什么?

A. DHCP Request、DHCP ACK、DHCP Discover、DHCP Offer

    B. DHCP Request、DHCP Discover、DHCP Offer、DHCP ACK

    C. DHCP Discover、DHCP Offer、DHCP Request、DHCP ACK

    D. DHCP ACK、DHCP Request、DHCP Offer、DHCP Discover

  9. 一台 DHCP 服务器用来动态给网络中的主机分配 IP 地址，它配置的地址池是 192.168.10.0/24。这个网络中有 3 台打印机需要使用这个地址池中保留的静态 IP 地址。那么，这个地址池中还剩下多少 IP 地址可以分配给主机？

    A. 251   B. 254   C. 252   D. 253

  10. 下列哪句关于 DHCP 原理的描述是正确的?

    A. 在一台运行 DHCP 的设备启动时，客户端会广播 DHCP Discover 消息，在网络中寻找任何可用的 DHCP 服务器

    B. 如果客户端从不同的服务器那里接收到了多个 DHCP Offer 消息，它就会自己选定向哪台服务器发送一条单播 DHCP Request 消息，以获取 IP 地址信息

    C. 客户端必须等待租期到期，才能发送另一条 DHCP Request 消息

    D. DHCP Discover 消息包含要分配给设备的 IP 地址和子网掩码、DNS 服务器的 IP 地址，以及默认网关的 IP 地址

第 10 章

IPv4 与 IPv6 地址管理

学习目标

在完成本章的学习后，读者应有能力回答下列问题：

■ 网络的边界是什么？

■ 小型网络中进行 NAT 的目的是什么？

■ 为什么 IPv6 地址会取代 IPv4 地址？

■ IPv6 的特性是什么？

到现在为止，我们仅仅对 IPv4 的编址方式进行了介绍。本章会介绍在可以预见的未来，IPv4 和 IPv6 会如何在网络中共存。我们会向读者展示 IPv6 地址的结构，以及 IPv6 编址相对于 IPv4 编址的优势。但本章最有意思的一部分是二进制和十六进制表示方式之间的转换。还搞不清楚十六进制是什么吗？那就继续读下去吧。

10.1 网络边界

路由器会把一个网络连接到另一个网络。只有不同网络中的设备才需要通过把数据包发送给路由器来进行通信。

10.1.1 路由器充当网关

路由器可以充当一个网关，让一个网络中的主机可以和其他网络中的主机进行通信。一台路由器上的每个接口都会连接到一个不同的网络。

分配给接口的 IPv4 地址标识了这个接口直连的网络。

网络上的每台主机必须将这台路由器作为通向其他网络的网关。因此，每台主机都必须知道路由器与其所在网络直连接口的 IPv4 地址。这个地址就被称为默认网关地址。这个地址既可以静态配置在主机上，也可以通过 DHCP 动态获取。

当一台无线路由器被配置为本地网络的 DHCP 服务器时，它就会自动把正确的接口 IPv4 地址作为默认网关地址发送给主机。通过这种方式，网络中的所有主机都可以使用这个 IPv4 地址来向连接在 ISP 上的主机转发消息，并且访问互联网中的主机。无线路由器通常默认被设置为 DHCP 服务器。

这个本地路由器接口的 IPv4 地址会成为主机配置中的默认网关地址。默认网关可以静态配置，也可以由 DHCP 来提供。

当一台无线路由器被配置为 DHCP 服务器，它会把自己内部的 IPv4 地址提供给 DHCP 客户端作为默认网关。此外，它也会给 DHCP 客户端提供对应的 IPv4 地址和子网掩码，如图 10-1 所示。

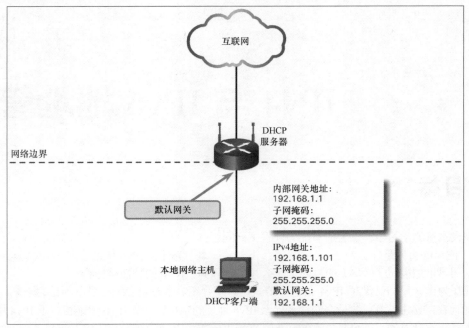

图 10-1   一台充当默认网关的无线路由器

10.1.2　无线路由器充当网络之间的边界

　　无线路由器会给所有直连的本地主机充当 DHCP 服务器——无论这些主机是以太网线缆直连的还是无线直连的。这些本地主机被认为处于内部网络中。大多数 DHCP 服务器经过配置，都会给内部网络中的主机分配私有地址，而不会给它们分配互联网可以路由的公有地址。这样配置可以确保在默认情况下，内部网络无法直接从互联网进行访问。

　　本地无线路由器接口上的默认 IPv4 地址往往是这个网络中的第一个主机地址。内部主机分配到的地址必须和这台无线路由器处于同一个网络中，无论这个地址是静态分配的还是通过 DHCP 获取的都是如此。在无线路由器配置为一台 DHCP 服务器之后，它就会提供其配置范围内的地址。此外，它也会提供子网掩码信息，同时会把它自己的接口 IPv4 地址作为默认网关，如图 10-2 所示。

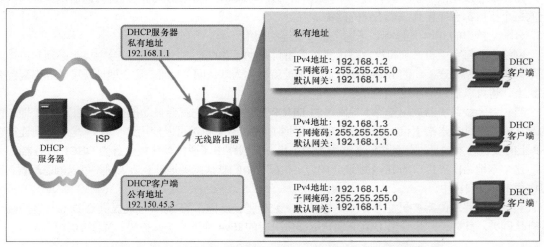

图 10-2   默认无线路由器同时充当 DHCP 服务器和 DHCP 客户端

很多 ISP 也使用 DHCP 服务器来给安装在客户端的无线路由器互联网一侧提供 IPv4 地址。连接在无线路由器互联网一侧的网络称为外部网络。

当无线路由器连接到 ISP 时，它就会充当 DHCP 客户端，为互联网接口接收正确的外部网络 IPv4 地址。ISP 通常会提供互联网可路由的地址，让连接无线路由器的主机能够访问互联网。

无线路由器会充当内部网络和外部网络之间的边界。

10.2 网络地址转换

公有 IPv4 地址的数量已经非常有限了，这也是人们定义 RFC 1918 私有 IPv4 地址的原因。网络地址转换（NAT）可以为 IPv4 地址提供私有 IPv4 地址和公有 IPv4 地址之间的转换。

NAT 的工作原理

无线路由器从 ISP 接收到了一个公有地址，这让它能够发送和接收往返于互联网上的数据包。这台无线路由器则会给本地网络客户端提供私有地址。因为互联网上不允许出现私有地址，所以需要通过一个流程把私有地址转换成唯一的公有地址，让本地客户端与互联网可以进行通信。

把私有地址转换为互联网可路由地址的流程称为 NAT。通过 NAT，私有（本地）源 IPv4 地址就可以转换为一个公有（全局）地址。针对入站方向的数据包，无线路由器会逆向执行转换。无线路由器可以把任何私有 IPv4 地址转换为相同的公有地址。

只有去往其他网络的数据包才需要进行转换。这些数据包必须穿越网关，此时无线路由器会把私有 IPv4 地址这个源地址替换成自己的公有 IPv4 地址。

虽然内部网络上的每台主机都会分配到一个唯一的私有 IPv4 地址，但是这些主机在访问互联网时需要共享分配给无线路由器的那个互联网可路由地址。

在图 10-3 和图 10-4 中，家用无线路由器使用 NAT 对数据包执行了转换。

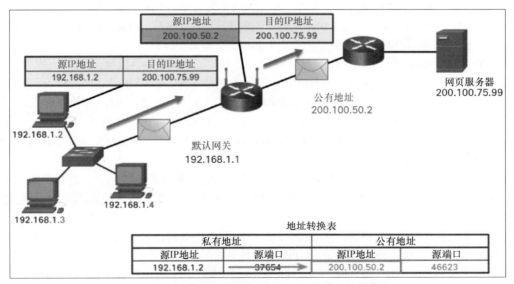

图 10-3　家用无线路由器使用 NAT 转换出站数据包

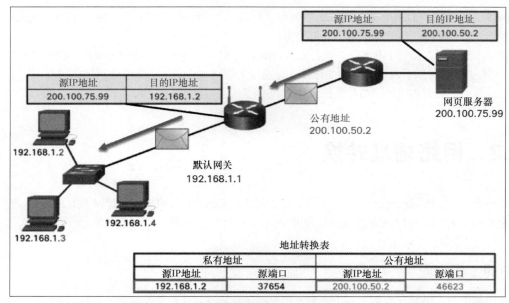

图 10-4   家用无线路由器使用 NAT 转换入站数据包

10.3   IPv4 的问题

IPv4 是在 20 世纪 70 年代设计，并于 1980 年付诸实施的。从那时开始，访问互联网的设备数量就在大幅增加，超出约 43 亿个 IPv4 地址的范围。

10.3.1   IPv6 的需求

读者现在已经知道，IPv4 地址已经耗尽。这就是我们需要学习 IPv6 的原因。

IPv6 被设计为 IPv4 的继承协议。IPv6 的地址空间更大，共 128 位，因此可以提供约 3.4×10^{38} 个可能的地址。但 IPv6 的作用可远远不只是提供更大的地址空间那么简单。

在 IETF 开发 IPv4 的继承协议之初，他们也借此机会修改了 IPv4 的一些限制，提供了一些增强功能。

IPv4 地址空间耗尽是人们向 IPv6 迁移的主要动机。随着非洲、亚洲和世界其他地区开始越来越多地连接到互联网，IPv4 地址已经无法满足互联网增长的需求了，所有 5 个 RIR 的 IPv4 地址都已经耗尽。其中，LACNIC 的 IPv4 地址于 2011 年 4 月耗尽，RIPE NCC 的 IPv4 地址于 2012 年 9 月耗尽，APNIC 的 IPv4 地址于 2014 年 6 月耗尽，ARIN 的 IPv4 地址于 2015 年 7 月耗尽，AFRINIC 自 2020 年 1 月进入 IPv4 地址耗尽的第 2 阶段。

前文介绍过，IPv4 在理论上拥有约 43 亿个地址。人们通过把私有地址和 NAT 地址结合起来使用，延缓了 IPv4 地址空间耗尽的过程。不过，NAT 会给很多应用带来问题，也会制造延迟，而且也会严重阻碍 P2P 的通信。

随着移动设备的数量越来越多，移动提供商开始主动向 IPv6 进行过渡。美国最大的两个移动运营商的数据显示，超过 90%的流量都是通过 IPv6 进行发送的。

大多数顶级 ISP 和诸如 YouTube、Facebook 和 Netflix 等的内容提供商也在进行这样的过渡。大多数企业（如微软、Facebook 和领英）内部正在过渡到纯 IPv6 的环境。在 2020 年，美国宽带 ISP 康卡斯特（Comcast）的数据显示，IPv6 的部署已经超过 74%，印度的 IPv6 部署比例已经超过 62%。

物联网

今天的互联网与过去几十年的互联网相比，已经发生了巨大的变化。今天的互联网已经远不仅是计算机之间的电子邮件、网页和文件传输。演化的互联网包含物联网（Internet of Things，IoT），即访问互联网的设备已经不只是台式计算机、平板电脑和智能手机，配备了传感器的互联网设备如今几乎包含所有类型的产品，从机动车到生物医药设备，从家用电器到照明系统等。

随着"互联网人口"的增加，有限的 IPv4 地址空间、NAT 固有的缺陷，以及"IoT 时代"的到来，这一切都说明，过渡到 IPv6 已经刻不容缓。

10.3.2 IPv6 地址空间

IPv6 地址最终会取代 IPv4 地址——虽然在可以预见的未来，这两种地址仍然会在网络中共存。IPv6 克服了 IPv4 的一些限制，而且 IPv6 的特性更能满足当今和可预见未来的网络需求。32 位的 IPv4 地址空间可以提供 4,294,967,296 个唯一的地址。

IPv6 地址空间则可以提供 340,282,366,920,938,463,463,374,607,431,768,211,456 个地址，约等于 3.4×10^{38} 个地址。

下面是 IPv6 带来的其他好处。

- 无须使用 NAT。每台设备都可以拥有自己的全球可路由地址。
- 自动配置功能可以简化地址管理。

IPv6 的设计者原本以为，IPv6 很快就可以得到采纳，毕竟可用 IPv4 地址块的数量正在快速减少。他最初的估计是，IPv6 在 2003 年就可以实现全球部署。显然，这样的估计并不正确。

10.3.3 IPv4 和 IPv6 共存

对于何时迁移到 IPv6，人们并没有明确的时间表。IPv4 和 IPv6 在不远的将来会保持共存，从 IPv4 到 IPv6 的过渡时期会延续很多年。IETF 已经定义了大量的协议和工具，可以帮助网络管理员把他们的网络迁移到 IPv6。迁移的方法可以分为 3 类：双栈、隧道和转换。

1. 双栈

双栈（dual stack） 可以让 IPv4 和 IPv6 共存在同一个网段中，如图 10-5 所示。双栈设备会同时、同步运行 IPv4 和 IPv6 协议栈。纯 IPv6（native IPv6）表示客户端网络与 ISP 之间有一条 IPv6 连接，网络客户端可以通过 IPv6 访问互联网上的内容。

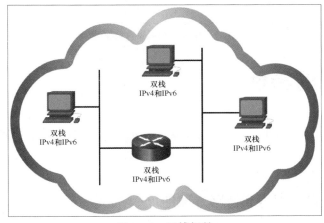

图 10-5 双栈拓扑

2. 隧道

隧道（tunneling） 是通过 IPv4 网络来传输 IPv6 数据包的一种方式，如图 10-6 所示。IPv6 数据包会像其他类型的数据一样被封装在一个 IPv4 数据包中。

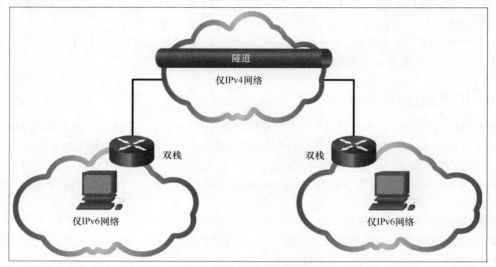

图 10-6　通过 IPv4 网络传输 IPv6 数据包

3. 转换

网络地址转换 64（Network Address Translation 64，NAT64）可以使用类似于 IPv4 NAT 那样的转换方法让 IPv6 设备与 IPv4 设备进行通信。IPv6 数据包可以被转换为 IPv4 数据包，IPv4 数据包也可以被转换为 IPv6 数据包。NAT64 路由器会在网络之间（见图 10-7 中实线）转换不同的 IP 地址，让配置了不同 IP 地址的 PC（见图 10-7 中虚线）可以相互通信，如图 10-7 所示。

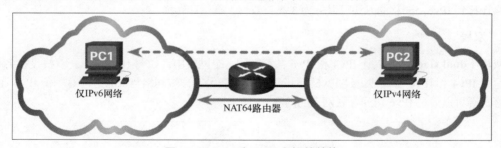

图 10-7　IPv4 和 IPv6 之间的转换

10.4　IPv6 的特性

IPv6 不仅提供了更大的地址空间，还可以提升网络性能，并且提供很多能够满足网络需求的新特性。

10.4.1　IPv6 地址自动配置和链路本地地址

除了长度有所增加之外，IPv6 地址还包含其他很多不同于 IPv4 地址的特征。

■ **地址自动配置**：无状态地址自动配置（Stateless Address Autoconfiguration，SLAAC）可以让一台主机不通过 DHCP 服务器就创建出自己的互联网可路由地址，或称全局单播地址（Global Unicast Address，GUA）。如图 10-8 所示，通过默认的方式，主机会从路由器发送的路由器通告（router advertisement）消息中获取前缀（网络地址）、前缀长度（子网掩码）和默认网关。接下来，主机就可以创建自己的唯一接口 ID（地址的主机部分），从而获得自己的全局可路由单播地址。

■ **链路本地地址**：设备在和同一个网络中的设备进行通信时，会使用链路本地地址。

IPv6 的开发人员对 IP 和相关协议做出了重大改进，包括对效率、可扩展性、移动性和灵活性等有关特性进行了提升。

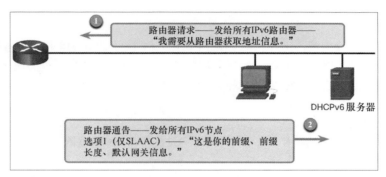

图 10-8　SLAAC 的工作原理

10.4.2　IPv6 地址的表示

对计算机来说，读取新的 128 位 IPv6 地址非常轻松。IPv6 地址无非是在数据包的源和目的地址上增加了更多的 1 和 0。但是对人类来说，从 32 位地址的点分十进制过渡到 IPv6 地址这种一系列十六进制数的表示方法，难免还是需要一些适应的。于是，人们开发了一些方法来把 IPv6 地址压缩成更容易管理的格式。

压缩 IPv6 地址

IPv6 地址被写作一长串的十六进制数。每 4 位（二进制数）都可以用一个十六进制数来表示，因此 IPv6 地址可以表示为 32 个十六进制数。表 10-1 所示为一个完全展开的 IPv6 地址，以及两种简化这个地址的方法。

表 10-1　　　　　　　　　　　　压缩 IPv6 地址示例

完全展开	2001:0db8:0000:1111:0000:0000:0000:0200
忽略前导 0	2001:db8:0:1111:0:0:0:200
压缩	2001:db8:0:1111::200

下面两条规则可以帮助人们减少表示 IPv6 地址的数字数量。

（1）规则 1：忽略前导的 0。

帮助人们简化 IPv6 地址表示方法的第一条规则就是忽略每个 16 位段中的前导 0。比如，如表 10-2 所示：

■ 0DB8 可以表示为 DB8；

■ 0000 可以表示为 0；

- 0200 可以表示为 200。

（2）规则 2：忽略一个"全 0"段。

帮助人们简化 IPv6 地址表示方法的第二条规则是用双冒号（::）替换掉任何连续的"全 0"段。双冒号在一个地址中只能使用一次；否则，这种表示法就会表示多种可能的地址，即出现歧义。

10.5 本章小结

下面是对本章各主题的总结。

- **网络边界**

路由器可以充当一个网关，让一个网络中的主机可以和其他网络中的主机进行通信。每台主机都必须知道路由器与其所在网络直连接口的 IPv4 地址。这个地址就被称为默认网关地址。本地主机被认为处于内部网络中。连接在无线路由器互联网一侧的网络称为外部网络。无线路由器会充当内部网络和外部网络之间的边界。

- **网络地址转换**

NAT 用来把内部网络中的私有（本地）源 IPv4 地址转换为一个互联网可以路由的公有（全局）地址。一个公有地址可以用于很多内部主机。

- **IPv4 的问题**

IPv4 地址是一个长度为 32 位（4 字节）的地址，因此有超过约 43 亿个 IPv4 地址，这个数量如今已经"捉襟见肘"。20 世纪 90 年代早期，IP 的设计者也开始关注 IPv4 地址耗竭的问题。到了 1993 年，IETF 开始接受改善 IP 的建议，以支持更大的地址空间，同时也让管理员更容易分配 IP 地址。到了 1995 年，第一个 IPv6 标准发布。

IPv6 地址的长度是 128 位（16 字节），因此可以提供足够的 IPv6 地址，多到甚至给全球每人都分配整个互联网 IPv4 地址空间都有余。IPv6 地址最终会取代 IPv4 地址——虽然在可以预见的未来，这两种地址仍然会在网络中共存。IPv6 无须使用 NAT，自动配置功能也可以简化地址管理。

双栈可以让 IPv4 和 IPv6 共存在同一个网段中。双栈设备会同时、同步运行 IPv4 和 IPv6 协议栈。隧道是通过 IPv4 网络来传输 IPv6 数据包的一种方式。IPv6 数据包会像其他类型的数据一样被封装在一个 IPv4 数据包中。NAT64 可以使用类似于 IPv4 NAT 那样的转换方法让 IPv6 设备与 IPv4 设备进行通信。IPv6 数据包可以被转换为 IPv4 数据包，IPv4 数据包也可以被转换为 IPv6 数据包。

- **IPv6 的特性**

除了长度有所增加之外，IPv6 地址还包含其他很多不同于 IPv4 地址的特征。

- 地址自动配置：SLAAC 可以让一台主机不通过 DHCP 服务器就创建出自己的 GUA。
- 链路本地地址：设备在和同一个网络中的设备进行通信时，会使用链路本地地址。

IPv6 的开发人员对 IP 和相关协议做出了重大改进，包括对效率、可扩展性、移动性和灵活性等有关特性进行了提升。

IPv6 地址被写作一长串的十六进制数。每 4 位（二进制数）都可以用一个十六进制数来表示，因此 IPv6 地址可以表示为 32 个十六进制数。因为 IPv6 地址很长，人们开发了一些方法来把 IPv6 地址压缩成更容易管理的格式。下面两条规则可以帮助人们减少表示 IPv6 地址的数字数量。

- 规则 1——忽略前导的 0：帮助人们简化 IPv6 地址表示方法的第一条规则就是忽略每个 16 位段中的前导 0。
- 规则 2——忽略一个"全 0"段：帮助人们简化 IPv6 地址表示方法的第二条规则是用双冒号替换掉任何连续的"全 0"段。双冒号在一个地址中只能使用一次；否则，这种表示法就会表示多种可能的地址，即出现歧义。

习题

完成下面的习题可以测试出你对本章内容的理解水平。附录中会给出这些习题的答案。

1. 下列哪几句关于 IPv4 地址和 IPv6 地址的描述是正确的？（选择 2 项）

   A. IPv6 地址的长度为 32 位

   B. IPv6 地址是用十六进制数来表示的

   C. IPv6 地址的长度为 64 位

   D. IPv4 地址的长度为 128 位

   E. IPv4 地址的长度为 32 位

   F. IPv4 地址是用十六进制数来表示的

2. 下列哪种网络技术是指设备可以同时使用 IPv4 和 IPv6 地址进行通信？

   A. 隧道　　　　　　　　B. SLAAC　　　　　　　C. NAT64　　　　　　　D. 双栈

3. 下列哪一项是使用 IPv6 的优势？

   A. 网络和主机的地址数量更多　　　　　　　　B. 频率更高

   C. 带宽更高　　　　　　　　　　　　　　　　D. 连接速度更快

4. 下列哪种特征描述的是一台主机的 IPv6 默认网关？

   A. 与主机位于相同网络中的路由器接口的物理地址

   B. 与主机位于相同网络中的路由器接口的逻辑 IPv6 地址

   C. 主机直连的交换机端口的物理地址

   D. 主机直连的交换机端口的逻辑 IPv6 地址

5. 下列哪个地址是有效的 IPv6 地址？

   A. 2001:0db8:3c55:0015:1010::abcd:ff13

   B. 2001:0db8::1200::129b

   C. 2001:0db8:2001:2900::ab11::1102::0000:2900

   D. 2001:0db8:1238::1299:1000::

6. 下列哪种 IPv6 前缀分配方式依赖于路由器通告消息中包含的前缀？

   A. EUI-64　　　　　　B. 状态化 DHCPv6　　　　C. 静态方式　　　　　D. SLAAC

7. 下列哪个 IPv6 地址是有效的？

   A. 2001:db8:a:1111::200　　　　　　　　　　B. 2001:db8:a::1111::200

   C. 2001:db8:a:1111:200　　　　　　　　　　D. 2001:db8::::

8. 一般来说，下列哪台网络设备会用来为企业环境执行 NAT 操作？

   A. DHCP 服务器　　　　B. 路由器　　　　　　　C. 交换机

   D. 主机　　　　　　　　E. 服务器

9. IPv6 地址 fe80::1 是哪种类型的地址？

   A. 多播地址　　　　　　B. 全局单播地址　　　　C. 链路本地地址　　　D. 环回地址

10. 下列哪种网络迁移方法会把 IPv6 数据包封装进 IPv4 数据包，以通过 IPv4 网络基础设施进行传输？

    A. 封装　　　　　　　　B. 隧道　　　　　　　　C. 转换　　　　　　　D. 双栈

第 11 章

传输层服务

学习目标

在完成本章的学习后，读者应有能力回答下列问题。

- 客户端与服务器之间是如何交互的？
- TCP 和 UDP 的传输层功能分别是什么样的？
- TCP 和 UDP 是如何使用端口号的？

你发给好友的电子邮件是怎么离开你的计算机，设法到达别人的计算机的？为什么在你单击一条链接之后，你想要的网页就会呈现在你面前？传输层是网络上万事万物进行传输之处。这一层提供的服务让发送电子邮件、请求网页、观看电影等行为成为可能。

11.1 客户端/服务器的关系

大多数网络通信都涉及客户端/服务器的关系。其中包括我们如今使用的很多网络服务，如浏览网页、阅读电子邮件、观看视频等。很多内部基础设施和服务提供商的基础设施都是基于这种架构的。

11.1.1 客户端和服务器之间的交互

每一天，我们都在网络中使用各类服务，也都在互联网上与别人沟通、完成日常工作。但是在接收电子邮件、更新社交媒体状态或者在线购物的时候，你很可能不会想到支撑这些服务的服务器、客户端和网络设备。大多数常用的互联网应用都依赖于各个服务器和客户端之间的复杂交互。在图 11-1 中，客户端和服务器是通过互联网连接的。

图 11-1 客户端与服务器通过互联网连接

服务器是指一台主机运行了某个软件应用，旨在为网络中的其他主机提供信息或者服务，比如最有名的网页服务器就属此类。数以百万计的服务器连接在互联网上，提供包括网页、电子邮件、金融交易、音乐下载等服务。让这些复杂交互能够正常运转的核心要素是通信双方使用了双方都可以支持的标准和协议。

　　客户端软件的一个例子就是网页浏览器，包括 Chrome 或者火狐等。一台计算机可以运行各种不同的客户端软件。比如，你可以在同一台计算机上检查电子邮件、浏览网页，用即时通信软件与别人沟通同时收听音频。表 11-1 罗列了 3 种常见的服务器软件类型。

表 11-1　　　　　　　　　　　　　3 种常见的服务器软件类型

类型	描述
电子邮件	电子邮件服务器会运行电子邮件服务器软件。客户端则使用电子邮件客户端软件（比如 Microsoft Outlook）来访问服务器上的电子邮件
网页	网页服务器会运行网页服务器软件。客户端则会使用网页浏览器（比如 Microsoft Edge）来访问服务器上的网页
文件	文件服务器会在一个集中的位置存储企业文件和用户文件。客户端设备则会使用文件访问客户端软件（如 Windows 文件资源管理器）来访问这些文件

11.1.2　客户端请求网页

　　我们通过互联网接收到的大部分信息都是用网页文件的形式提供的。为此，我们需要使用一台运行网页客户端软件（如网页浏览器）的设备来请求并且浏览网页。

　　客户端/服务器系统最大的特点在于，客户端会向服务器发送请求，而服务器则会通过响应请求来执行某种功能，比如把客户端请求的文件发送给客户端。网页浏览器和网页服务器的组合大概就是如今最常用的一种客户端/服务器系统了。网页服务器往往都会和其他服务器共同组成一个服务器集群（server farm）或者一个数据中心。

　　数据中心是用来部署计算机系统及相关组件的一种设施。数据中心可能会在一栋楼宇中占据一个房间，也可能占据该楼宇的一层或者几层，甚至占据整栋楼宇。数据中心的搭建和维护费用往往非常高。因此，只有大型机构才会使用自己搭建的数据中心来保存数据，为用户提供服务。至于无法承担维护自己数据中心成本的小型机构，可以通过从云端的大型数据中心组织那里租用服务器和存储服务的方式来削减成本。

11.1.3　URI、URN 和 URL

　　网页资源和网页服务，如 RESTful API（Application Program Interface，应用程序接口），会使用统一资源标识符（Uniform Resource Identifier，URI）进行标识。URI 是一串标识某个特定网络资源的字符。如图 11-2 所示，URI 有以下两个术语。

　　统一资源名称（Uniform Resource Name，URN）：URN 仅标识资源的命名空间（网页、文件、图片等），不会指明协议。

　　统一资源定位符（Uniform Resource Locator，URL）：URL 会定义网络中特定资源所在的网络位置。HTTP 或 HTTPS（Hypertext Transfer Protocol Secure，超文本传输安全协议）的 URL 一般用于网页浏览器当中。而其他协议如 FTP（File Transfer Protocol，文件传送协议）、SFTP（Secure File Transfer Protocol，安全文件传送协议）、SSH（Secure Shell，安全外壳）等也可以使用 URL。SFTP 的 URL 看上去大致类似于 sftp://sftp.example.com。

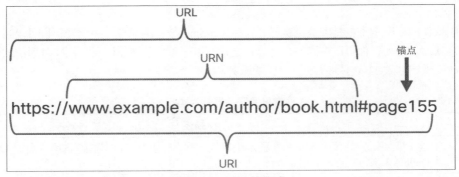

图 11-2   URI 的构成

如图 11-2 所示，一个 URI 可以分为如下几个部分。

■   **协议部分**：HTTPS 或者其他协议，如 FTP、SFTP、mailto 和 NNTP（Network News Transfer Protocol，网络新闻传输协议）。

■   **主机名**：www.example.com。

■   **路径或文件名**：/author/book.html。

■   **锚点（fragment）**：#page155。

11.2   TCP 和 UDP

传输层包含两种协议：TCP 和 UDP。TCP 用来可靠地传输消息，而 UDP（User Datagram Protocol，用户数据报协议）只关心如何把消息尽快发送给目的地。

11.2.1   协议的工作原理

网页服务器和网页客户端会使用专门的协议和标准来交换信息，以确保对方能够接收并且理解自己发送的消息。发送网页功能所必备的协议分布在 TCP/IP 模型的 4 个不同的分层中。

■   应用层协议：HTTP 会管理网页服务器和网页客户端之间的互动方式。HTTP 定义了客户端和服务器之间交换的请求与响应格式。HTTP 也会依赖于其他协议来管理客户端和服务器之间如何传输消息。

■   传输层协议：TCP 可以确保 IP 数据包能够得到可靠的发送，丢失的数据包会进行重传。TCP 可以让传输过程中失序的数据包重新排序。

■   网络层协议：大多数常用的互联网协议是 IP。IP 负责给 TCP 处理过的分段分配一个逻辑地址，并把它封装成数据包，以便路由转发给目的主机。

■   网络接口层协议：网络接口层使用哪种特定协议（如以太网协议）取决于物理网络使用的媒介类型和传输方式。

11.2.2   TCP 和 UDP 的作用

网络中的每项服务都有自己的应用协议，这些协议会通过服务器和客户端软件来实现，如图 11-3 所示。除了应用协议之外，所有公共互联网服务都会使用 IP 在源和目的主机之间编址和路由消息。

IP 只会关注数据包的结构、编址和路由。IP 并不会指明是否发生数据包传输。应用会决定要使用哪种传输协议。传输协议则会指定如何管理主机之间的消息传输。两种常用的传输协议是 TCP 和 UDP。IP 会使用这些传输协议实现主机之间的通信和数据的传输。

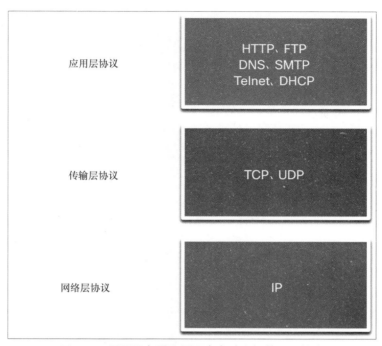

应用层协议　　　HTTP、FTP
DNS、SMTP
Telnet、DHCP

传输层协议　　　TCP、UDP

网络层协议　　　IP

图 11-3　网页服务器和网页客户端之间的公共协议

11.2.3　TCP 的可靠性

当今互联网环境中，随时都有万亿个网页正在进行传输，那么服务器如何确定它发送的网页会由请求这个网页的客户端接收呢？一种可以确保可靠传输的机制就是 TCP。

如果某个应用需要确认自己的消息已经传输到了对端，它就会使用 TCP。TCP 会把一个消息分为很多部分，每个部分是一个数据段（segment）。数据段会按照顺序进行编号，然后由 IP 进程把这些数据段封装为数据包。TCP 会通过应用追踪发送给特定主机的数据段编号。如果发送方没有在一定时间内接收到确认消息，它就会认为这个数据段已经丢失，因此对其进行重传。只有丢失的那部分消息会被重传，而不是整个消息都被重传。

在接收方主机一侧，TCP 负责对消息段进行重组，然后把重组后的消息提交给应用。FTP 和 HTTP 就是用 TCP 来确保数据传输的。

11.2.4　UDP 尽力而为的传输

在有些情况下，应用并不需要使用 TCP 这个确认协议，此时使用 TCP 只会延缓信息的传输。在这种情况下，UDP 是更适合的传输协议。

UDP 是一种"尽力而为"的传输协议，它不需要接收方对消息进行确认。UDP 比较适合用于诸如流媒体音频和互联网电话（Voice over IP，VoIP，又称"IP 电话"）等的应用。对这类应用来说，确认会延缓传输，重传也大可不必。

使用 UDP 的应用包括网络电台。如果消息在沿着网络进行传输的过程中丢失,这些消息不会重传。如果有几个数据包丢失了,那么收听方会在收听过程中听到小小的卡顿。如果使用 TCP 对丢失的数据包进行重传,传输会暂停以等待接收重传的数据包,而这段中断的时间对收听者的影响更大。

为了说明 UDP 的工作方式,我们可以想象一下主机如何使用 DNS 来解析域名的 IP 地址。DNS 不需要 TCP 服务,因为大多数 DNS 请求都会在一个数据包中得到处理。DNS 会使用 UDP 来解析域名。图 11-4 显示了这样的过程。我们可以看到客户端并不知道 www.cisco.com 的 IP 地址,因此客户端使用 UDP 向 DNS 服务器发送了一个 DNS 请求。服务器则用一个数据包返回了 www. cisco com 的 IP 地址。

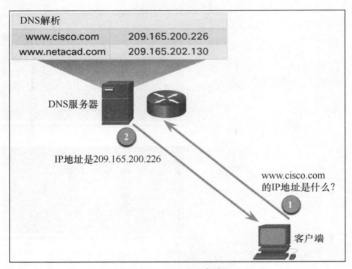

图 11-4　DNS 解析

11.3　端口号

TCP 和 UDP 会使用端口号。端口号从消息源和目的地的角度来标识网络进程或者服务。

11.3.1　TCP 端口号和 UDP 端口号

在一天中,读者可能已经通过互联网访问了大量服务。其中,DNS、网页、电子邮件、FTP、即时消息和 VoIP 只是全世界的客户端/服务器系统提供的一部分服务。这些服务可以通过一台服务器来提供,也可以通过大型数据中心中的多台服务器来提供。

在消息通过 TCP 或者 UDP 传输时,客户端所请求的协议和服务就会用端口号来进行标识,如图 11-5 所示。端口号是封装在每个数据段中的一个数字标识符,其作用是追踪客户端和服务器之间的会话。主机发送的每个消息都会同时包含源端口号和目的端口号。

服务器接收到一个请求的时候,它需要判断出客户端请求的是哪项服务。客户端需要根据预配置来使用每项服务在互联网注册的目的端口号。比如,网页浏览器客户端就会根据预配置使用端口号 80 向网页服务器发送请求,这也是 HTTP 网页服务的周知(well-known)端口。

端口会由一个称为互联网名称与数字地址分配机构(Internet Corporation for Assigned Names and Numbers,ICANN)的机构进行分配和管理。端口号可以分为 3 类,取值范围是 1～65535。

- 周知端口:关联公共网络应用的目的端口称为周知端口。这类端口号的取值范围是 1~1023。
- 注册端口:端口 1024~端口 49151 可以用作源或目的端口。组织机构可以使用这些端口来注册特定的应用,例如 IM 应用。
- 私有端口:端口 49152~端口 65535 多用于源端口。任何应用都可以使用这些端口。

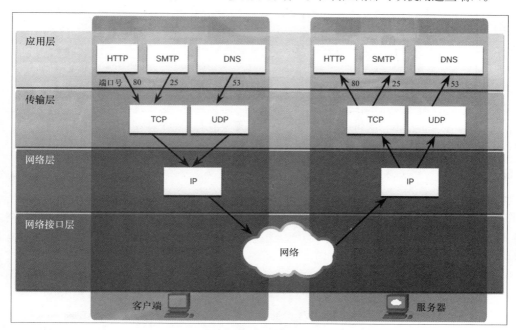

图 11-5　用端口号标识使用的协议和服务

表 11-2 显示了一些常用的端口号,以及它们所对应的协议和应用。

表 11-2　　　　　　　　　　　常用的端口号与其对应的协议和应用

端口号	传输协议	应用
20	TCP	文件传送协议(FTP):数据
21	TCP	文件传送协议(FTP):控制
22	TCP	安全外壳(SSH)
23	TCP	Telnet 协议
25	TCP	简单邮件传送协议(SMTP)
53	UDP、TCP	域名服务(Domain Name Service,DNS)
67	UDP	动态主机配置协议(DHCP):服务器
68	UDP	动态主机配置协议(DHCP):客户端
69	UDP	简单文件传送协议(Trivial File Transfer Protocol,TFTP)
80	TCP	超文本传送协议(HTTP)
110	TCP	邮局协议第 3 版(POPv3)
143	TCP	因特网信息访问协议(IMAP)
161	UDP	简单网络管理协议(Simple Network Management Protocol,SNMP)
443	TCP	超文本传输安全协议(HTTPS)

一些应用可能同时使用 TCP 和 UDP。例如，在客户端向 DNS 服务器发送请求消息时，DNS 会使用 UDP。但是，两台 DNS 服务器进行通信时会使用 TCP。

读者可以在 IANA 网站上搜索端口注册信息，查看端口号及其对应应用协议的完整列表。

11.3.2　源端口号与目的端口号

源端口号会与本地主机上的应用进行关联。目的端口号则会对应远端主机上的目的应用。

1.　源端口

发送方设备会动态创建源端口号以标识两台设备之间的会话。这个过程允许多个会话同步进行。一台设备常常可以同时向网页服务器发送多个 HTTP 服务请求。每个独立的 HTTP 会话都会根据源端口进行追踪。

2.　目的端口

客户端会在数据段中放入目的端口号，以告诉目的服务器自己请求的是哪项服务，如图 11-6 所示。比如，如果客户端把目的端口设置为端口 80，接收消息的服务器就知道对方所请求的是网页服务。一台服务器可以同时提供多项服务，例如它们可以通过端口 80 提供网页服务，同时通过端口 21 建立 FTP 连接。

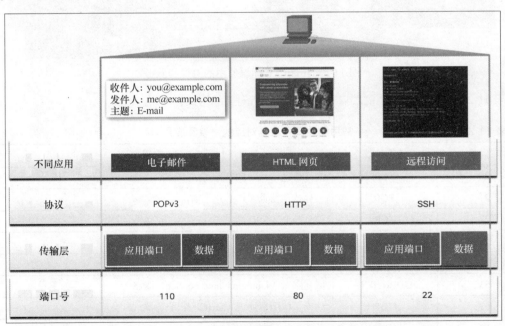

图 11-6　一台计算机使用了多个应用

11.3.3　套接字

源和目的端口都会包含在数据段中。接下来，发送方会把数据段封装到一个 IP 数据包中，而 IP 数据包又会包含源和目的 IP 地址。源 IP 地址和源端口号、目的 IP 地址和目的端口号就分别组成了一个**套接字**（socket）。

在图 11-7 中，源 PC 正在同时从目的服务器那里请求 FTP 和网页服务。源 PC 生成的 FTP 请求中会包含二层 MAC 地址和三层 IP 地址。请求消息也会标识源端口号 1305（这是源 PC 动态生成的端口号）和目的端口，目的端口标识了 FTP 服务器端口号为 21。源 PC 也正在使用相同的二层和三层地址从服务器那里请求一个网页。不过，此时源 PC 使用的源端口号是 1099（这是源 PC 动态生成的端口号），它的目的端口标识了网页服务器端口号为 80。

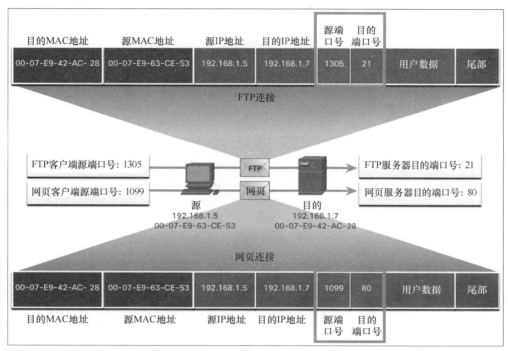

图 11-7　客户端和服务器使用端口号同时追踪 FTP 和网页流量

套接字用来标识客户端所请求的服务器和服务。一个客户端套接字大致形如 192.168.1.5:1099，其中 1099 标识的是源端口号。

网页服务器一端的套接字可能是 192.168.1.7:80。

两个套接字结合起来就形成了一个套接字对 192.168.1.5:1099,192.168.1.7:80。

套接字让运行在客户端上的不同进程能够互相区分，连接到服务器进程的不同连接也能够互相区分。

源端口号可以用于请求应用的回程地址。传输层会跟踪这个端口和发起请求的应用，这样在发回响应消息的时候，就可以转发给正确的应用了。

11.3.4　netstat 命令

一些无法解释的 TCP 连接会导致严重的安全威胁。这些连接可以标识出连接到本地主机中的某人或者某物。有时，我们有必要了解哪些主动 TCP 连接是开放的，联网主机正在运行哪些 TCP 连接。netstat 是一项重要的网络工具，可以用来验证上述连接。如例 11-1 所示，我们可以输入 netstat 命令让计算机列出正在使用的协议（Proto）、本地地址（Local Address）和端口号、外部地址（Foreign Address）和端口号，以及连接状态（State）。

例 11-1 一台计算机使用了多个应用

```
C:\> netstat

Active Connections

Proto Local Address          Foreign Address         State
TCP 192.168.1.124:3126       192.168.0.2:netbios-ssn ESTABLISHED
TCP 192.168.1.124:3158       207.138.126.152:http    ESTABLISHED
TCP 192.168.1.124:3159       207.138.126.169:http    ESTABLISHED
TCP 192.168.1.124:3160       207.138.126.169:http    ESTABLISHED
TCP 192.168.1.124:3161       sc.msn.com:http         ESTABLISHED
TCP 192.168.1.124:3166       www.cisco.com:http      ESTABLISHED
(output omitted)
C:\>
```

在默认情况下，**netstat** 命令会尝试解析 IP 地址的域名和端口号的周知应用。用户可以使用选项**-n**来查看 IP 地址的域名和端口号。

11.4 本章小结

下面是对本章各主题的总结。

■ **客户端/服务器的关系**

我们在接收电子邮件、更新社交媒体状态或者在线购物的时候，都需要使用服务器、客户端和网络设备。服务器是指一台主机运行了某个软件应用，旨在为网络中的其他主机提供信息或者服务。文件服务器把客户端用文件访问客户端软件访问的文件保存在一个集中的位置。网页服务器会运行网页服务器软件，让客户端可以访问服务器上的网页。电子邮件服务器则会运行电子邮件服务器软件，让客户端可以访问服务器上的电子邮件。

客户端/服务器系统最大的特点在于，客户端会向服务器发送请求，而服务器则会通过响应请求来执行某种功能，比如把客户端请求的文件发送给客户端。网页服务器往往都会和其他服务器共同组成一个服务器集群或者一个数据中心。

客户端在与一台网页服务器进行通信，希望下载一个网页时，会使用一个 URL 来定位服务器和服务器上的特定资源。URL 可以标识下面的内容。

● 使用的协议，通常用 HTTP 来访问网页。

● 要访问的那台服务器的域名。

● 服务器上的资源所在的路径或文件名。

■ **TCP 和 UDP**

发送网页功能所必备的协议分布在 TCP/IP 模型的 4 个不同的分层中。

● 应用层协议：HTTP 定义了客户端和服务器之间交换的请求与响应格式。

● 传输层协议：TCP 负责流量控制和数据包交换的确认机制。

● 网络层协议：IP 标识了沿网络传输的数据包的源和目的地。

● 网络接口层协议：网络接口层使用哪种特定协议取决于物理网络使用的媒介类型和传输方式。

如果某个应用需要确认自己的消息已经传输到了对端，它就会使用 TCP。TCP 会把一个消息分为很多部分，每个部分是一个数据段。数据段会按照顺序进行编号，然后由 IP 进程把这些数据段封装为数据包。

UDP 是一种"尽力而为"的传输协议，它不需要接收方对消息进行确认。UDP 比较适合用于诸如流媒体音频和 VoIP 等的应用。

■ **端口号**

在消息通过 TCP 或者 UDP 传输时，客户端所请求的协议和服务就会用端口号来进行标识。端口号是封装在每个数据段中的一个数字标识符，其作用是追踪客户端和服务器之间的会话。主机发送的每个消息都会同时包含源端口号和目的端口号。

● 源端口：发送方设备会动态创建源端口号以标识两台设备之间的会话。
● 目的端口：客户端会在数据段中放入目的端口号，以告诉目的服务器自己请求的是哪项服务。

源和目的端口都会包含在数据段中。接下来，发送方会把数据段封装到一个 IP 数据包中，而 IP 数据包又会包含源和目的 IP 地址。源 IP 地址和源端口号组成一个套接字。目的 IP 地址和目的端口号也组成一个套接字。两个套接字结合起来就形成了一个套接字对。

有时，我们有必要了解哪些主动 TCP 连接是开放的，联网主机正在运行哪些 TCP 连接。在这种情况下，我们可以使用 **netstat** 命令来验证上述连接。**netstat** 命令会尝试解析 IP 地址的域名和端口号的周知应用。

习题

完成下面的习题可以测试出你对本章内容的理解水平。附录中会给出这些习题的答案。

1. 为什么在视频应用中，UDP 更适合充当传输层协议？
   A. 因为 UDP 可以对接收数据的行为进行确认
   B. 因为 UDP 增加的封装负载比较少
   C. 因为 UDP 可以通过窗口机制来提供流量控制
   D. 因为 UDP 会提供可靠的会话

2. 下列哪种传输层信息既包含在 TCP 头部中，也包含在 UDP 头部中？
   A. 端口号　　　　　　B. 确认标记　　　　　　C. IP 地址　　　　　　D. 窗口大小

3. 下列哪种类型的应用最适合使用 UDP？
   A. 对丢包比较敏感的应用　　　　　　　　B. 需要对丢失的数据进行重传的应用
   C. 对延迟比较敏感的应用　　　　　　　　D. 需要可靠传输的应用

4. 下列哪种协议头部信息会封装在传输层头部，以标识出目标应用？
   A. 序列号　　　　　　B. 端口号　　　　　　C. MAC 地址　　　　　　D. IP 地址

5. 一个客户端向网页服务器发起了一个安全的 HTTP 请求。那么，目的地址会关联下列哪个周知端口号？
   A. 443　　　　　　B. 404　　　　　　C. 110　　　　　　D. 80

6. 下列哪一项表示套接字？
   A. 10.1.1.15　　　　B. 21　　　　C. 01-23-45-67-89-AB　　　D. 192.168.1.1:80

7. TCP 会使用下列哪种信息来重组在接收端失序的数据段？
   A. 端口号　　　　　　B. 分片号　　　　　　C. 确认号　　　　　　D. 序列号

8. IANA 会给公共服务和应用分配下列哪种类型的端口号？
   A. 私有端口　　　　　　B. 注册端口　　　　　　C. 动态端口　　　　　　D. 周知端口

9. 下列哪项协议工作在 TCP/IP 模型的传输层，其功能是确保 IP 数据包的可靠传输？

    A. HTTP   B. IP   C. TCP   D. UDP

10. 下列哪种说法是 UDP 的特征？

    A. 提供可靠的数据段传输

    B. 在应用数据的基础上增加 20 字节的额外负载

    C. 使用序列号来重组数据段

    D. 通过 3 次握手来建立会话

11. DNS 会使用下列哪个周知端口号来为请求提供服务？

    A. 53   B. 60   C. 25   D. 110

12. 客户端在使用 UDP 作为传输层协议来和服务器建立通信时，会执行下列哪项操作？

    A. 客户端会向服务器发送 ISN（Initial Sequence Number，初始化序列号）来启动 3 次握手

    B. 客户端会设置会话的窗口大小

    C. 客户端会发送同步数据段，以启动这次会话

    D. 客户端会选择一个唯一的源端口号

第 12 章

应用层服务

学习目标

在完成本章的学习后，读者应有能力回答下列问题。

- 常用的网络应用服务有哪些？
- DNS 的工作原理是什么？
- HTTP 和 HTML 的工作原理是什么？
- FTP 的工作原理是什么？
- Telnet 和 SSH 的工作原理是什么？
- 各种邮件协议的工作原理是什么？

你还记得自己在互联网上做过的第一件事是什么吗？是浏览网页、发送电子邮件，还是接收文件？所有这些任务（也包括其他任务）之所以能够完成，都要仰赖应用层服务。网络管理员需要对应用层服务有所了解，应用层服务也是本章要介绍的内容。

12.1 网络应用服务

网络应用服务可以让用户使用域名而不是 IP 地址来上网，可以让用户从网页服务器那里接收信息、访问电子邮件、执行文件传输等。这些都是用户与网络和互联网进行交互时使用的服务。

常用的网络应用服务

你平时常用的网络应用服务是什么？对于大部分人来说，答案可能包括互联网搜索、社交媒体站点、视频和音频流媒体、在线购物、电子邮件和即时消息。每一项服务都依靠 TCP/IP 协议栈中的服务在客户端和服务器之间进行通信。

提供这些服务的常用服务器如图 12-1 所示。表 12-1 对常用的服务器协议进行了简单的描述。

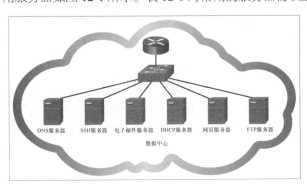

图 12-1　数据中心中的服务器

表 12-1   常用的服务器协议

协议	描述
域名系统（DNS）	把互联网的域名解析为 IP 地址
安全外壳（SSH）	提供去往服务器和网络设备的远程访问
简单邮件传送协议（SMTP）	把电子邮件消息和附件从客户端发送给服务器，再从服务器发送给其他电子邮件服务器
邮局协议（POP）	电子邮件客户端用这项协议来从远端服务器那里获取电子邮件和附件
因特网信息访问协议（IMAP）	电子邮件客户端用这项协议来从远端服务器那里获取电子邮件和附件
动态主机配置协议（DHCP）	用来给设备自动配置 IP 地址和其他必要的信息，让它们可以在网络中实现通信
超文本传送协议（HTTP）	网页浏览器用这项协议来请求网页，网页服务器也用这项协议来传输组成网页的文件
文件传送协议（FTP）	用来在系统之间进行交互式文件传输

12.2 域名系统

IP 数据包需要源和目的 IP 地址。虽然这些地址很适合用来实现网络通信，但是人们在通信中更愿意使用名称而不是数字。域名系统（DNS）可以让我们使用名称而不是代表 IP 地址的数字来设置目的地址或者服务。

12.2.1 域名转换

成千上万台部署在不同位置的服务器在为我们提供日常的互联网服务。每台服务器都会分配到一个唯一的 IP 地址，这个地址可以把它在它直连的本地网络中标识出来。

人们当然不可能把互联网上提供各项服务的服务器 IP 地址都记下来。因此，有一种很简单的方法可以帮助人们定位这些服务器，那就是给 IP 地址关联一个名称。

DNS 为主机提供了一种方式，让主机可以使用名称来请求对应服务器的 IP 地址。DNS 名称会在互联网上进行注册，并且会被组织到一个架构（或者域）中。互联网上常用的高级域是.com、.edu 和.net 等。

12.2.2 DNS 服务器

DNS 服务器包含一个表，表中的条目会把主机所在的域和对应的 IP 地址关联起来。当一个客户端获得了服务器（如网页服务器）的域名，但是需要服务器的 IP 地址时，它就会向 DNS 服务器的 53 端口发送一个请求。客户端会使用主机 IP 地址配置中的 DNS 设置部分所配置的 DNS 服务器 IP 地址来与 DNS 服务器进行通信。

在 DNS 服务器接收到这个请求时，它就会查找这个表，从表中判断出网页服务器所对应的 IP 地址。如果本地 DNS 服务器中并没有保存所请求域名的条目，它就会请求域中的另一台 DNS 服务器。当 DNS 服务器学习到 IP 地址之后，它会把信息发回给客户端。如果 DNS 服务器无法判断出 IP 地址，请求就会超时，客户端也就无法与网页服务器进行通信。

图 12-2 显示，一个客户端请求了域名 www.cisco.com 对应的 IP 地址，而一台 DNS 服务器做出了响应。

图 12-2　DNS 服务器对客户端做出了响应

12.3　网页客户端与服务器

最早出现、同时也是最常见的网络应用服务之一就是万维网（World Wide Web，WWW）。网页是 HTTP 和 HTML（Hypertext Markup Language，超文本标记语言）的组合（或编码语言），让客户端可以从网页服务器那里请求网页或者其他网页对象。

HTTP 和 HTML

当一个网页客户端接收到了一个网页服务器的 IP 地址，它的浏览器就会使用这个 IP 地址和 80 端口来请求网页服务。这个请求会通过 HTTP 发送给服务器。

当服务器接收到 80 端口的请求之后，服务器就会响应客户端请求，并且把网页发送给客户端。网页的内容会使用一种专门的标记语言进行编码。HTML 是最常用的语言，它可以告诉浏览器网页的格式，以及要使用的图片和字体。

图 12-3 所示为一个客户端正在请求网页。

HTTP 并不是一项安全的协议，在数据通过网络进行传输的过程中，其他用户可以轻松截获其中的信息。为了提升数据的安全性，可以通过安全的传输协议来执行 HTTP。请求安全 HTTP 的消息会发送给 443 端口。在浏览器中，输入这类请求时，站点地址要使用 https 而不是 http。

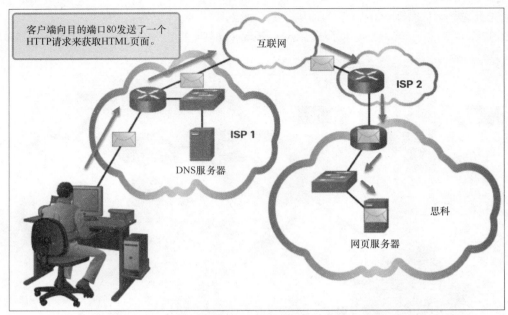

图 12-3 客户端请求一个网页

市面上有很多不同的网页服务器和网页客户端。HTTP 和 HTML 标准可以让不同厂商生产的服务器和客户端无缝地完成通信。

12.4 FTP 客户端与服务器

除了网页服务器之外，互联网使用的另一种常用服务是用来传输文件的服务。

12.4.1 文件传输协议

FTP 提供了一种简单的方式来把文件从一台计算机传输到另一台计算机。一台运行 FTP 客户端软件的主机可以访问 FTP 服务器，从而执行各类文件管理功能，包括文件上传和下载等。

FTP 服务器可以让客户端在设备之间交换文件。它也可以让客户端通过发送文件管理命令（如 delete 或 rename）远程管理文件。为了实现这个目标，FTP 服务器会使用两个不同的端口实现客户端和服务器之间的通信。

图 12-4 所示的例子展示了 FTP 的工作原理。在 FTP 会话开始时，客户端会向服务器的 TCP 21 端口发送控制连接请求。在会话开始之后，服务器则会使用 TCP 20 端口来传输数据文件。

FTP 客户端软件是内置在操作系统和大多数网页浏览器中的。一些独立的 FTP 客户端则通过非常友好的 GUI 给用户提供了更多选择。

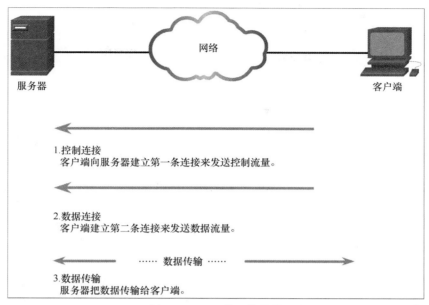

图 12-4　FTP 的工作原理

12.4.2　FTP 客户端软件

大部分客户端操作系统（如 Windows、macOS 和 Linux）都包含 FTP 的 CLI。此外，也有图形化 FTP 客户端软件可以针对 FTP 提供简单的拖曳界面。在使用用户名和密码登录到 FTP 服务器之后，我们可以在本地主机窗口和远端站点（FTP 服务器）窗口之间通过拖曳文件来进行传输。

图 12-5 所示为 FileZilla 的 GUI，这是一款开源的 FTP 客户端软件。

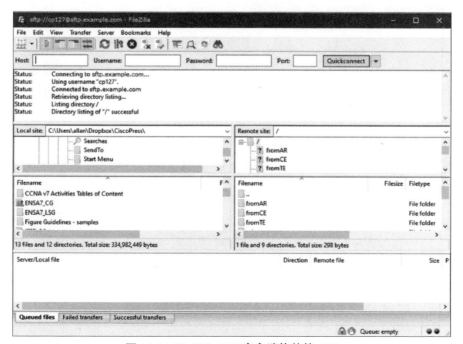

图 12-5　FileZilla FTP 客户端软件的 GUI

12.5　虚拟终端

早在包含复杂 GUI 的台式计算机问世之前，人们就开始使用文本系统了，这类系统往往只是物理上直连的中央计算机的显示终端。在网络问世之后，人们需要通过一种方式来远程访问计算机系统，就像人们远程访问直连的终端一样。

12.5.1　Telnet

人们开发 Telnet 是为了满足远程访问计算机系统的需求。这项协议可以追溯到 20 世纪 70 年代早期，是 TCP/IP 协议栈中最古老的应用层协议和服务之一。Telnet 会提供一种标准的方式来通过数据网络模拟基于文本的终端设备。无论是协议本身，还是实现协议的客户端软件，都被称为 Telnet。Telnet 服务器会在 TCP 23 端口侦听客户端的请求。

准确地说，一条使用 Telnet 的连接就称为一条虚拟终端（vty）会话或者一条虚拟终端连接。如果使用 Telnet，人们就不是使用物理设备来连接这台服务器，而是使用软件创建出一台虚拟设备，但是这台设备可以提供和终端会话相同的特性，让用户可以访问到服务器的 CLI。

在图 12-6 中，客户端通过 Telnet 远程连接到了服务器。客户端现在已经可以像它连接在服务器本地一样执行命令了。

注　释	Telnet 不是一项安全的协议。在大多数环境下，我们都应该使用 SSH 来替代 Telnet。我们在多个示例中都使用 Telnet 了，但这只是为了简化配置。

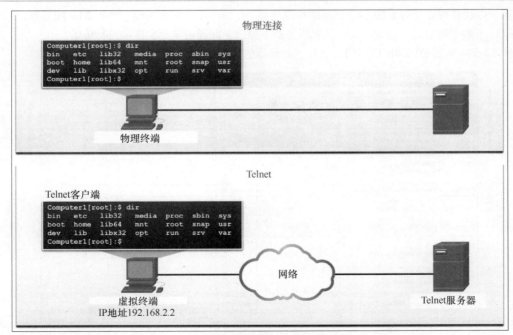

图 12-6　客户端远程访问一台服务器

12.5.2　Telnet 的安全隐患

在 Telnet 连接建立起来之后，用户就可以在服务器上执行所有授权的功能——就像用户在这台服务器本地使用命令行一样。只要获得了授权，用户就可以启动和停止进程、配置设备，然后关闭系统。

虽然 Telnet 协议也可以要求用户进行登录，但是它并不支持对传输的数据进行加密。在 Telnet 会话中交换的所有数据都会用明文的形式在网络中进行传输。这表示这些数据可以被人轻而易举地截获和读取。

SSH 协议提供了另一种选择，那就是通过安全的方式来访问服务器。SSH 定义了安全远程登录和其他安全网络服务的结构。它还提供比 Telnet 更强大的认证机制，同时支持对传输会话数据进行加密。网络从业人士应该在所有需要使用 Telnet 的场合都选择使用 SSH，这是业内的最佳实践（即最好的做法）。

图 12-7 展示了 SSH 为什么比 Telnet 更加安全。读者可以看到使用明文传输的 Telnet 数据被黑客捕获，也可以看到黑客捕获了使用 SSH 传输的数据后发现是加密数据，因此 SSH 更加安全。

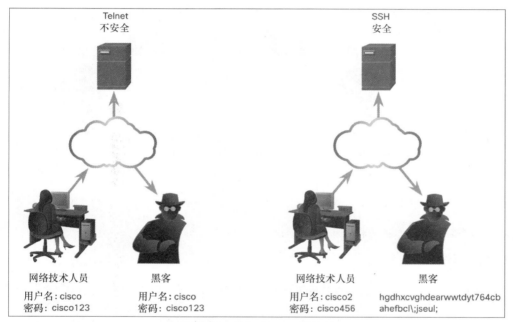

图 12-7　Telnet 与 SSH 的比较

12.6　电子邮件与即时消息

电子邮件是互联网上常用的一种客户端/服务器应用。电子邮件服务器会运行服务器软件，让服务器能够通过网络与客户端和其他电子邮件服务器进行交互。

12.6.1　电子邮件客户端和服务器

每个电子邮件服务器都会为用户接收并且保存电子邮件——这些用户会在电子邮件服务器上配置自己的电子邮箱。每个创建了电子邮箱的用户都需要使用一个电子邮件客户端来访问电子邮件服务器并且阅读这些消息。很多互联网消息系统都会使用基于网页的客户端来访问电子邮件。这类客户端包括 Microsoft 365、Yahoo!和 Gmail。

电子邮箱会使用形如 user@company.domain 的格式。

处理电子邮件时所使用的各种应用协议包括 SMTP、POPv3 和 IMAP4，如图 12-8 所示。

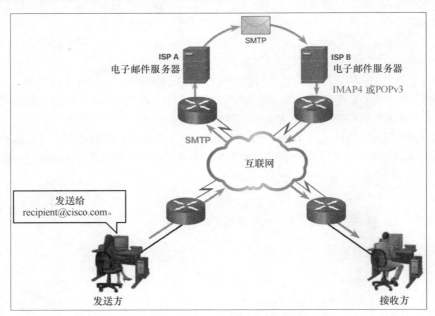

图 12-8　运行中的 SMTP、POPv3 和 IMAP4

12.6.2　电子邮件协议

电子邮件会使用各种协议来发送和检索消息。

1. 简单邮件传送协议

电子邮件客户端会使用**简单邮件传送协议（Simple Mail Transfer Protocol，SMTP）**来给本地电子邮件服务器发送消息。接下来，这台本地电子邮件服务器会判断这个消息是应该发送给本地电子邮箱，还是应该发送给另一台服务器上的电子邮箱。如果这台服务器还需要把消息发送给另一台服务器，就需要使用 SMTP 在两台服务器之间传输消息。SMTP 请求会被发送给 25 端口。图 12-9 显示了使用 SMTP 发送电子邮件的方式。

2. 邮局协议

支持**邮局协议（Post Office Protocol，POP）**客户端的服务器会把发送给其用户的消息保存下来。当客户端连接到这个电子邮件服务器的时候，消息就会下载到客户端。在默认情况下，当客户端已经访问过消息之后，消息就不会继续保存在这台服务器上。不过，用户也可以选择把电子邮件消息保存在服务器上。客户端会通过 110 端口来与 POPv3（Post Office Protocol version 3，邮局协议第 3 版）服务器进行通信。

3. 因特网信息访问协议

支持**因特网信息访问协议（Internet Message Access Protocol，IMAP）**客户端的服务器也可以把发送给其用户的消息保存下来。不过，IMAP 与 POP 的不同的地方在于，除非用户删除消息，否则 IMAP 会一直把消息保存在服务器的电子邮箱中。最新的 IMAP 版本是 IMAP4，它会在 143 端口侦听客户端的请求。

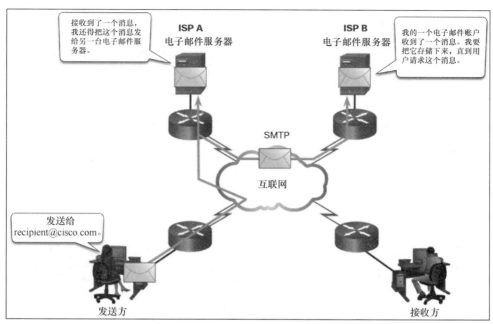

图 12-9 使用 SMTP 发送电子邮件的方式

各类网络操作系统平台拥有很多不同的电子邮件服务器。

12.6.3 文本消息

如图 12-10 所示，文本消息软件是如今最时髦的通信工具之一。不仅如此，文本消息软件内置在很多在线应用、智能手机应用、社交媒体站点中。

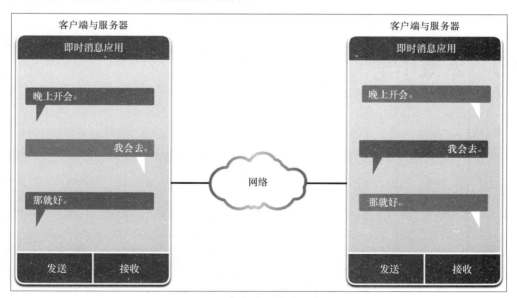

图 12-10 文本消息软件通信示例

文本消息也称为即时消息、直接消息、私人消息或者聊天消息。文本消息可以让用户通过互联网进行实时通信或者聊天。计算机上的文本消息服务往往要通过基于网页的客户端进行访问，而这类客户端多集成在社交媒体或者信息共享网站上。这些客户端一般只会和相同站点中的其他用户建立连接。

此外，也有很多独立的文本消息客户端，如 Cisco Webex Teams、Microsoft Teams、WhatsApp、Facebook Messenger 等。这些应用适用于大多数的操作系统和设备，而且它们一般都会提供移动版本。除了文本消息之外，这些客户端还支持传输文档、音频和其他类型的文件。

12.6.4　互联网电话呼叫

通过互联网来拨打电话变得愈来愈普遍。互联网电话客户端使用的是 P2P 的技术，类似于即时消息应用所采用的技术，如图 12-11 所示。IP 电话通信会使用 VoIP 技术把模拟语音信号转换为数字信号。语音数据被封装到 IP 数据包当中，用 IP 数据包在网络中承载语音信息。

图 12-11　VoIP 电话呼叫示例

在安装了 IP 电话软件之后，用户需要选择一个唯一的名称，这样用户拨打的电话才能被其他用户接听到。设备需要配备扬声器和麦克风，使用内置设备或者独立设备皆可。人们常常会把一个头戴式耳机（耳麦）插入计算机，把这台计算机当成一部电话使用。

用户可通过从列表中选择一个用户名的方式，把电话拨打给互联网上使用同一项服务的用户。如果要拨打给非 IP 的普通电话（无论是固定电话还是手机），就需要使用一个网关来接入公用电话交换网（Public Switched Telephone Network，PSTN）。根据服务的不同，这类呼叫可能需要付费。互联网电话通信应用所使用的协议和目的端口取决于用户使用的软件。

12.7　本章小结

下面是对本章各主题的总结。
■ 　**网络应用服务**
常用的服务器协议包括 DNS、SSH、SMTP、POP、IMAP、DHCP、HTTP 和 FTP。每一项服务都依靠 TCP/IP 协议栈中的服务在客户端和服务器之间进行通信。
■ 　**域名系统**
DNS 为主机提供了一种方式，让主机可以使用名称来请求对应服务器的 IP 地址。DNS 名称会在互联网上进行注册，并且会被组织到一个架构（或者域）中。互联网上常用的高级域是.com、.edu 和.net 等。

DNS 服务器包含一个表，表中的条目会把主机所在的域和对应的 IP 地址关联起来。当一个客户端获得了服务器（如网页服务器）的域名，但是需要服务器的 IP 地址时，它就会向 DNS 服务器的 53 端口发送一个请求。客户端会使用主机 IP 地址配置中的 DNS 设置部分所配置的 DNS 服务器 IP 地址来与 DNS 服务器进行通信。
■ 　**网页客户端与服务器**
当一个网页客户端接收到了一个网页服务器的 IP 地址，它的浏览器就会使用这个 IP 地址和 80 端口来请求网页服务。这个请求会通过 HTTP 发送给服务器。

当服务器接收到 80 端口的请求之后，服务器就会响应客户端请求，并且把网页发送给客户端。网页的内容会使用一种专门的标记语言进行编码，如 HTML、XML（Extensible Markup Language，可扩展标记语言）和 XHTML（Extensible Hypertext Markup Language，可扩展超文本标记语言）。标记语言的代码会告诉浏览器网页的格式，以及要使用的图片和字体。

■ **FTP 客户端与服务器**

FTP 提供了一种简单的方式来把文件从一台计算机传输到另一台计算机。一台运行 FTP 客户端软件的主机可以访问 FTP 服务器，从而执行各类文件管理功能。FTP 服务器可以让客户端在设备之间交换文件。它也可以让客户端通过发送文件管理命令（如 delete 或 rename）远程管理文件。

FTP 服务器会使用两个不同的端口实现客户端和服务器之间的通信。在 FTP 会话开始时，客户端会向服务器的 TCP 21 端口发送控制连接请求。在会话开始之后，服务器则会使用 TCP 20 端口来传输数据文件。

大部分客户端操作系统（如 Windows、macOS 和 Linux）都包含 FTP 的 CLI。也有图形化 FTP 客户端软件可以针对 FTP 提供简单的拖曳界面。

■ **虚拟终端**

Telnet 会提供一种标准的方式来通过数据网络模拟基于文本的终端设备。无论是协议本身，还是实现协议的客户端软件，都被称为 Telnet。Telnet 服务器会在 TCP 23 端口侦听客户端的请求。一条使用 Telnet 的连接就称为一条虚拟终端会话或者一条虚拟终端连接。如果使用 Telnet，人们就不是使用物理设备来连接这台服务器，而是使用软件创建出一台虚拟设备，但是这台设备可以提供和终端会话相同的特性，让用户可以访问到服务器的 CLI。

在 Telnet 连接建立起来之后，用户就可以在服务器上执行所有授权的功能——就像用户在这台服务器本地使用命令行一样。但 Telnet 并不支持对传输的数据进行加密。SSH 定义了安全远程登录和其他安全网络服务的结构。它还提供比 Telnet 更强大的认证机制，同时支持对传输会话数据进行加密。

■ **电子邮件与即时消息**

每个电子邮件服务器都会为用户接收并且保存电子邮件——这些用户会在电子邮件服务器上配置自己的电子邮箱。每个创建了电子邮箱的用户都需要使用一个电子邮件客户端来访问电子邮件服务器并且阅读这些消息。很多互联网消息系统都会使用基于网页的客户端来访问电子邮件。处理电子邮件时所使用的各种应用协议包括 SMTP、POPv3 和 IMAP4。

电子邮件客户端会使用 SMTP 来给本地电子邮件服务器发送消息。接下来，这台本地电子邮件服务器会判断这个消息是应该发送给本地电子邮箱，还是应该发送给另一台服务器上的邮箱。如果这台服务器还需要把消息发送给另一台服务器，就需要使用 SMTP 在两台服务器之间传输消息。SMTP 请求会被发送给 25 端口。

支持 POP 客户端的服务器会把发送给其用户的消息保存下来。当客户端连接到这个电子邮件服务器的时候，消息就会被下载到客户端。默认情况下，在客户端已经访问过消息之后，服务器就会删除消息。客户端会通过 110 端口来与 POPv3 服务器进行通信。

IMAP 与 POP 不同的地方在于，除非用户删除消息，否则 IMAP 会一直把消息保存在服务器的电子邮箱中。最新的 IMAP 版本是 IMAP4，它会在 143 端口侦听客户端的请求。

文本消息软件是如今最时髦的通信工具之一。文本消息也称为即时消息、直接消息、私人消息或者聊天消息。文本消息可以让用户通过互联网进行实时通信或者聊天。计算机上的文本消息服务往往要通过基于网页的客户端进行访问。此外，也有很多独立的文本消息客户端。

互联网电话客户端使用的是 P2P 的技术，类似于即时消息应用所采用的技术。IP 电话通信会使用 VoIP 技术把模拟语音信号转换为数字信号。把语音数据封装到 IP 数据包当中，用 IP 数据包在网络中承载语音信息。

习题

完成下面的习题可以测试出你对本章内容的理解水平。附录中会给出这些习题的答案。

1. 一位新员工正在配置一部手机来连接公司的电子邮件服务器。如果使用 POPv3 来访问电子邮件服务器上存储的消息，这位员工应该选择下列哪个端口号？

    A. 69   B. 25   C. 143   D. 110

2. 对比使用 Telnet，使用 SSH 的优势有哪些？

    A. SSH 提供访问主机的安全通信   B. SSH 支持对连接请求进行认证

    C. SSH 比 Telnet 更快   D. SSH 使用更加简单

3. 下列哪种协议可以在本地客户端设备的用户已经访问过消息之后，依然在服务器的电子邮箱中保留消息？

    A. IMAP4   B. POPv3   C. SMTP   D. DNS

4. 一位新员工正在配置一部手机来连接公司的电子邮件服务器。如果使用 IMAP4 来访问电子邮件服务器上存储的消息，这位员工应该选择下列哪个端口号？

    A. 25   B. 69   C. 110   D. 143

5. 下列哪种协议可以用来从服务器向客户端传输网页？

    A. HTTP   B. POPv3   C. SMTP   D. SSH

    E. HTML

6. 发送方的电子邮件服务器向接收方的电子邮件服务器转发了一些消息。如果使用 SMTP 从一台 SMTP 服务器向另一台 SMTP 服务器转发电子邮件消息，应该使用下列哪个端口？

    A. 25   B. 143   C. 23   D. 110

7. 下列哪种协议可以让用户输入 www.cisco.com 来访问网页服务器，而不需要输入服务器的 IP 地址？

    A. SNMP   B. HTML   C. HTTP   D. DNS   E. FTP

8. 下列哪种通信工具可以让多个用户使用智能手机应用或者社交媒体站点来相互进行实时通信？

    A. 即时通信   B. 网页邮件   C. 博客   D. 电子邮件

9. 一位员工尝试通过 Telnet，使用虚拟终端会话远程访问一个计算机系统。这位员工应该在远程访问软件中输入下列哪个目的端口号？

    A. 20   B. 110   C. 23   D. 69

10. 下列哪些描述了 FTP 连接的特征？（选择 2 项）

    A. 一个大型文件需要在客户端和服务器之间建立两条连接才能成功完成下载

    B. 服务器会和客户端建立一条连接来传输控制流量，包括服务器的命令和客户端的响应

    C. 可以向服务器上传文件，也可以从服务器下载文件

    D. 建立的第一条连接是为了进行流量控制，第二条连接则是为了传输文件

    E. 客户端需要运行一个守护程序才能和服务器建立 FTP 连接

11. 网页服务器会使用下列哪个协议来提供网页？

    A. FTP   B. POPv3   C. HTTP   D. IMAP4

12. 下列哪个协议会在客户端访问过消息之后，从服务器上将消息删除？

    A. POPv3   B. DNS   C. IMAP4   D. SMTP

第 13 章

搭建一个家庭网络

学习目标

在完成本章的学习后，读者应有能力回答下列问题。

- 搭建一个家庭网络的组件都有哪些？
- 有线和无线技术有哪些？
- Wi-Fi 是什么？
- 如何控制无线流量？
- 如何配置无线设备来建立安全的通信？

到目前为止，读者已经建立了一个 P2P 网络。读者也已经对更加复杂的网络有所了解。现在，是时候把我们学到的知识和技能付诸实践了！

如果读者已经组建过家庭网络，那么本章介绍的内容可以帮助读者进行复习，因为家庭网络也需要从很多技术中进行选择。如果读者迄今为止还没有组建过这样的网络，本章则会提供读者需要掌握的知识。

13.1 家庭网络基础知识

不久之前，家庭网络还是由一台 PC、一个互联网调制解调器，或许还有一台打印机等组成的。然而在当今的家庭网络中，大量设备都依赖网络连通性。我们可以从智能手机的 App 上查看安全摄像头，可以从 PC 上拨打电话，也可以在世界上任何一个角落观看流媒体直播视频。

13.1.1 连接家庭设备

家庭网络是一种小型 LAN，网络中的设备会通过一台家用路由器相互连接以交互信息。这台家用路由器则会连接到互联网，如图 13-1 所示。家用路由器一般都会同时配备有线和无线功能。相较于传统的有线技术，无线技术有更多优势。

无线技术的优势包括下列几点。

- **移动性**：固定和移动客户端都更容易与互联网建立连接。
- **可扩展性**：我们可以轻松地对无线网络进行扩展，让更多用户连接进来，增加网络覆盖的区域。
- **灵活性**：可以随时、随地提供网络的连通性。
- **节约成本**：随着技术逐渐成熟，设备成本不断下降。
- **减少安装时间**：安装一台设备就可以给大量人员提供网络连通性。
- **在严峻环境中更加可靠**：在紧急和恶劣的环境中很容易安装。

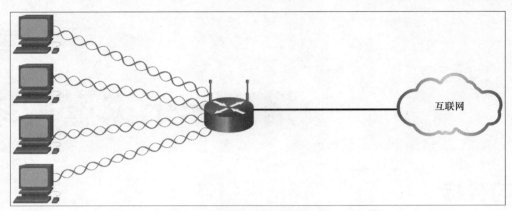

图 13-1 家用路由器把多台主机连接到互联网

无线技术的一大优势在于能够随时、随地提供网络连通性。在家庭 LAN 环境中，诸如智能手机和平板电脑等都是移动设备。电视和其他音视频设备或许可以安装在固定的位置，因此才有可能受益于有线网络。

无线技术安装比较简单，安装成本也比较低。而且家庭和商业无线设备的成本正在不断降低。虽然成本有所降低，但是这些设备的数据传输速率和性能都在增加，因此可以实现更快、更可靠的无线连接。

无线技术可以让网络轻松地实现扩展，而不会受到有线连接的限制。新用户和访客都可以迅速、轻松加入网络当中。

13.1.2 家庭网络的组件

除了集成路由器之外，很多不同类型的设备都可以连接家庭网络，如图 13-2 所示。

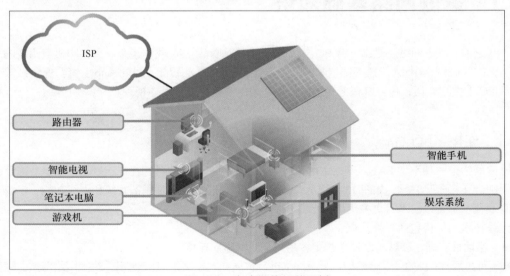

图 13-2 家庭网络组件示例

下面是家庭网络组件的一些示例：

- 台式计算机；
- 游戏机；
- 智能电视；

- 打印机；
- 扫描仪；
- 安全摄像头；
- 电话；
- 温度控制设备。

随着新的技术进入市场，更多家用功能需要依靠网络提供连通功能和控制。

13.1.3 典型的家用路由器

小型企业和家用路由器一般有以下两种主要的端口。

- **以太网端口**：这种端口会连接到路由器内部的交换部分。这种端口一般会被标记为 "Ethernet"或 "LAN"，如图 13-3 所示。所有连接交换机端口的设备都处于同一个本地网络中。
- **互联网端口**：这种端口用来把设备连接到另一个网络。它会把路由器连接到不同于以太网端口的网络。互联网端口一般会连接到有线或 DSL（Digital Subscriber Line，数字用户线）调制解调器，以访问互联网。

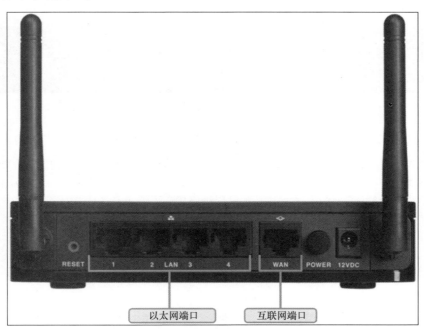

图 13-3 家用路由器的后面板

除了有线端口之外，很多家用路由器都包含无线电天线和内置的 WAP。在默认情况下，无线设备和物理上连接 LAN 端口的设备处于同一个本地网络中。在默认配置中，互联网端口是唯一处于不同网络中的端口。

13.2 家中的网络技术

如果没有无线技术会是什么情况呢？因为能够使用无线技术连接到互联网的产品不断增加，所以大多数家庭网络都包含某些无线网络的功能。

13.2.1 电磁频谱

无线技术会使用电磁波在设备之间承载信息。电磁频谱中包含电视和无线电波段、可见光波段、X 射线和 γ 射线波段等。它们都有各自的波长和能量范围，如图 13-4 所示。

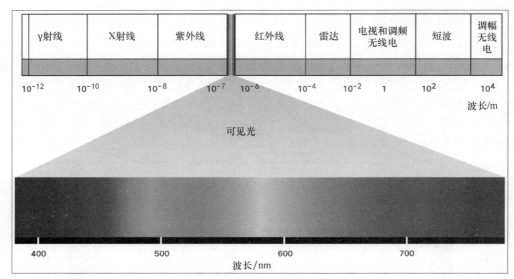

图 13-4　电磁频谱

有一些类型的电磁波不适合承载数据。适合承载数据的电磁波段由政府进行管理，政府会把这些波段授权给各类组织机构用于一些专门的应用。电磁频谱的某些波段被开放给了社会，让人们不需要申请特别许可就可以使用。这些不需要许可的波段被应用在了消费者产品当中，其中包括大多数家庭网络都配备了的 Wi-Fi 路由器。

13.2.2 LAN 无线频率

家庭网络中使用最为频繁的无线频段是不需要授权的 2.4GHz 和 5GHz 频段。

蓝牙是一种利用 2.4GHz 频段的技术。这种技术仅限于低速、短距的通信，它的优势是可以同时和大量设备进行通信。这种一对多的通信方式让蓝牙技术成为连接计算机外围设备非常常用的方式，如无线鼠标、无线键盘和无线打印机。蓝牙也是向扩音器或者头戴式耳机传输音频的有效技术。

其他使用 2.4GHz 和 5GHz 频段的技术都是符合各类 IEEE 802.11 标准的无线局域网（Wireless Local Area Network，WLAN）技术。IEEE 802.11 标准与蓝牙标准的不同之处在于，前者会用更高的功率进行传输，从而提供更大的范围和更高的吞吐量。

图 13-5 显示了无线技术所使用的频率在电磁频谱中的位置。

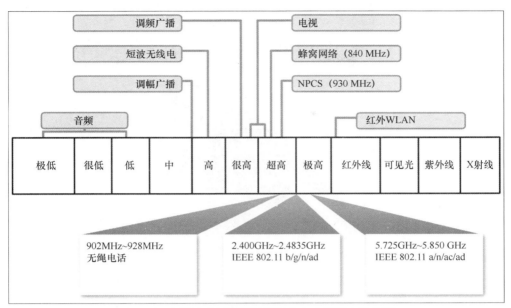

图 13-5　无线技术所使用的频率在电磁频谱中的位置

13.2.3　有线网络技术

虽然很多家庭网络设备都支持无线通信，但是对一部分应用来说，设备仍然更适合连接有线交换机，而不和网络中的其他用户共享网络媒介。

实施最广泛的有线协议之一是以太网协议。以太网使用了一个协议栈，可以让网络设备通过一条 LAN 连接进行通信。以太网 LAN 可以使用很多不同类型的有线媒介来连接设备。

直连设备一般会使用以太网接线——通常是 UTP。我们在购买这类线缆的时候，可以购买已经安装了 RJ-45 连接头的接线，可以选择的线缆长度也很多。最近装修过的家庭可能已经在墙上安装了一些以太网接口。那些没有连接有线 UTP 的家庭，也可以用其他技术（比如电线）在家中建立有线连接。

1.　5e 类线缆

5e 类线缆（见图 13-6）是 LAN 环境中常用的线缆。这类线缆由 4 对相互绞合的电线组成，绞合电线的目的是减少电子干扰。

图 13-6　5e 类线缆

2.　同轴电缆

同轴电缆（见图 13-7）是用管状绝缘层和管状导电屏蔽层包裹的电线。大多数同轴电缆都配备有外部绝缘护套。

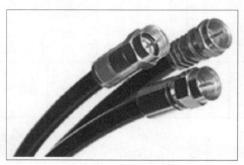

图 13-7　同轴电缆

3.　通过电线组建以太网

家里现成的电线也可以把设备连接到以太网 LAN 中，如图 13-8 所示。

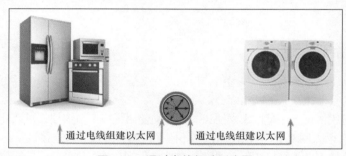

图 13-8　通过电线组建以太网

13.3　无线标准

人们陆续开发了一系列标准来确保无线设备之间可以相互通信。这些标准定义了可使用的 RF（Radio Frequency，无线电频率）波段、数据传输速率，以及信息传输的方式等。负责创建无线标准的主要机构就是 IEEE。

13.3.1　Wi-Fi 网络

IEEE 802.11 标准界定了 WLAN 环境。IEEE 802.11 标准的各个修正版本描述了不同无线通信的特征。LAN 无线标准使用的是 2.4 GHz 和 5GHz 的频段。这些技术统称为 Wi-Fi。

还有一个名为 Wi-Fi 联盟（Wi-Fi Alliance）的组织机构负责对不同厂商生产的 WLAN 设备进行测试。设备上的 Wi-Fi 标志就表示这台设备满足标准，可以使用相同的标准和其他设备进行通信。

无线标准还在不断提升 Wi-Fi 网络的连通性和数据传输速率。读者有必要了解新推出的标准，因为无线设备厂商很快就会在他们新推出的产品中实施这些标准。

你家中有无线网络吗？你知道自己的无线路由器支持哪些标准吗？

13.3.2 无线设置

Packet Tracer 基本无线设置界面如图 13-9 所示。使用 IEEE 802.11 标准的无线路由器需要对很多设置进行配置。这些设置包括如下几个。

- **Network Mode：网络模式**。用于设置必须支持的技术类型，比如 IEEE 802.11b、IEEE 802.11g、IEEE 802.11n 或混合模式。
- **Network Name（SSID）：网络名称**。设置 WLAN 的名称。所有希望连接这个 WLAN 的设备都必须拥有相同的 SSID（Service Set Identifier，服务集标识符）。
- **Standard Channel：标准信道**。用于设置通信使用的信道。在默认情况下，这里应该设置为 Auto（自动），让 AP（Access Point，接入点）可以确定要使用的最理想的信道。
- **SSID Broadcast：SSID 广播**。用于设置是否要把 SSID 广播给范围内的所有设备。在默认情况下，这里会设置为 Enabled（启用）。

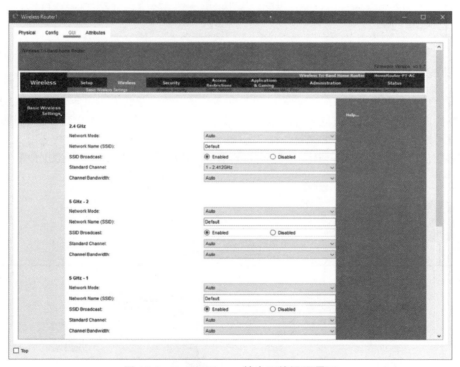

图 13-9　Packet Tracer 基本无线设置界面

根据不同的无线网络环境，IEEE 802.11 标准可以提供不同的吞吐量。如果所有无线设备都使用相同的 IEEE 802.11 标准来建立连接，那么这些设备就可以获得这种标准下最大的数据传输速率。如果 WAP 配置为只接受某一种 IEEE 802.11 标准，那么不使用这种标准的设备就无法连接到这个 WAP。

混合模式的无线网络环境可以包含使用所有当前 Wi-Fi 标准的设备。这种环境可以让那些需要连接到无线网络，但是并不支持最新版本的标准的设备轻松连接到网络中。

如果你正在组建一个无线网络，那就要保证你的无线组件都连接到了正确的 WLAN。这需要通过 SSID 来保证。

SSID 是一种区分大小写的、由字母和数字组成的字符串，最多可以包含 32 个字符。SSID 会封装在所有通过 WLAN 传输的数据帧头部。SSID 用来告诉被称为无线工作站（STA）的无线设备，它们属于哪个 WLAN，以及它们可以和哪些设备进行通信。

我们可以使用 SSID 来标识一个无线网络，SSID 实际上也就是这个网络的名称。无线路由器通常默认会把它们配置的 SSID 广播出去。SSID 广播可以让其他设备和无线客户端自动发现这个无线网络的名称。如果禁用了 SSID 广播，我们就必须在无线设备上手动输入对应的 SSID。

禁用 SSID 广播会让合法客户端更难找到这个无线网络。不过，仅仅关闭 SSID 广播也并不足以防止未经授权的客户端连接到这个无线网络中。所有无线网络都应该使用尽可能安全的加密方式来限制未经授权的访问。

13.4　无线流量控制

通过相同频率传输数据的无线设备会在 Wi-Fi 网络中产生干扰。很多家用电子设备（包括无绳电话）、其他无线网络和婴儿监控设备都有可能使用相同的频率。这些设备会降低 Wi-Fi 的性能，甚至有可能导致网络连接中断。

13.4.1　无线信道

人们建立信道是通过分隔 RF 波段来实现的。每条信道都可以承载不同的会话，如图 13-10 所示。这就像不同的电视频道可以通过同一种网络媒介进行传输一样。只要多个 AP 使用不同的信道进行通信，它们就可以部署得很近。一般来说，每个无线会话都会使用独立的信道。有些使用 5GHz 的无线技术会把多个信道组合在一起，创建出一个更宽的信道，从而提供更高的带宽和数据传输速率。

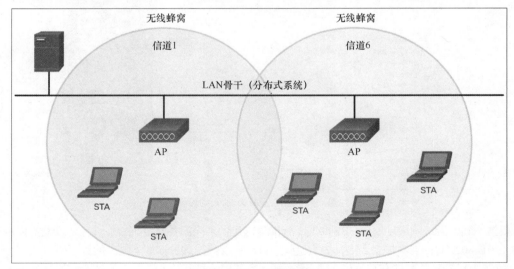

图 13-10　无线信道

13.4.2　共享无线媒介

在共享的以太网有线网络中，如果两台或者多台设备同时尝试在网络中发送消息，网络中就会发生冲突。以太网协议会检测到冲突，这时所有设备都会在一段时间内停止数据传输，以确保没有其他争用媒介的情况发生。

因为 WLAN 并没有明确定义的边界，所以 WLAN 不可能检测出传输的过程中是否发生了冲突。因此，我们就有必要在无线网络中使用一种接入方式来确保不会发生冲突。

无线技术使用一种叫作带冲突避免的载波感应多路访问（Carrier Sense Multiple Access with Collision Avoidance，CSMA/CA）的接入机制。虽然两台无线设备所发送的无线信号都有可能足够强，强到足以和 AP 完成通信，但是它们没法接收到其他设备的信号。出于这种原因，设备也就无法检测到冲突，它们只能试着去避免冲突。而避免冲突需要无线设备和 AP 之间使用确认消息来实现。

IEEE 802.11 标准的数据帧中的字段可以帮助 WLAN 中的设备判断共享的无线媒介当前是否空闲。

设备可以使用一种可选的机制在共享的无线媒介中使用一条特定的信道。如果设备需要使用一个无线媒介，它就必须向其他节点请求许可。这个过程称为请求发送（Request to Send，RTS）。无线设备或者 AP 都可以发送 RTS。如果信道是可用的，那么无线 AP 就会通过允许发送（Clear to Send，CTS）消息来告知无线设备可以在信道中传输数据。CTS 是一种发送给网络中所有设备的广播消息。如此，网络中的所有设备也就都知道了那台设备所请求的信道已经在使用了。

只要无线设备或者 AP 接收到了一个 IEEE 802.11 数据帧，这台设备或 AP 就会返回一个确认（Acknowledgement，ACK）消息。ACK 消息是在告知发送方，它发送的 IEEE 802.11 数据帧已经被成功接收，过程中没有发生冲突。

13.5 设置一台家用路由器

很多无线路由器是为了在家庭环境中使用而推出的，这类无线路由器有一个自动化设置工具，可以用来在路由器上完成基本的设置。这些工具往往需要用一台 PC 连接路由器的有线端口。如果没有设备可以建立有线连接，我们就需要先在 PC 上配置无线客户端软件。

13.5.1 首次设置

要想用有线连接来连接路由器，我们需要把以太网线缆的一端插入计算机的网络端口，把另一端插入路由器的 LAN 端口，但不要插入标记"Internet"（互联网）的端口。互联网端口会连接到 DSL 或者有线宽带调制解调器。有线家用路由器可能使用内置的调制解调器来连接互联网。如果路由器包含调制解调器，我们应该验证一下互联网服务的连接类型是否设置正确。有线宽带调制解调器拥有连接 BNC 接口的同轴端子。DSL 连接则会使用电话线缆，同时常使用 RJ-11 端口。

在确认计算机连接到了路由器，而且计算机 NIC 上的链路灯亮起（表示连接正常）之后，现在这台计算机需要一个 IP 地址。大多数路由器在经过设置之后，都会通过内部自动配置的 DHCP 服务器来为计算机分配 IP 地址。如果计算机没有获得 IP 地址，可以阅读一下路由器的说明书，通过设置路由器上的 DHCP 服务器给 PC 配置唯一的 IP 地址、子网掩码、默认网关和 DNS 信息。

13.5.2 设计方面需要考虑的因素

在进入配置工具或者通过网页浏览器手动配置路由器之前，我们应该思考一下这个网络应该如何使用。没有人希望自己对路由器所做的配置，会限制自己在网络中能够采取的操作，也没有人希望自已组建的网络没有配备任何安全保护措施。

- **我的网络应该如何命名？** 如果启用了 SSID 广播，那么信号范围内的所有无线客户端都会"看到"这个 SSID。SSID 时常会向未知客户端设备泄露过多关于这个网络的信息。因此，我们最好不要把无线路由器的设备型号或者品牌名包含在 SSID 当中，毕竟无线路由器的默认设置和安全漏洞在互联网上俯拾即是。
- **哪种类型的设备会连接到我的网络？** 无线路由器包含无线发送器/接收器，它们可以在一个频率范围内发送和接收无线信号。如果一台设备的无线功能仅符合 IEEE 802.11 b/g 标准，但是无线路由器或者 AP 只支持 IEEE 802.11n 或者 IEEE 802.11ac 标准，那么这台设备就无法建立连接。如果所有设备都支持相同的标准，那么网络就会工作在最优速率下。如果家用的设备不支持 IEEE 802.11n 或 IEEE 802.11ac 标准，我们就必须启用传统模式。不同型号路由器的传统模式的无线网络环境也各不相同，但是它们都会支持 IEEE 802.11a、IEEE 802.11b、IEEE 802.11g、IEEE 802.11n 和 IEEE 802.11ac 标准中的某个或者某些标准。这种环境可以让需要建立连接的旧设备轻松连接到网络当中。

图 13-11 所示为 Packet Tracer 的 WLAN 配置示例。

注 释　有些无线路由器会把传统模式（legacy mode）写作混合模式（mixed mode）。

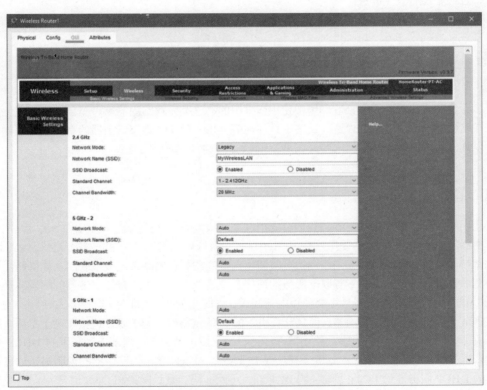

图 13-11　Packet Tracer 的 WLAN 配置示例

13.5.3　MAC 地址过滤

在规划网络使用方式时，我们应该确定哪些人可以接入我们的家庭网络。很多路由器都支持 MAC

地址过滤。如图 13-12 所示，MAC 地址过滤可以让我们准确地设置哪些人可以连接到这个无线网络。比如，图 13-12 中顶部的两台设备可以连接，但是右下方的设备则不能连接。我们只需要把右下方设备的 MAC 地址添加到无线客户端 MAC 地址列表中，这台设备就可以连接到网络中。这里需要注意的是，MAC 地址过滤并不能在实质上提升整个网络的安全性。网络安全需要通过防火墙或者其同类设备来加以保障。

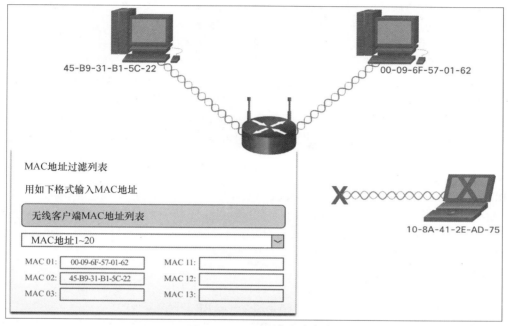

图 13-12　MAC 地址过滤

　　MAC 地址过滤可以让无线网络接入变得安全一些，但是这种做法也会降低新设备连接到这个网络的灵活性。比如，如果我们想让朋友和家人使用任何设备连接这个网络，我们就很难在路由器上配置 MAC 地址过滤，就算可以配置也会耗费大量时间。

　　在一些无线路由器上，我们可以设置访客接入。访客接入需要配置一种特殊的 SSID 覆盖区域，它允许人们接入，但是只允许通过这种方式接入的人员连接互联网。访客用户不能连接受保护 LAN 中的设备。不过，并不是所有无线路由器都支持这种功能。读者可以在 IEEE 路由器厂商的网站上查询自己的路由器是否可以创建访客 SSID。

　　如果路由器上没有访客模式，我们就必须在这台路由器上限制哪些人可以通过路由器的认证。无线路由器所采用的认证方式需要人们通过密码连接到 SSID。我们可以把非广播 SSID 和密码组合起来使用，以确保访客需要我们提供的信息才能接入家庭网络中。

13.6　本章小结

　　下面是对本章各主题的总结。

■　**家庭网络基础知识**

　　家庭网络是一种小型 LAN，网络中的设备会通过一台家用路由器相互连接以交互信息。这台家用路由器则会连接到互联网。家用路由器一般都会同时配备有线和无线功能。很多不同类型的设备都可以连接家庭网络。小型企业和家用路由器一般有两种主要的端口：以太网端口和互联网端口。

除了有线端口之外，很多家用路由器都包含无线电天线和内置的 WAP。在默认情况下，无线设备和物理上连接 LAN 端口的设备处于同一个本地网络中。在默认配置中，互联网端口是唯一处于不同网络中的端口。

■ **家中的网络技术**

无线技术会使用电磁波在设备之间承载信息。电磁频谱包含无线电和电视广播波段、可见光波段、X 射线和 γ 射线波段等。它们都有一个波长和能量范围。

家庭网络中使用最为频繁的无线频段是不需要授权的 2.4GHz 和 5GHz 频段。蓝牙是一种利用 2.4GHz 频段的技术。这种技术仅限于低速、短距离的通信，它的优势是可以同时和大量设备进行通信。其他使用 2.4GHz 和 5GHz 频段的技术都是如今符合各类 IEEE 802.11 标准的 WLAN 技术。IEEE 802.11 标准与蓝牙的不同之处在于，前者会用更高的功率进行传输，从而提供更大的范围和更高的吞吐量。

以太网使用了一个协议栈，可以让网络设备通过一条 LAN 连接进行通信。以太网 LAN 可以使用很多不同类型的有线媒介来连接设备。此外，人们也可以用其他技术（比如电线）在家中建立有线连接。

■ **无线标准**

IEEE 802.11 标准界定了 WLAN 环境。IEEE 802.11 标准的各个修正版本描述了不同无线通信的特征。LAN 无线标准使用的是 2.4 GHz 和 5GHz 的频段。这些技术统称为 Wi-Fi。

使用 IEEE 802.11 标准的无线路由器需要对很多设置进行配置。这些设置包括 Network Mode、Network Name (SSID)、Standard Channel 和 SSID Broadcast。

■ **无线流量控制**

通过相同频率传输数据的无线设备会在 Wi-Fi 网络中产生干扰。这些设备会降低 Wi-Fi 的性能，甚至有可能导致网络连接中断。人们建立信道是通过分隔 RF 波段来实现的。

因为 WLAN 并没有明确定义的边界，所以 WLAN 不可能检测出传输的过程中是否发生了冲突。因此，我们就有必要在无线网络中使用一种接入方式来确保冲突不会发生。CSMA/CA 给两台设备之间的会话创建了一种信道保留机制。在保留信道的情况下，其他设备都不会在这个信道中传输数据，这样就避免了冲突的发生。

■ **设置一台家用路由器**

要想用有线连接来连接路由器，我们需要把以太网线缆的一端插入计算机的网络端口，把另一端插入路由器的 LAN 端口。互联网端口会连接到 DSL 或者有线宽带调制解调器。有线宽带调制解调器拥有连接 BNC 接口的同轴端子。DSL 连接则会使用电话线缆，同时常使用 RJ-11 端口。

在确认计算机连接到了路由器，而且计算机 NIC 上的链路灯亮起（表示连接正常）之后，现在这台计算机需要一个 IP 地址。大多数路由器在经过设置之后，都会通过内部自动配置的 DHCP 服务器来为计算机分配 IP 地址。

如果启用了 SSID 广播，那么信号范围内的所有无线客户端都会"看到"这个 SSID。最好不要把无线路由器的设备型号或者品牌名包含在 SSID 当中，毕竟无线路由器的默认设置在互联网上俯拾即是。

无线路由器包含无线发送器/接收器，它们可以在一个频率范围内发送和接收无线信号。如果一台设备的无线功能仅符合 IEEE 802.11 b/g 标准，但是无线路由器或者 AP 只支持 IEEE 802.11n 或者 IEEE 802.11ac 标准，那么这台设备就无法建立连接。如果所有设备都支持相同的标准，那么网络就会工作在最优速率下。如果家用的设备不支持 IEEE 802.11n 或 IEEE 802.11ac 标准，我们就必须启用传统模式。不同型号路由器的传统模式的无线网络环境也各不相同，但是它们都会支持 IEEE 802.11a、IEEE 802.11b、IEEE 802.11g、IEEE 802.11n 和 IEEE 802.11ac 标准中的某个或者某些标准。

很多路由器都支持 MAC 地址过滤。这可以让无线网络接入变得安全一些，但是这种做法也会降低新设备连接这个网络的灵活性。在一些无线路由器上，我们可以设置访客接入。访客接入需要配置一种特殊的 SSID 覆盖区域，它允许人们接入，但是只允许通过这种方式接入的人员连接互联网。访客用户不能连接受保护 LAN 中的设备。无线路由器所采用的认证方式需要人们通过密码连接到 SSID。我们可以把非广播 SSID 和密码组合起来使用，以确保访客需要我们提供的信息才能接入家庭网络中。

习题

完成下面的习题可以测试出你对本章内容的理解水平。附录中会给出这些习题的答案。

1. 下列哪句话描述了无线网络安全的特征？（选择 2 项）

    A. 无线访客模式可以为受保护的 LAN 提供开放接入

    B. 如果禁用了 SSID 广播，攻击者就必须先知道 SSID 才能连接这个无线网络

    C. 攻击者需要在物理上接入至少一台网络设备才能发起攻击

    D. 无线网络可以提供和有线网络相同的安全特性

    E. 在 WAP 上使用默认 IP 地址可以让黑客入侵变得更加轻松

2. 下列哪种网络技术多用来在设备之间建立低速通信？

    A. IEEE 802.11   B. 蓝牙   C. 信道   D. 以太网

3. 家庭 WLAN 中使用的是下列哪些频段？（选择 2 项）

    A. 9MHz   B. 5GHz   C. 2.4GHz   D. 900GHz   E. 5MHz

4. 一位同学尝试接入一个 IEEE 802.11n 标准的无线网络。下列哪种方法会被用来管理这个无线网络中争用媒介的情形？

    A. 优先级排序   B. 令牌环传输   C. CSMA/CD   D. CSMA/CA

5. 下列哪种用户终端设备通常会连接到家用无线路由器的以太网端口？

    A. 台式计算机   B. DSL 调制解调器   C. 无线天线   D. 有线宽带调制解调器

6. 家用用户实施 Wi-Fi 的目的是下列哪一项？

    A. 把无线耳机连接到一台移动设备上

    B. 创建一个可以让其他设备使用的无线网络

    C. 收听各类无线广播电台

    D. 把一个键盘连接到 PC 上

7. 下列哪种类型的无线通信是基于 IEEE 802.11 标准的无线通信？

    A. 蜂窝 LAN   B. 红外线   C. Wi-Fi   D. 蓝牙

8. 在可选的保留进程中，客户端会向 AP 发送下列哪种消息来保留信道？

    A. RTS   B. ACK   C. CTS   D. RTC

9. 下列哪种技术可以让访客的移动设备连接到无线网络中，同时只允许这些设备访问互联网？

    A. 认证   B. 访客 SSID   C. 加密   D. MAC 地址过滤

第 14 章

连接到互联网

学习目标

在完成本章的学习后，读者应有能力回答下列问题。
- ISP 连接方式有哪些?
- 网络虚拟化的目的和特点是什么?
- 如何为移动用户配置无线连接?

你会在云中存储音乐、照片、文件和其他数据吗? 有很多公司都为他们的客户提供这种服务。虚拟化和云的出现使他们能够做到这一点。除了存储之外，云还可以提供很多其他的服务。请继续阅读，了解网络中这个不断增长的部分。

14.1 ISP

互联网服务提供商（Internet Service Provider，ISP）提供了一条链路将家庭网络和互联网连接在一起。ISP 可以是本地线缆提供商、固定电话服务提供商、提供智能手机服务的蜂窝移动通信网络服务提供商，也可以是独立提供商，即租用另一家公司的物理网络基础设施上的带宽的提供商。

14.1.1 ISP 服务

有很多 ISP 也为他们的合同用户提供一些额外服务，如图 14-1 所示。这些服务包括电子邮件账户和网页托管等。

ISP 对于互联网通信至关重要。每个 ISP 都连接了其他 ISP，从而形成了将全球所有用户互联在一起的网络链路。多个 ISP 以层级化的方式相连，这样就确保了从源到目的地的互联网流量通常会使用最短路径。

互联网骨干网类似一个信息高速公路，它提供了高速数据链路来连接位于世界各大主要城市的不同 ISP 网络。用来连接互联网骨干网的主要媒介是光缆。光缆通常铺设在地下并连接各大洲内的城市。光缆也会铺设在海底，用来连接各大洲、各个国家和城市。

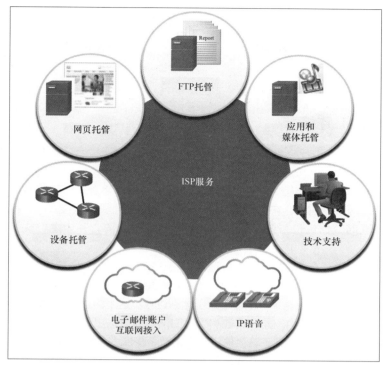

图 14-1 ISP 服务

14.1.2 ISP 连接

构成互联网骨干网的 ISP 连接是一个复杂的光缆网络，由价格昂贵的交换机和路由器构成，并且由这些网络设备来传输从源主机到目的主机的数据流。普通的家庭用户对于家庭网络之外的基础设施了解较少。对于家庭用户来说，连接到互联网是一个相当简单的过程。

图 14-2 的上半部分展示了一个最简单的 ISP 连接方式，这个连接由一台调制解调器构成，它直接将一台 PC 连接到 ISP。但是你不该使用这个连接方式，因为这样的话你的 PC 无法在互联网中得到保护。

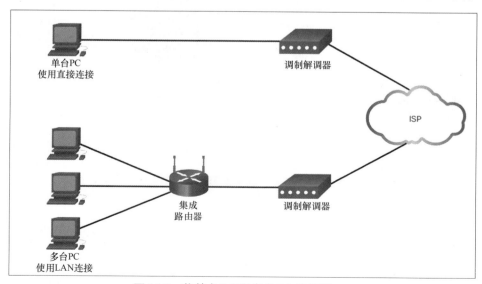

图 14-2 将单台 PC 和多台 PC 连接到 ISP

如图 14-2 的下半部分所示，我们需要使用集成路由器将 PC 安全地连接到 ISP。这是最常见的连接方式。这个连接方式由连接到互联网的无线路由器构成。这台路由器内包含一个交换机和一个 WAP，交换机用来连接有线主机，WAP 用来连接无线主机。路由器也为内部主机提供客户端 IP 地址信息和安全保护。

14.1.3 电缆和 DSL 连接

图 14-3 中展示了个人用户、小型办公室和家庭用户常用的连接方式。有以下两个常见的连接方式。

- **电缆（cable）**：通常由有线电视服务提供商提供，由传递有线电视信号的同一条同轴电缆来承载互联网数据信号。它提供了具有高带宽的永久互联网连接。一个特殊的电缆调制解调器将互联网数据信号与该电缆上承载的其他信号分离，并为主机或 LAN 提供以太网连接。
- **DSL**：DSL 提供具有高带宽的永久互联网连接。它需要使用一个特殊的高速率调制解调器将 DSL 信号与电话信号分离，并为主机或 LAN 提供以太网连接。DSL 运行在电话线路上，这条线路分出了 3 个信道。第一个信道用于电话语音。这个信道允许用户接听电话，而无须中断互联网连接。第二个信道是一个速率更高的下载信道，用于接收来自互联网的信息。第三个信道用来发送或上传信息。这个信道的速率通常略低于下载信道的速率。DSL 连接的数据传输质量和速率主要取决于电话线路的质量，以及与电话公司中心局的距离。与中心局的距离越远，DSL 连接的数据传输速率越慢。

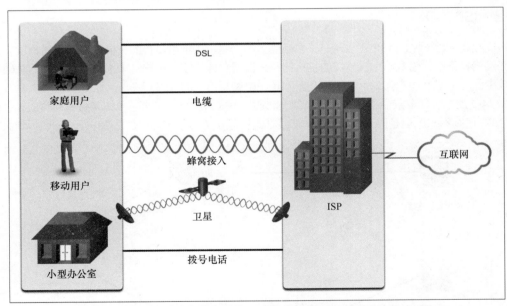

图 14-3　适用于个人用户、小型和家庭办公室的互联网连接方式

14.1.4 其他连接方式

还有一些适用于家庭用户的其他 ISP 连接方式。

- **蜂窝接入**：蜂窝互联网接入使用手机网络进行连接。只要你能搜索到蜂窝信号，就能通过蜂窝连接互联网。连接的性能受限于手机的性能，以及手机所连接的蜂窝塔。蜂窝互联网接入对于一些情况来说非常有用，比如人们除此之外无法获得任何其他互联网连接或者人们需要经常移动。蜂窝连接的缺点在于运营商通常会根据连接所使用的带宽进行计费，并且在用量超出数据计划合约中限制的用量后，会收取额外的费用。

- **卫星**：对于无法使用 DSL 或电缆进行互联网连接的家庭或办公室而言，卫星服务是一个很好的选择。卫星天线与卫星之间不能有任何遮蔽物，因此对于有茂密的树林或空中有其他障碍物的地方，可能难以部署卫星（见图 14-4）。数据传输速率的快慢取决于合约，但通常速率都不错。购买设备和安装的成本可能比较高（要向服务提供商询问优惠活动），而且此后每月会收取适当的费用。与蜂窝接入类似，对于无法获得其他互联网连接方式的人来说，卫星互联网连接真的不错。

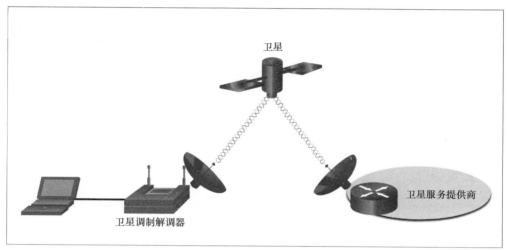

图 14-4　卫星服务提供商

- **拨号电话**：拨号电话是一个便宜的选择，它使用电话线和调制解调器。要想连接到 ISP，用户需要拨打 ISP 接入电话号码。拨号调制解调器连接所提供的低带宽通常无法满足大数据传输，但它适用于旅途中的移动接入。只有在无法获得较高数据传输速率的连接方式时，我们才应该考虑使用这种连接方式。

在大城市中，很多公寓和小型办公室都直接使用光缆进行连接。通过使用光缆，ISP 可以提供更高的数据传输速率，并且支持更多的服务，比如互联网、电话和电视。

各种连接方式的可用性取决于使用网络的地理位置，以及当地可用的服务提供商。

14.2　网络虚拟化

网络**虚拟化**结合了硬件和软件网络资源。网络虚拟化有多种形式，并且新的虚拟化类型仍在开发中。

14.2.1　云计算

云计算是一种可以用来访问和存储数据的方式。云计算允许你通过互联网来存储个人文件或者备份服务器上的全部驱动。使用云可以访问一些应用程序，比如文字处理程序和照片编辑程序。数据中心使云计算成为可能。数据中心部署了服务器、存储设备和其他网络基础设施。

14.2.2 云的类型

云主要分为以下 4 种类型。
- **公有云**：公有云中提供的基于云的应用程序和服务可供普通大众使用。服务可能是免费的，也可能以某种模式进行收费，比如在线存储会收费。公有云使用互联网来提供服务。
- **私有云**：私有云中提供的基于云的应用程序和服务适用于特定的组织机构或实体，比如政府。组织机构可以使用自己的私有网络来设置私有云，但构建和维护成本可能很高。私有云也可以由具有严格访问安全性的外部组织进行管理。
- **混合云**：混合云由两个或多个云（比如部分私有云、部分公有云）组成，其中每个部分仍然是一个单独的对象，但每个部分使用单一的架构连接在一起。混合云上的个人能够根据用户访问权限对各种服务进行一定程度的访问。
- **社区云**：社区云是为特定社区而专门创建的。公有云和社区云的区别在于社区云具有为社区定制的功能。比如医疗保健组织必须遵守特定的政策和法律（如 HIPAA），如需要特殊身份验证和保密性。

14.2.3 云服务

云服务有多种，可以根据客户的要求量身定制。美国国家标准与技术研究院（National Institute of Standards and Technology，NIST）定义了以下 3 种主要的云计算服务。
- **软件即服务（Software as a Service，SaaS）**：云服务提供商负责访问应用程序和服务，比如电子邮件、通信和 Microsoft 365，这些应用程序和服务是通过互联网交付的。除了很少一些与用户相关的应用程序设置之外，用户不管理云服务的任何设置，只需要提供数据即可。
- **平台即服务（Platform as a Service，PaaS）**：云服务提供商负责为用户提供对开发工具和服务的访问，用户使用这些开发工具和服务来交付应用程序。这些用户通常是程序员，并且他们可以控制云服务提供商的应用程序托管环境中的各项配置设置。
- **基础设施即服务（Infrastructure as a Service，IaaS）**：云服务提供商负责为 IT 经理提供网络设备、虚拟化网络服务和支持网络基础设施的访问。通过使用这个云服务，IT 经理可以部署和运行软件代码，代码中可能包括操作系统（Operating System，OS）和应用程序。

云服务提供商已经对 IaaS 进行了扩展，它们还可以为每个云计算服务提供 IT 支持（IT as a Service，ITaaS）。对于企业而言，ITaaS 可以扩展其网络容量，而无须投资新的基础设施、培训新人员，或者购买新软件的许可。这些云服务都是按需提供的，并以一种经济划算的方式提供给世界任何地方的任何设备，而不会影响安全性或功能。

14.2.4 云计算和虚拟化

云计算和**虚拟化**这两个术语经常会被互换使用，但是它们的含义并不相同。虚拟化是云计算的基础。如果没有虚拟化，就没有云计算，因为云计算的部署非常广泛。

数十年前，VMware 开发了一种虚拟化技术，它能够在一个主机 OS 上支持一个或多个客户端 OS。现在的大多数虚拟化技术都是基于这种技术实现的。人们已经接受了专用服务器向虚拟化服务器的转变，并且虚拟化服务器正在数据中心和企业网络中得到快速部署。

虚拟化意味着创建出某物的虚拟版本，而不是物理版本，比如计算机。举例来说，在你的 Windows PC 上运行"Linux 计算机"。

要想充分了解虚拟化，首先需要了解一下服务器技术的历史。曾经，企业中的服务器是由安装在特定硬件上的服务器 OS（比如 Windows Server 或 Linux Server）组成的，如图 14-5 所示。服务器上的所有 RAM（Random Access Memory，随机存储器）、处理能力和硬盘空间都专用于该服务器所提供的服务（比如网页、电子邮件服务）。

图 14-5　专用服务器

使用专用服务器最主要的问题是当其中一个组件失效时，由这台服务器所提供的功能将变得不可用。这被称为单点故障。使用专用服务器的另一个问题是资源未得到充分利用。专用服务器通常会在很长时间段内保持空闲，直到它们需要提供这项特定的服务。这些服务器浪费了能源，并且它们占用的空间比服务所需的空间多。这被称为服务器蔓延。

14.2.5　虚拟化的优势

虚拟化的一个最主要的好处在于它可以减少总成本，具体如下。

- **需要的设备更少**：虚拟化支持服务器整合，这就只需要更少的物理设备，并且虚拟化降低了运维成本。
- **消耗的能源更少**：整合后的服务器降低了每月的电力和冷却成本。
- **需要的空间更少**：服务器整合减少了所需的占地面积。

虚拟化还带来了以下额外好处。

- **更轻松的原型设计**：可以快速创建在隔离网络上运行的独立实验环境，用于测试和原型设计网络的部署。
- **更快的服务器部署**：创建虚拟服务器的速度比部署物理服务器快得多。
- **增加服务器正常运行时间**：现在的大多数服务器虚拟化平台都提供了高级的冗余容错功能。
- **改进的灾难恢复**：大多数的企业服务器虚拟化平台都有软件可以帮助测试，并在灾难发生之前自动进行故障切换。

■ **对旧资产的支持**：虚拟化可以延长 OS 和应用程序的寿命，让组织机构有更多时间迁移到更新的解决方案。

14.2.6 虚拟机管理程序

虚拟机管理程序（Hypervisor）是能够在物理硬件之上添加抽象层的程序、固件或硬件。抽象层用于创建虚拟机（Virtual Machine，VM），这些虚拟机可以访问物理机的所有硬件，比如 CPU（Central Processing Unit，中央处理器）、内存、磁盘控制器和 NIC 等。这些虚拟机中的每一台都运行一个完整且独立的操作系统。借助虚拟化，我们可以将 100 台物理服务器整合为虚拟机，并在 10 台使用管理程序的物理服务器上运行这 100 台虚拟机，这种情况并不少见。

1. 类型 1 管理程序

类型 1 管理程序称为"裸金属"方法，因为这种管理程序是直接安装在硬件上的。类型 1 管理程序通常用于企业服务器和数据中心网络设备。

在使用类型 1 管理程序时，管理程序直接安装在服务器或网络硬件上。然后在管理程序上安装 OS 实例，如图 14-6 所示。类型 1 管理程序会直接访问硬件资源，因此比托管架构具有更高的效率。使用类型 1 管理程序还可以提高可扩展性和稳健性。

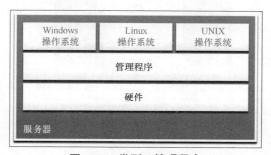

图 14-6　类型 1 管理程序

2. 类型 2 管理程序

类型 2 管理程序是负责创建并运行虚拟机实例的软件。如果一台计算机通过管理程序来支持一台或多台虚拟机，这台计算机就被称为主机。类型 2 管理程序也称为托管管理程序。因为类型 2 管理程序安装在现有 OS 之上，比如 macOS、Windows 或 Linux。然后在管理程序之上安装一个或多个额外的 OS 实例，如图 14-7 所示。类型 2 管理程序的一大优势是不需要管理控制台软件。

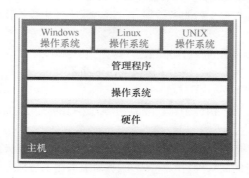

图 14-7　类型 2 管理程序

注 释	主机要足够稳健，确保能够安装并运行虚拟机，且它不会耗尽资源，这一点很重要。

14.2.7 网络虚拟化

虚拟化将操作系统与硬件分开。服务器虚拟化充分利用了空闲资源，并对所需的服务器进行了整合。同时服务器虚拟化也允许多个操作系统存在于单个硬件平台上。如图 14-8 所示，图 14-5 所示的 8 台专用服务器被整合为两台服务器，这两台服务器使用管理程序来支持多个操作系统的虚拟实例。

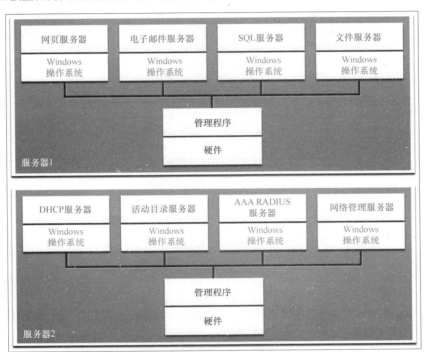

图 14-8 整合专用服务器

网络虚拟化将传统的网络互联硬件和软件网络资源组合成一个基于软件的实体，即虚拟网络。网络基础设施也可以从虚拟化中受益吗？如果可以的话，它是如何受益的？我们可以在网络设备使用数据面板和控制面板进行操作的方式中找到答案。

14.2.8 控制面板和数据面板

一台网络设备包含以下两个面板。

- **控制面板：** 控制面板通常被视为设备的"大脑"。控制面板用于做出转发决策。控制面板包含二层和三层路由转发机制，比如 IPv4 和 IPv6 路由表，以及 ARP 表。发送到控制面板的信息由 CPU 进行处理。
- **数据面板：** 数据面板也被称为转发面板，该面板通常是指交换结构，它连接了设备上的各种网络接口。每台设备的数据面板都用于转发流量。路由器和交换机会使用来自控制面板的信息，将入站流量转发到适当的出站接口。数据面板中的信息通常由特殊的数据面板处理器进行处理，无须 CPU 的参与。

图 14-9 中展示了思科快速转发（Cisco Express Forwarding，CEF）是如何使用控制面板和数据面

板来处理数据包的。

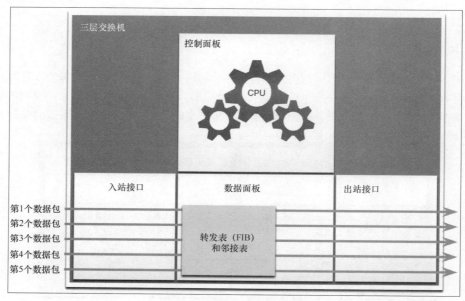

图 14-9　思科快速转发

14.2.9　网络虚拟化和 SDN

软件定义网络（Software Defined Network，SDN）是一种网络架构，它将网络进行了虚拟化，为网络管理提供了一种新方法，旨在简化或精简管理流程。

SDN 从根本上实现了控制面板和数据面板的分离。它移除每台设备上的控制面板功能，并由集中控制器执行控制面板功能，如图 14-10 所示。集中控制器会将控制面板功能传达给每台设备。各台设备现在只需要专注数据转发就可以了，集中控制器负责管理数据流、提高安全性，并提供其他服务。

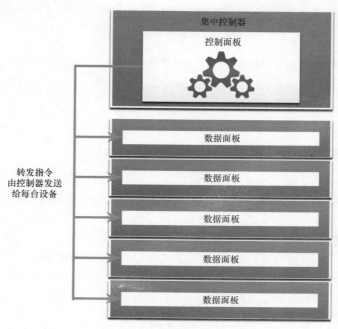

图 14-10　SDN

14.2.10 SDN 架构

在传统的路由器或交换机架构中，控制面板和数据面板的功能集中在同一台设备中。路由决策和数据包转发都是该设备操作系统的工作。在 SDN 架构中，控制面板的管理被转移到了集中式 SDN 控制器上。图 14-11 中对比了传统架构和 SDN 架构。

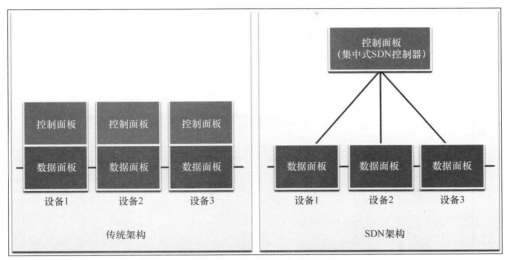

图 14-11　传统架构和 SDN 架构

集中式 SDN 控制器是一个逻辑实体，使网络管理员能够管理并规定交换机和路由器的数据面板应该如何处理网络流量。集中式 SDN 控制器通常运行在服务器上，它负责编排、协调并促进应用程序与网络元素之间的通信。

14.3　移动设备的连接

移动设备让你可以在任何地方自由地工作、学习、娱乐和交流。在使用移动设备时，无须受困于物理位置，即在任何地方都可发送和接收语音、视频和进行数据通信。

14.3.1　移动设备和 Wi-Fi

许多国家都有无线设施，比如网吧。在大学校园中，在无法通过物理的方式连接到网络的地方，学校可以使用无线网络来允许学生注册课程、观看讲座和提交作业。随着移动设备的功能变得越来越强大，许多曾经需要连接到物理网络的大型计算机上执行的任务，现在也可以通过连接无线网络的移动设备来完成。

几乎所有的移动设备都能够连接到 Wi-Fi 网络。建议尽可能将移动设备连接到 Wi-Fi 网络中，因为通过 Wi-Fi 网络使用的数据量不会被计入蜂窝数据套餐中。此外，由于 Wi-Fi 无线电比蜂窝网络的无线电使用的电力更少，因此连接到 Wi-Fi 网络可以节省电池电量。与其他支持 Wi-Fi 的设备一样，在连接到 Wi-Fi 网络时使用安全设置很重要。我们应该采取以下这些预防措施来保护移动设备的 Wi-Fi 通信。

- 切勿使用未加密的文本（明文）发送登录信息或密码信息。

- 如果要发送敏感数据，请尽可能使用 VPN（Virtual Private Network，虚拟专用网络）连接。
- 在家庭网络上启用安全保护。
- 使用 WPA2 或更高的加密方式来确保安全性。

14.3.2　Wi-Fi 设置

两个流行的移动设备操作系统是安卓和 iOS。这两种操作系统都能够使用户配置设备来连接无线网络。图 14-12 显示了安卓中的 Wi-Fi 设置。图 14-13 显示了 iOS 中的 Wi-Fi 设置。

图 14-12　安卓的 Wi-Fi 设置

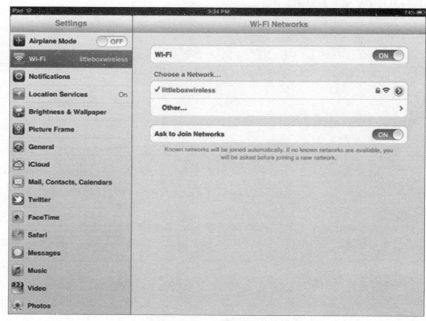

图 14-13　iOS 的 Wi-Fi 设置

如果想要在 Wi-Fi 网络的覆盖范围内使用安卓或 iOS 设备进行网络连接，则需要开启 Wi-Fi。然后设备会搜索所有可用的 Wi-Fi 网络，并将搜索结果显示在列表中。点击列表中的 Wi-Fi 网络就可以进行连接，并在需要时输入密码。

当移动设备离开了 Wi-Fi 网络的覆盖范围时，它会尝试连接当前范围内的另一个 Wi-Fi 网络。如果当前范围内没有 Wi-Fi 网络，移动设备则会连接蜂窝数据网络。在 Wi-Fi 开启时，移动设备会自动连接之前连接过的 Wi-Fi 网络。如果 Wi-Fi 网络是没有连接过的，那么移动设备要么会显示可用网络列表，要么会询问是否要连接这个网络。

14.3.3 配置 Wi-Fi 连接

如果你的移动设备没有提示连接到 Wi-Fi 网络，可能是网络的 SSID 广播功能被关闭了或者没有将设备设置为自动连接。此时需要在移动设备上手动配置 Wi-Fi 设置。需要记住的是，SSID 和密码必须与无线路由器配置中的完全相同，否则设备将无法正常连接，如图 14-14 所示。

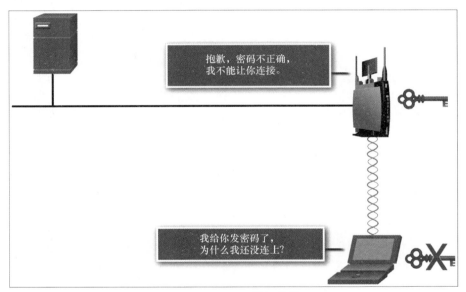

图 14-14　Wi-Fi 认证失败

移动设备的操作系统会经常更新，并且设备制造商会自定义其各种设置。通常可以从设备制造商的网站上查看每种设备的在线手册。

14.3.4 配置蜂窝移动通信网络连接

大多数的手机运营商都提供了蜂窝数据套餐，但不同运营商之间，以及同一家运营商推出的各种套餐之间，对带宽的限制和收费标准都可能有很大差异。因此，很多移动设备用户只有在无法使用 Wi-Fi 的时候才使用他们的蜂窝数据套餐。

移动设备的预设配置是当 Wi-Fi 可用时，使用 Wi-Fi 来连接互联网，因此设备可以连接到 AP 并获取 IP 地址。如果没有可用的 Wi-Fi 网络，设备会在配置了蜂窝数据功能后，使用自己的蜂窝数据。在大多数情况下，从一个网络到另一个网络的转换对于用户来说并不明显。比如当移动设备从 4G 覆盖区域移动到 3G 覆盖区域时，4G 连接会关闭，同时开启 3G 连接。在这个转换期间连接并不会中断。

14.3.5　使用蓝牙进行简单连接

移动设备可以通过多种方法实现连接。蜂窝和 Wi-Fi 的配置比较复杂，并且它们还需要额外的设备，比如蜂窝塔和 AP。在连接耳机或麦克风时，有线连接并不总是实用的。蓝牙技术提供了一种简单的方法，使移动设备能够连接其他移动设备或者连接无线配件。蓝牙是无线的，在连接上也是自动的，它只会消耗非常少的电能，对延长待机时间有所帮助。最多可以有 8 台蓝牙设备同时连接在一起。

以下列出了设备能够使用蓝牙的一些示例。

- **免提耳机**：这是带有麦克风的小耳机，可以拨打和接听电话。
- **键盘或鼠标**：移动设备可以连接键盘和鼠标，让输入变得轻松。
- **立体声系统**：移动设备可以连接到家庭或汽车立体声系统来播放音乐。
- **车载免提电话**：这是包含扬声器和麦克风的设备，可以用来拨打和接听电话。
- **网络共享**：移动设备可以与另一台移动设备或计算机相连，来共享网络连接。设备也可以共享 Wi-Fi 连接或有线连接，比如 USB。
- **移动扬声器**：移动设备可以连接便携式扬声器，无须立体声系统就能提供高质量音频。

14.3.6　蓝牙配对

两台蓝牙设备在建立连接以共享资源时，就会进行蓝牙配对。要想设备配对成功，需要先启用蓝牙连接，随后设备会开始搜索另一台设备。另一台设备必须被设置为可发现模式，也称为可见模式，这样它才能被搜索到。当蓝牙设备处于可发现模式并接收到另一台蓝牙设备的请求时，它会提供以下信息：

- 它的名称；
- 它的蓝牙类别；
- 设备可以使用的服务；
- 技术信息，比如它支持的功能或蓝牙规范。

在配对过程中，用户可能需要提供 PIN（Personal Identification Number，个人识别号）进行身份验证。PIN 通常是一个数字，但也可以是数字代码或密码。PIN 会被存储在使用配对服务的设备中，因此设备再次尝试连接时无须输入 PIN。这个功能在你使用手机连接耳机时非常方便，因为耳机启用后并且与手机处于蓝牙通信范围内时，它们就会自动进行配对。

14.4　本章小结

下面是对本章各主题的总结。

- **ISP**

ISP 提供了一条链路将家庭网络和互联网连接在一起。每个 ISP 都连接了其他 ISP，从而形成了将全球所有用户互联在一起的网络链路。互联网骨干网使用光缆来提供高速数据链路，并连接位于世界各大主要城市的不同 ISP 网络。

路由器可以将计算机安全地连接到 ISP。路由器内包含一个交换机和一个 WAP，交换机用来连接有线主机，WAP 用来连接无线主机。路由器也为内部主机提供客户端 IP 地址信息和安全保护。

个人用户、小型办公室和家庭用户的常用的连接方式是电缆和 DSL。其他 ISP 连接方式包括蜂窝接入、卫星和拨号电话。

■ **网络虚拟化**

云计算允许你通过互联网来存储个人文件或者备份服务器上的全部驱动。数据中心使云计算成为可能，数据中心部署了计算机系统及其相关组件。云模型分为公有云、私有云、混合云和社区云。4种主要的云计算服务包括 SaaS、PaaS、IaaS 和 ITaaS。

虚拟化是云计算的基础。虚拟化降低了成本并实现了整合，提升了服务器部署速度，增加了服务器正常运行时间，并改进了灾难恢复；虚拟化还扩展了对旧资产的支持。虚拟机管理程序是能够在物理硬件之上添加抽象层的程序、固件或硬件。抽象层用于创建虚拟机，这些虚拟机可以访问物理机的所有硬件，比如 CPU、内存、磁盘控制器和 NIC 等。类型 2 管理程序也称为托管管理程序。类型 1 管理程序称为"裸金属"方法。

虚拟化将操作系统与硬件分开。网络虚拟化将网络互联硬件和软件网络资源组合成一个基于软件的实体，即虚拟网络。控制面板通常被视为设备的"大脑"。数据面板通常是指交换结构，它连接了设备上的各种网络接口。

SDN 从根本上实现了控制面板和数据面板的分离。它移除了每台设备上的控制面板功能，并由集中控制器执行控制面板功能。集中控制器会将控制面板功能传达给每台设备。各台设备现在只需要专注数据转发就可以了，集中控制器负责管理数据流、提高安全性，并提供其他服务。集中式 SDN 控制器是一个逻辑实体，使网络管理员能够管理并规定交换机和路由器的数据面板应该如何处理网络流量。集中式 SDN 控制器通常运行在服务器上，它负责编排、协调并促进应用程序与网络设备之间的通信。

■ **移动设备的连接**

尽可能将移动设备连接到 Wi-Fi 网络中，因为通过 Wi-Fi 网络使用的数据量不会被计入蜂窝数据套餐中。由于 Wi-Fi 无线电比蜂窝无线电使用的电力更少，因此连接到 Wi-Fi 网络可以节省电池电量。在连接到 Wi-Fi 网络时采取以下预防措施。

● 切勿使用未加密的文本（明文）发送登录信息或密码信息。
● 使用 VPN 连接。
● 在家庭网络上启用安全保护。
● 使用 WPA2 或更高的加密方式。

两个流行的移动设备操作系统是安卓和 iOS。这两种操作系统都能够使用户配置设备来连接无线网络。当移动设备离开了 Wi-Fi 网络的覆盖范围时，它会尝试连接当前范围内的另一个 Wi-Fi 网络。如果当前范围内没有 Wi-Fi 网络，移动设备则会连接蜂窝数据网络。

如果你的移动设备没有提示连接到 Wi-Fi 网络，可能是网络的 SSID 广播功能被关闭了或者没有将设备设置为自动连接。此时需要在移动设备上手动配置 Wi-Fi 设置。需要记住的是，SSID 和密码必须与无线路由器配置中的完全相同，否则设备将无法正常连接。

大多数的手机运营商都提供了蜂窝数据套餐，但不同运营商之间，以及同一家运营商推出的各种套餐之间，对带宽的限制和收费标准都可能有很大差异。因此，很多移动设备用户只有在无法使用 Wi-Fi 的时候才使用他们的蜂窝数据套餐。

两台蓝牙设备在建立连接以共享资源时，就会进行蓝牙配对。要想设备配对成功，需要先启用蓝牙连接，随后设备会开始搜索另一台设备。另一台设备必须被设置为可发现模式（又称可见模式），这样它才能被搜索到。

蓝牙技术提供了一种简单的方法，使移动设备能够连接其他移动设备或者连接无线配件。蓝牙是无线的，在连接上也是自动的，它只会消耗非常少的电能，对延长待机时间有所帮助。最多可以有 8 台蓝牙设备同时连接在一起。

习题

完成下面的习题可以测试出你对本章内容的理解水平。附录中会给出这些习题的答案。

1. 下列哪个云模型为特定的组织机构或实体提供服务?
   A. 社区云　　　　　　B. 公有云　　　　　　C. 私有云　　　　　　D. 混合云

2. 下列哪一项是类型 1 管理程序的特点?
   A. 适用于消费者，而非企业环境　　　　　　B. 直接安装在服务器上
   C. 不需要管理控制台软件　　　　　　　　　D. 安装在现有的操作系统上

3. 下列哪个术语描述了两台蓝牙设备之间建立连接的过程?
   A. 加入　　　　　　　B. 配对　　　　　　　C. 匹配　　　　　　　D. 同步

4. 下列哪项技术虚拟化了控制面板，并将其移动到集中控制器上?
   A. IaaS　　　　　　　B. SDN　　　　　　　C. 云计算　　　　　　D. 雾计算

5. 技术人员需要使用下列哪项才能在客户端机器上安装虚拟机管理程序?
   A. SSD　　　　　　　　　　　　　　　　　　B. 多个存储驱动器
   C. 由云服务提供商提供的服务器　　　　　　D. 虚拟化软件

6. 一家公司使用了一个基于云的薪资系统。这家公司使用的是哪种云服务?
   A. 软件即服务（SaaS）　　　　　　　　　　B. 基础设施即服务（IaaS）
   C. 无线即服务（WaaS）　　　　　　　　　　D. 浏览器即服务（BaaS）

7. 在没有移动电话的信号覆盖或有线连接的偏远地区，什么类型的互联网连接最适合那里的住宅?
   A. 卫星　　　　　　　B. DSL　　　　　　　C. 蜂窝　　　　　　　D. 拨号

8. 下列哪种技术为 PC 虚拟化提供了解决方案?
   A. 服务器集群　　　　B. 终端服务　　　　　C. 虚拟机管理程序　　D. RAID

9. 下列哪一项描述了云计算的特点?
   A. 需要投资新的基础设施才能连接到云
   B. 企业可以直接连接到互联网，无须通过 ISP
   C. 设备可以通过现有的电线连接到互联网
   D. 订阅服务后，即可以通过互联网来访问相应的应用程序

10. 下列哪项技术使手机可以作为免提设备使用?
    A. Wi-Fi　　　　　　B. Yosemite　　　　　C. 蓝牙　　　　　　　D. 4G

第 15 章

安全注意事项

学习目标

在完成本章的学习后，读者应有能力回答下列问题。

- 网络安全威胁有哪些类型？
- 社会工程攻击是什么？
- 恶意软件有哪些类型？
- 拒绝服务攻击是什么？
- 安全工具和软件更新是如何减轻网络安全威胁的？
- 反恶意软件是如何减少数据丢失和服务中断的？

当你出门时，你会确认所有的门都已经锁好了吗？窗户锁好了吗？一个真正想进入你家的窃贼会检查所有能够进入你家的地方；因此，你必须保持警惕。对于你连接的设备和网络也是如此。威胁主体有多种方法可以获得你的网络的访问权，并获取你的设备上的信息。在本章中会详细介绍这些攻击以及如何阻止它们。

15.1 安全威胁

无论是有线的还是无线的，计算机网络对于人们的日常生活来说都是必不可少的。个人和组织机构都依赖他们的计算机和网络来实现各种功能，比如收发电子邮件、会计、组织和文件管理等。未经授权的访问会导致严重的网络中断和工作损失。针对网络的攻击可能是毁灭性的，并且可能会由于重要信息或资产的损坏或被盗，而导致时间和金钱的损失。

15.1.1 威胁类型

入侵者可以通过寻找软件漏洞、攻击硬件，甚至通过没有技术含量的方法（比如猜测用户名和密码）来获得网络的访问权。那些通过修改软件或利用软件漏洞来获取网络访问权的入侵者通常会被称为威胁主体。

当威胁主体获得了网络访问权时，可能会导致 4 种类型的威胁。

- **信息盗窃**是指侵入计算机来获取机密信息。出于不同的目的，这些信息可以被使用或被出售，比如窃取某个组织机构的专有信息（如研发数据）等。
- **数据丢失或篡改**是指侵入计算机来破坏或更改数据记录。数据丢失的一个示例是威胁主体可以发送病毒，这个病毒可以格式化计算机的硬盘驱动器。数据篡改的一个示例是侵入记录系统来修改信息，比如修改商品价格。
- **身份盗窃**是一种信息盗窃形式，其中被盗的信息是个人信息，用来获取某人的身份。通过使用这些信息，威胁主体可以获取法律文件、申请信用卡，也可以进行未经授权的在线购物。身份盗窃是一个日益严重的问题，每年都会造成数十亿美元的损失。

- **服务中断**是指阻止合法用户访问他们有权使用的服务。比如对服务器、网络设备或网络通信链路实施拒绝服务（Denial of Service，DoS）攻击。

15.1.2 内部和外部威胁

由网络入侵者造成的安全威胁可能来自网络的内部和外部，如图 15-1 所示。

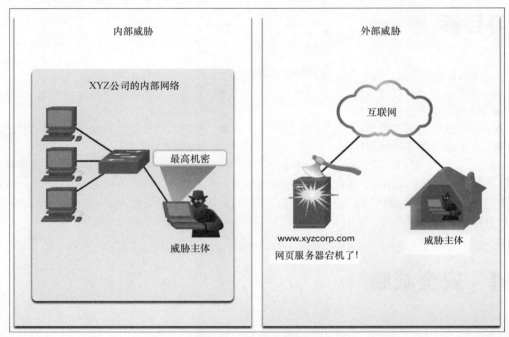

图 15-1 内部和外部威胁

1. 内部威胁

当有人拥有访问网络的用户账户，或者能够在物理上访问网络设备时，就有可能造成内部威胁。内部攻击者对内部政治和人员有所了解。他们通常知道哪些信息既有价值又容易受到攻击，还知道该如何获取这些信息。

然而，也并非所有内部攻击都是故意为之的。在有些情况下，内部威胁可能来自值得信赖的员工，他可能在公司外被病毒或安全威胁"缠"上，并在不知不觉中将其带入了内部网络。

大多数公司会花费大量资源来防御外部攻击，但是，一些最具破坏性的事件往往是受信任的内部用户的行为导致的。用户数据会以多种方式最终落入错误的人手中，常见的方式包括智能手机和可移动存储设备丢失、笔记本电脑放错位置或被偷，以及在丢弃设备前没能正确地删除设备中的数据。

2. 外部威胁

外部威胁来自组织机构外部的人员。他们无权访问组织机构的计算机系统或网络。外部攻击者主要会利用无线链路或拨号接入服务器，从互联网进入组织机构的网络。

15.2 社会工程攻击

无论是从内部还是从外部，入侵者获得访问权限最简单的方法之一都是对人类的行为加以利用。利用人类的弱点来实现攻击的一个比较常见的方法称为社会工程。

15.2.1 社会工程学概述

社会工程是指某物或某人对一个人或一群人的行为施加影响的方法。在计算机和网络安全的背景下，社会工程是指欺骗内部用户去执行特定操作或泄露机密信息的技术集合。

通过使用这些技术，攻击者能够利用毫无戒心的合法用户获取内部资源和私人信息，比如银行账号或密码。

社会工程攻击利用了这样一个事实，即用户通常被认为是安全性中最薄弱的环节之一，如图 15-2 所示。社会工程人员可以是组织机构的内部人员或外部人员，但通常他们不会与受害者直接接触。

图 15-2 用户是安全性中最薄弱的一环

15.2.2 社会工程攻击的类型

威胁主体直接从授权用户那里获取信息的 3 种常见的方法包括伪装、网络钓鱼和语音钓鱼/电话钓鱼。

1. 伪装

伪装是一种社会工程形式，即使用一个编造的场景（伪装）让受害者透露一些信息或执行一些操作。攻击者通常会通过电话来联系目标人员。为了使伪装生效，攻击者必须能够让预期的目标人员（或受害者）相信他的合法性。这通常需要攻击者预先知道一些信息或进行一些调查。举例来说，如果威胁主体知道目标人员的社会保险号码，他就会使用这个信息来获取目标人员的信任。目标人员就更有可能会透露更多信息。

2. 网络钓鱼

网络钓鱼（见图 15-3）是一种社会工程形式，网络钓鱼人员会假装他代表另一个组织机构的合法人员。网络钓鱼人员通常会通过电子邮件或短信来联系目标人员。网络钓鱼人员可能会要求目标人员提供信息进行验证，比如密码或用户名。

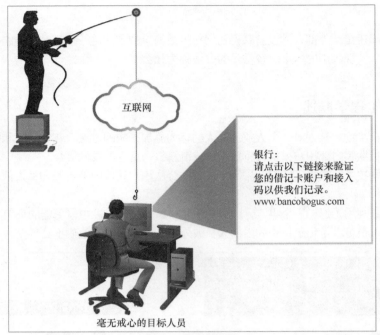

图 15-3   网络钓鱼

3. 语音钓鱼/电话钓鱼

使用 VoIP 进行社会工程攻击被称为语音钓鱼，这是社会工程的一种新形式。通过语音钓鱼，毫无戒心的用户会收到一个语音留言，指示他们拨打一个看似合法的银行服务号码。然后这个呼叫会被攻击者拦截。用户通过电话输入银行账号和密码进行验证，随后信息被窃。

15.3   恶意软件

除了社会工程之外，恶意软件可以通过利用计算机软件中的漏洞来发起其他类型的攻击。恶意软件简称为 Malware。

恶意软件的示例包括病毒、蠕虫和特洛伊木马。所有这些类型的恶意软件都可能会被引入主机。它们可能会损坏系统、破坏数据，以及拒绝对网络、系统或服务的访问。它们还可以从毫无戒心的 PC 用户那里，将用户的数据和个人详细信息转发给攻击者。在很多情况下，它们会自我复制并传播到网络连接的其他主机中。想象一下，重新创建已保存的文件会有多麻烦，比如重新创建游戏文件、许可证密钥文件、照片和视频。

有时攻击者会将这些恶意软件攻击与社会工程结合使用，以诱骗毫无戒心的用户踏进陷阱。

15.3.1   恶意软件的类型

恶意软件攻击会通过电子邮件、文本、蓝牙连接和其他方式进入主机。攻击者可以使用恶意软件来窃取敏感信息或未经授权即可访问系统资源，并造成网络连接问题。

1. 病毒

病毒是可以通过修改其他程序或文件进行传播的程序。病毒不能自行启动，它需要被激活。在被激活后，有些病毒只能进行自我复制和传播，做不了其他事情。虽然它们的行为简单，但即使是这种类型的病毒也很危险，因为它可以快速耗尽所有可用内存，并导致系统停止运行。更危险的病毒可能会被设置用来删除或破坏特定的文件，然后进行传播。病毒可以通过电子邮件、下载文件和即时消息进行传播，也可以通过 CD（Compact Disc，小型光碟）或 USB 设备进行传播。

2. 蠕虫

蠕虫类似于病毒，但与病毒不同的是，它不需要将自己附加到现有程序上。蠕虫可以利用网络将自身的副本发送到网络连接的主机中。蠕虫是独立运行的，并且传播速度很快。它们不一定需要激活或人工干预。自我传播的网络蠕虫带来的影响可以比单个病毒带来的更大，并且它可以迅速感染互联网中的大部分区域。

3. 特洛伊木马

特洛伊木马是一种被编写得看起来像是合法程序的程序，而实际上它是一个攻击工具。它不能自我复制。特洛伊木马依赖其合法的外表来欺骗受害者执行这个程序。它可以是相对无害的，也可以包含损坏计算机硬盘中内容的代码。特洛伊木马还可以在系统中创建一个后门，并允许威胁主体由此获得对系统的访问权。

15.3.2 间谍软件和追踪 cookie

并非所有攻击都会破坏或阻止合法用户访问资源。有很多威胁旨在收集有关用户的信息，以便向用户推送广告、营销和实现其他研究目的。这些威胁包括间谍软件、追踪 cookie、广告软件和弹窗。虽然这些威胁并不会损坏计算机系统，但它们会侵犯用户隐私，也会惹人厌烦。

1. 间谍软件

间谍软件是指任意程序，它们会在未经许可的情况下或未进行告知的情况下从计算机中收集用户的个人信息。这些信息会发送给互联网上的广告商或其他人，并且信息中可能会包括用户的密码和账号。

用户通常会在下载文件、安装另一个程序或者单击弹窗时，不知不觉地安装间谍软件。间谍软件可以降低计算机响应速度，也可以更改计算机的内部设置，从而为其他威胁创造出更多漏洞。此外，间谍软件可能难以删除。

2. 追踪 cookie

cookie 是间谍软件的一种形式，但它并不总是坏事。cookie 用于在互联网用户访问网站时，记录与用户相关的信息。cookie 也有它的可取之处，比如它可以实现个性化，以及其他能够节省时间的技术。很多网站都要求启用 cookie 以允许用户连接。

15.3.3 广告软件和弹窗

广告软件是间谍软件的一种形式，它会根据用户访问的网站来收集有关用户的信息。这些信息会被用于有针对性地向用户投放广告。用户通常会安装广告软件以换取"免费的"产品。当用户打开浏览器窗口时，广告软件可以启动新的浏览器实例，这些实例会尝试根据用户的上网习惯来宣传产品或服务。这些恼人的浏览器窗口会反复打开，让上网变得非常困难，尤其是在互联网连接速度较慢的情况下。而且，广告软件可能非常难卸载。

弹窗和后台弹窗是指在用户访问网站时显示附加的广告窗口。与广告软件不同的是，弹窗和后台弹窗并非旨在收集有关用户的信息，而是仅与用户访问的网站相关联。

- **弹窗**：广告窗口在当前浏览器窗口前面打开。
- **后台弹窗**：广告窗口在当前浏览器窗口后面打开。

弹窗可能很烦人，并且通常会宣传用户不想要的产品或服务。

15.3.4 僵尸网络和僵尸计算机

我们越来越依赖的电子通信产品有一个令人讨厌的副产品，即大量无用的电子邮件。有时商家不想为有针对性的营销而烦恼。他们希望把电子邮件广告发送给尽可能多的终端用户，并希望能有人对他们的产品或服务感兴趣。这种在互联网上广泛分发广告的用于营销的电子邮件被称为垃圾邮件。发送垃圾邮件的方法之一是使用僵尸网络或僵尸程序。

僵尸程序（bot）源自 robot，它描述了设备被感染后的行为方式。恶意的僵尸程序软件会感染计算机，它的产生通常是由于用户通过电子邮件或网页链接下载并安装了一个远程控制功能。被感染后，"僵尸"计算机会与僵尸网络创建者的服务器联系。这些服务器是整个被感染设备网络(称为僵尸网络)的 C&C（Command and Control，命令与控制）中心。被感染的设备经常可以将软件传递给本地网络中其他未受保护的设备，从而增加僵尸网络的规模。有些僵尸网络中包括成千上万台被感染的设备。

被感染设备上的僵尸程序软件也可能引发安全问题。因为安装的软件可能会执行记录击键、收集密码、捕获并分析数据包、收集财务信息、发起 DoS 攻击，以及中转垃圾邮件等工作。僵尸程序会利用时区，经常在每个时区的空闲时间唤醒僵尸计算机。很多用户会让他们的计算机始终联网，即使他们不在家或在睡觉时也是如此。这就为僵尸网络创建者提供了完美的环境，来使用空闲设备的带宽和处理能力。

图 15-4 中展示了垃圾邮件的传播示例。

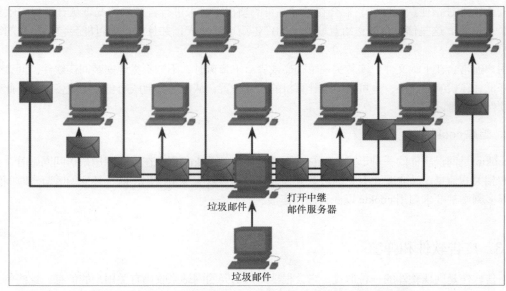

图 15-4　C&C 计算机向僵尸网络发送命令使其散播垃圾邮件

15.4 拒绝服务攻击

有时，威胁主体的目标是中断网络的正常运行。这种行为称为拒绝服务（DoS）攻击。

15.4.1 拒绝服务

DoS 攻击是针对单台计算机或一组计算机发起的极具攻击性的行为，旨在拒绝向目标用户提供服务。DoS 攻击的目标可以是终端用户系统、服务器、路由器和网络链路等。

DoS 攻击相对简单，可以由不熟练的威胁主体发起。威胁主体可以使用 DoS 攻击来实现以下功能。

- 用流量淹没网络、主机或应用程序，以阻止合法网络流量的传输。
- 中断客户端和服务器之间的连接，以阻止访问服务。

DoS 攻击有多种类型。安全管理员需要了解可能发生的 DoS 攻击类型，并确保他们的网络受到保护。以下是两种常见的 DoS 攻击。

- **SYN（Synchronous，同步）泛洪**：在这种攻击中，大量数据包被发往请求客户端连接的服务器。数据包中包含无效的源 IP 地址。服务器会忙于响应这些虚假的请求，而无法响应合法请求。
- **死亡之 ping**：在这种攻击中，一个大于 IP 允许的最大值（65535 字节）的数据包会被发送给设备。这可能会导致接收设备的系统崩溃。自 1998 年以来，死亡之 ping 不再是问题，因为操作系统现在可以缓解这种攻击。

图 15-5 中展示了 DoS 攻击。

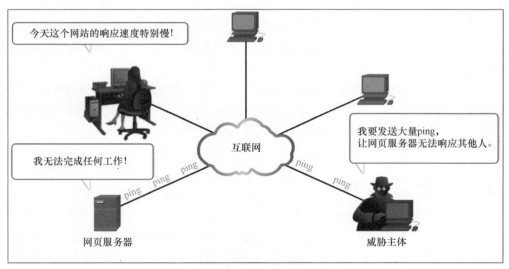

图 15-5 DoS 攻击

15.4.2 分布式拒绝服务

来自单个 IP 地址的 DoS 攻击可以在一段时间内对网站造成破坏，直到攻击被隔离并防御。更复杂的攻击类型可以让网页服务器离线的时间更长。

分布式拒绝服务（Distributed Denial of Service，DDoS）攻击是一种更复杂且更具破坏性的 DoS 攻击形式。它旨在通过无用数据将网络链路淹没。DDoS 的攻击规模远大于 DoS 攻击。通常会有成百上千个攻击点同时向一个目标发起攻击。攻击点可能是之前已经被 DDoS 代码感染的无辜计算机。感染了 DDoS 代码的系统会在代码被调用时对目标发起攻击。这组被感染的计算机通常被称为僵尸网络。

图 15-6 中展示了 DDoS 攻击。

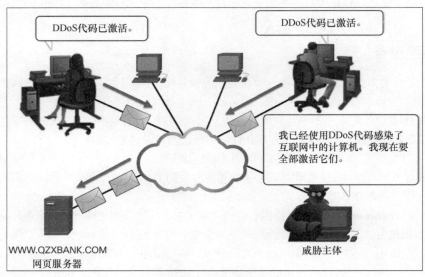

图 15-6　DDoS 攻击

15.4.3　暴力破解

并非所有导致网络中断的攻击都是专门的 DoS 攻击。暴力破解攻击是另一种可能导致服务中断的攻击类型。

通过暴力破解，攻击者可以使用运行速度快的计算机来猜测密码或破译加密代码。攻击者会快速、连续地尝试大量可能的密码，来获取访问权限或破译代码。由于可能出现去往特定资源的流量过大，或用户账户被锁定的情况，因此暴力破解也可能会导致服务中断。

15.5　安全工具

你可能认为你的设备或网络不会成为下一个被攻击的目标，这种想法是不明智的。采取保护措施可以防止你丢失敏感或机密数据，也可以保护你的系统免遭损坏或攻陷。安全保护行为的范围可以从进行简单、经济的任务（比如总是使用最新的软件版本）到进行复杂部署（比如部署防火墙和入侵检测系统）。

15.5.1　安全程序

有一些非常有效的安全程序易于实施，且不需要你拥有丰富的技术知识。用户名和密码是用户登录计算机或应用程序所需要的两个信息。

图 15-7～图 15-9 展示了不同登录界面的示例。

图 15-7　BIOS 密码

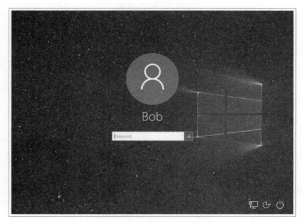

图 15-8　Windows 登录

图 15-9　网络登录

　　当威胁主体知道上述任意一个信息时，他只需要破解或找到另一个信息就可以获得计算机访问权。对于计算机和网络设备上的所有用户来说，更改默认的用户名非常重要，因为这些默认用户名是被人广泛知晓的信息。

　　大多数用户选择的密码都很容易被猜出来，或者很容易从与他们相关的信息中推测出来，比如生日、宠物名字、最喜欢的体育团体的名称等。我们应该将密码视为有价值的数据，并且要尽可能让它变得安全。实际上，以密码短语构成的密码既便于记忆，也更难被破解。比如不要只使用 *Ginger*，而

是使用密码短语 *My-pets_name-1s_Ginger*。

15.5.2 安全工具和应用程序

互联网安全是受全球广泛关注的重要问题。网络用户有诸多工具可以用来保护他们的设备免遭攻击，并帮助从被感染机器中移除恶意软件。

表 15-1 中简述了用于保护网络安全的一些安全工具和应用程序。

表 15-1 安全工具和应用程序

安全工具或应用程序	描述
防火墙	一类安全工具，用来控制去往和来自网络的流量
补丁和更新	应用到 OS 或应用程序的一类软件，用来修补已知的安全漏洞或添加新功能
病毒保护程序	安装在终端用户工作站或服务器上的防病毒软件，用来检测并移除文件和电子邮件中的病毒、蠕虫和特洛伊木马
间谍软件保护程序	安装在终端用户工作站上的防间谍软件，用来检测并移除间谍软件和广告软件
垃圾邮件拦截器	安装在终端用户工作站或服务器上的软件，用来识别并移除无用的电子邮件
弹窗拦截器	安装在终端用户工作站上的软件，用来阻止显示弹窗和后台弹窗

15.5.3 补丁和更新

威胁主体用来访问主机或网络的最常用方法之一是通过软件漏洞获取访问权。使用最新的安全补丁和更新可以使软件应用程序保持最新，这对于阻止威胁非常重要。补丁是用来修正特定问题的一小段代码。另外，更新中除了会包含为软件包添加的新功能，还有可能会包含针对特定问题的补丁。

OS 和应用程序厂商不断地提供更新和安全补丁，来修补软件中已知的漏洞。除此之外，厂商还会经常发布补丁和更新的集合，该集合被称为服务包。幸运的是，很多操作系统都提供自动更新功能，允许主机自动下载并安装 OS 和应用程序更新，如图 15-10 所示的 Windows 10 更新设置。

图 15-10 Windows 10 更新设置

15.6 反恶意软件

如前所述，恶意软件攻击包括病毒、蠕虫和特洛伊木马。能够及时检测、消除，以及在可能的情况下预防这类攻击是非常重要的。

15.6.1 感染的迹象

即使 OS 和应用程序已经都安装了当前最新的补丁和更新，它们仍然可能受到攻击。任何连接在网络中的设备都容易受到病毒、蠕虫和特洛伊木马的攻击。这些攻击可以破坏 OS 代码、影响计算机性能、更改应用程序并破坏数据。那么，你怎么知道你的计算机是否被感染了呢？

如下一些迹象可以表明计算机中有病毒、蠕虫或特洛伊木马。

- 计算机开始出现异常。
- 程序不响应鼠标和键盘输入。
- 程序自行启动或关闭。
- 电子邮件程序开始发送大量电子邮件。
- CPU 使用率非常高。
- 有无法识别的进程或大量进程正在运行。
- 计算机运行速度显著变慢或崩溃，比如出现 Windows BSoD（Blue Screen of Death，蓝屏死机），如图 15-11 所示。

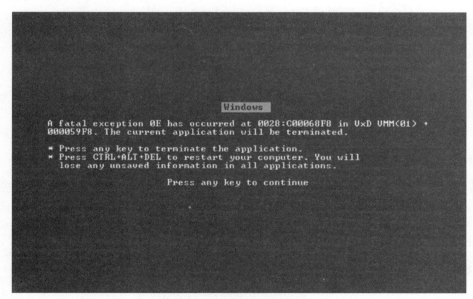

图 15-11　Windows BSoD

反恶意软件包括各种软件，可以用来检测和防止这些类型的入侵和感染。反恶意软件包括防病毒软件、反垃圾邮件软件和反间谍软件。

15.6.2 防病毒软件

防病毒软件既可以被用作预防工具，也可以被用作反应工具。它可以预防感染，也能够检测并移除病毒、蠕虫和特洛伊木马。连接在网络中的所有计算机上都应该安装防病毒软件。

防病毒软件依赖已知的"病毒特征"来发现并预防新的病毒感染计算机。病毒特征是程序中的模式，这是一种已被确定为有害的模式，并且是这些病毒程序共有的模式。当在互联网上发现了一种新的病毒程序时，防病毒软件就会使用新的信息来更新它的特征文件。要确保使用最新的特征文件来更新病毒检测软件，这对于保护系统免遭感染非常重要。

防病毒软件可以包含以下功能。

- **电子邮件检查**：对接收和发送的电子邮件进行扫描，识别垃圾邮件和可疑附件。
- **常驻动态扫描**：在访问程序文件和文档时对其进行检查。
- **计划内扫描**：定期扫描病毒，并检查特定驱动器或整个计算机。
- **自动更新**：检查并下载已知的病毒特征和模式，并定期检查更新。

市面上有很多防病毒软件可用。有些是制造商免费提供的，有些是需要付费才能下载并使用的。

15.6.3 反垃圾邮件软件

没人喜欢在打开电子邮件时看到成堆的无用消息。垃圾邮件不仅令人厌烦，它还会使电子邮件服务器超载，也可能会携带病毒和其他安全威胁。除此之外，发送垃圾邮件的人可能会在电子邮件中夹带链接，并由此在主机上植入病毒或特洛伊木马，进而控制主机。然后在用户不知情的情况下使用主机发送垃圾邮件，消耗本地带宽和处理器资源。

反垃圾邮件软件通过识别垃圾邮件并执行一些操作来保护主机，比如将其放入垃圾邮件文件夹或将其删除。我们可以把垃圾邮件过滤器加载到单台设备上，也可以将其加载到电子邮件服务器上。除此之外，有很多 ISP 也提供了垃圾邮件过滤器。反垃圾邮件软件并不能识别出所有垃圾邮件，因此在打开电子邮件时要保持警惕。反垃圾邮件软件还有可能意外地将用户想要的电子邮件识别为垃圾邮件，而对其执行与垃圾邮件相同的处理。

15.6.4 反间谍软件

反间谍软件是一类软件，它可以检测并移除间谍软件。

1. 反间谍软件和广告软件

间谍软件和广告软件可能会产生类似病毒的威胁。除了能够收集未经授权的信息之外，它们还可以消耗重要的计算机资源，并对性能产生影响。反间谍软件能够检测并删除间谍软件，并预防未来其有可能的安装行为。很多反间谍软件中还包括检测和删除 cookie 和广告软件的功能。一些防病毒软件包也提供了反间谍软件的功能。

2. 弹窗拦截软件

我们可以安装弹窗拦截软件，来阻止弹窗和后台弹窗。很多网络浏览器都默认包含弹窗阻止功能。但需要注意的是，有些程序和网页会创建必要且用户需要的弹窗。大多数弹窗拦截器为此提供了覆盖功能。

15.6.5 附加保障

最常见的垃圾邮件类型之一是病毒警告。尽管有些通过电子邮件发出的病毒警告是真的，但很大一部分都是恶作剧，它们所警告的病毒并不存在。这种类型的垃圾邮件也会制造问题，因为人们会为了对他人发出警示而发出大量电子邮件进而淹没电子邮件系统。除此之外，网络管理员也可能会反应过度，浪费时间来调查并不存在的问题。最后，实际上还有很多垃圾邮件会传播病毒、蠕虫和特洛伊木马。

除了使用垃圾邮件拦截器之外，还可以使用以下措施来防止垃圾邮件的传播。

- 及时更新 OS 和应用程序。
- 定期运行防病毒软件，并保持更新。
- 不要转发可疑的电子邮件。
- 不要轻易打开电子邮件附件，尤其当你不认识发件人时。
- 在你的电子邮件中设置规则，以删除那些能够绕过反垃圾邮件软件的垃圾邮件。
- 识别出垃圾邮件的来源，并将其报告给网络管理员，使其能够阻止这类垃圾邮件。
- 向处理垃圾邮件滥用的政府机构报告事件。

15.7 本章小结

下面是对本章各主题的总结。

- **安全威胁**

针对网络的攻击可能是毁灭性的，并且可能会由于重要信息或资产的损坏或被盗，而导致时间和金钱的损失。当威胁主体获得了网络访问权时，可能会导致 4 种类型的威胁：信息盗窃、数据丢失或篡改、身份盗窃，以及服务中断。由网络入侵者造成的安全威胁可能来自网络的内部和外部。

外部威胁来自组织机构外部的人员。他们无权访问组织机构的计算机系统或网络。外部攻击者主要会利用无线链路或拨号接入服务器，从互联网进入组织机构的网络。

当有人拥有访问网络的用户账户，或者能够在物理上访问网络设备时，就有可能造成内部威胁。在有些情况下，内部威胁可能来自值得信赖的员工，他可能在公司外被病毒或安全威胁"缠"上，并在不知不觉中将其带入了内部网络。

- **社会工程攻击**

在计算机和网络安全的背景下，社会工程是指欺骗内部用户去执行特定操作或泄露机密信息的技术集合。社会工程攻击利用了这样一个事实，即用户通常被认为是安全性中最薄弱的环节之一。社会工程人员可以是组织机构的内部人员或外部人员。威胁主体直接从授权用户那里获取信息的 3 种常见的方法包括伪装、网络钓鱼和语音钓鱼/电话钓鱼。

伪装是一种社会工程形式，即使用一个编造的场景（伪装）让受害者透露一些信息或执行一些操作。网络钓鱼是一种社会工程形式，网络钓鱼人员会假装他代表另一个组织机构的合法人员。网络钓鱼人员通常会通过电子邮件或短信来联系目标人员。使用 VoIP 进行社会工程攻击被称为语音钓鱼。通过语音钓鱼，毫无戒心的用户会收到一个语音留言，指示他们拨打一个看似合法的银行服务号码。然后这个呼叫会被攻击者拦截。用户通过电话输入银行账号和密码进行验证，随后信息被窃。

- **恶意软件**

病毒、蠕虫和特洛伊木马这些类型的恶意软件都可能会被引入主机。

- 病毒是可以通过修改其他程序或文件进行传播的程序。病毒不能自行启动，它需要被激活。
- 蠕虫类似于病毒，但与病毒不同的是，它不需要将自己附加到现有程序上。蠕虫可以利用网络将自身的副本发送到网络连接的主机中。蠕虫是独立运行的，并且传播速度很快。
- 特洛伊木马是一种被编写得看起来像是合法程序的程序，而实际上它是一个攻击工具。它不能自我复制。受害者必须初始化程序才能激活特洛伊木马。

间谍软件是指任意程序，它们会在未经许可的情况下或未进行告知的情况下从计算机中收集用户的个人信息。这些信息会发送给互联网上的广告商或其他人，并且信息中可能会包括用户的密码和账号。cookie 是间谍软件的一种形式，用于在互联网用户访问网站时，记录与用户相关的信息。

广告软件是间谍软件的一种形式，它会根据用户访问的网站来收集有关用户的信息。这些信息会被用于有针对性地向用户投放广告。用户通常会安装广告软件以换取"免费的"产品。弹窗和后台弹窗是指在用户访问网站时显示附加的广告窗口。与广告软件不同的是，弹窗和后台弹窗并非旨在收集有关用户的信息。

发送垃圾邮件的方法之一是使用僵尸网络或僵尸程序。恶意的僵尸程序软件会感染设备，它的产生通常是由于用户通过电子邮件或网页链接下载并安装了一个远程控制功能。被感染后，"僵尸"计算机会与僵尸网络创建者的服务器联系。这些服务器是整个被感染设备网络（称为僵尸网络）的 C&C 中心。

■ 拒绝服务攻击

DoS 攻击是针对单台计算机或一组计算机发起的极具攻击性的行为，旨在拒绝向目标用户提供服务。常见的 DoS 攻击是 SYN 泛洪和死亡之 ping。

DDoS 攻击旨在通过无用数据将网络链路淹没。通常会有成百上千个攻击点同时向一个目标发起攻击。攻击点可能是之前已经被 DDoS 代码感染的无辜计算机。

暴力破解攻击也可能导致服务中断。通过暴力破解，攻击者可以使用运行速度快的计算机来猜测密码或破译加密代码。由于可能出现去往特定资源的流量过大，或用户账户被锁定的情况，因此暴力破解也可能会导致服务中断。

■ 安全工具

用户名和密码是用户登录计算机或应用程序所需要的两个信息。当威胁主体知道上述任意一个信息时，他只需要破解或找到另一个信息就可以获得计算机访问权。对于计算机和网络设备上的所有用户来说，更改默认的用户名非常重要。我们应该将密码视为有价值的数据，并且要尽可能让它变得安全。

能够保护网络的安全工具和应用程序包括防火墙、补丁和更新、病毒保护程序、间谍软件保护程序、垃圾邮件拦截器、弹窗拦截器等。

使用最新的安全补丁和更新可以使软件应用程序保持最新，这对于阻止威胁非常重要。补丁是用来修正特定问题的一小段代码。更新中除了会包含为软件包添加的新功能，还有可能会包含针对特定问题的补丁。

■ 反恶意软件

如下一些迹象可以表明计算机中有病毒、蠕虫或特洛伊木马。

- 计算机开始出现异常。
- 程序不响应鼠标和键盘输入。
- 程序自行启动或关闭。
- 电子邮件程序开始发送大量电子邮件。
- CPU 使用率非常高。
- 有无法识别的进程或大量进程正在运行。
- 计算机运行速度显著变慢或崩溃。

防病毒软件既可以被用作预防工具，也可以被用作反应工具。它可以预防感染，而且能够检测并移除病毒、蠕虫和特洛伊木马。连接在网络中的所有计算机上都应该安装防病毒软件。

反垃圾邮件软件通过识别垃圾邮件并执行一些操作来保护主机，比如将其放入垃圾邮件文件夹或将其删除。

　　反间谍软件能够检测并删除间谍软件应用程序，并预防未来其有可能的安装行为。很多反间谍软件中还包括检测和删除 cookie 和广告软件的功能。我们可以安装弹窗阻止软件，来阻止弹窗和后台弹窗。

　　此外，还可以使用以下措施来防止垃圾邮件的传播。

- 及时更新 OS 和应用程序。
- 定期运行防病毒软件，并保持更新。
- 不要转发可疑的电子邮件。
- 不要轻易打开电子邮件附件，尤其当你不认识发件人时。
- 在你的电子邮件中设置规则，以删除那些能够绕过反垃圾邮件软件的垃圾邮件。
- 识别出垃圾邮件的来源，并将其报告给网络管理员，使其能够阻止这类垃圾邮件。
- 向处理垃圾邮件滥用的政府机构报告事件。

习题

　　完成下面的习题可以测试出你对本章内容的理解水平。附录中会给出这些习题的答案。

1. 下列哪一项是社会工程示例？
   A. 身份不明的人自称是技术人员，从员工那里收集用户信息
   B. 一名匿名程序员指挥对数据中心发起 DDoS 攻击
   C. 计算机上显示了未经授权的弹窗和广告
   D. 木马携带的病毒感染了计算机

2. 什么类型的程序会在未经用户许可或用户不知情的情况下，被安装到计算机中并收集个人信息，包括用户的密码和账户信息？
   A. 后台弹窗　　B. 广告软件　　C. 弹窗　　D. 间谍软件

3. 应该使用什么术语来描述恶意方发送伪装成合法、可信来源的欺诈性电子邮件？
   A. 语音钓鱼　　B. 特洛伊木马　　C. 后门　　D. 网络钓鱼

4. 哪类病毒程序会利用看似合法程序的外表来欺骗受害者，但实际上是包含恶意代码的攻击工具？
   A. 间谍软件　　B. 病毒　　C. 特洛伊木马　　D. 蠕虫

5. 什么类型的 DoS 攻击源自具有无效源 IP 地址的恶意主机，并请求客户端连接？
   A. 死亡之 ping　　B. 暴力破解　　C. 网络钓鱼　　D. SYN 泛洪

6. 哪种类型的攻击会试图使用无用的数据淹没网络链接和设备？
   A. DoS 攻击　　B. 病毒　　C. 暴力破解　　D. 间谍软件

7. 网络钓鱼者通常如何联系受害者？
   A. 广告软件　　B. 电子邮件　　C. 间谍软件　　D. 电话

8. 哪种技术可以防止恶意软件监视用户的活动、收集个人信息，以及在用户计算机上产生不需要的弹窗广告？
   A. 双重因素的身份验证　　　　　　B. 反间谍软件
   C. 防火墙　　　　　　　　　　　　D. 密码管理器

9. 死亡之 ping 是什么类型的攻击？
   A. 社会工程　　B. 病毒　　C. DoS 攻击　　D. 暴力破解

10. 缓解病毒和特洛伊木马攻击的主要手段是什么?

    A. 阻塞 ICMP echo 和 echo 应答   B. 加密

    C. 防病毒软件   D. 防嗅探软件

第 16 章

配置网络和设备安全性

学习目标

在完成本章的学习后，读者应有能力回答下列问题。

- 解决无线漏洞的基本方法是什么？
- 如何配置用户身份验证？
- 如何配置防火墙设置？

在第 15 章中，你了解了安全注意事项。但是只是知道在出门时要锁好门窗是不够的。你还要确定将其锁住才能保障家的安全。你的网络和设备也是如此。

对于网络和设备来说，没有一种单一的措施能够保护它们免遭攻击。同时使用多种不同的措施是保障网络和设备安全的关键。

16.1 无线安全措施

就像会有人无意中听到其他两人之间的私人谈话一样，无线网络中也存在类似的安全漏洞。

16.1.1 无线漏洞

无线网络带来的主要好处之一是设备连接十分简便。但不幸的是，连接的便利性以及在空中传输信息的事实，也使你的网络数据容易遭到拦截、网络容易遭到攻击，如图 16-1 所示。在部署无线网络之前，重要的是考虑要如何保护对其的访问。

战争驾驶是指人们在一个区域内开着车搜索 WLAN 的行为。在发现了 WLAN 后，执行者会记录并共享 WLAN 的位置。战争驾驶的目标可能是接入 WLAN 以窃取信息。在某些情况下，战争驾驶的目标是通过证明大多数无线网络不安全，而引起人们对无线网络安全性的关注。

与战争驾驶类似的一种行为称为**战争漫步**，它是指人们在一个区域周围行走来发现无线接入。当发现了 WLAN 后，执行者会在该位置用粉笔做标记，来指示这个无线连接的状态，因此这种行为也称为**战争粉笔**。

通过无线连接，攻击者不需要在物理上连接到你的计算机或者任何能够访问你网络的设备。攻击者有可能可以调到你的无线网络的信号，就像调到某个广播电台一样。

攻击者可以从你的无线信号覆盖范围中的任意位置接入你的网络。他们在接入网络后，就可以免费使用你的互联网服务，也可以通过访问网络上的计算机来破坏文件或窃取个人隐私信息。

要想保护你的 WLAN 免遭攻击，就需要针对无线网络中的这些漏洞使用特殊的安全功能和实施方法。其中包括在初始化无线设备时设置的简单步骤，以及后续更高级的安全配置。

图 16-1   战争驾驶、战争漫步

16.1.2   全面的安全计划

在将家用无线路由器连接到网络或 ISP 之前，应该规划和配置安全措施。图 16-2 ~ 图 16-6 中展示了 Packet Tracer 安全设置，并简要说明了如何在大多数无线路由器上实施这些安全设置。

在图 16-2 所示的 Packet Tracer 界面中，展示了以下操作。

■ 更改了默认的 SSID。

■ 禁用了 SSID 广播。

图 16-2   基本无线设置

在图 16-3 所示的 Packet Tracer 界面中，展示了如何为每个频段设置安全配置文件。

- 将安全模式配置为 WPA2 Personal。
- 将加密设置为高级加密标准（Advanced Encryption Standard，AES）。
- 配置了密码。

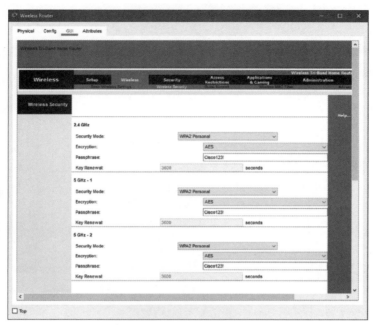

图 16-3　无线安全

在图 16-4 所示的 Packet Tracer 界面中，展示了配置希望在 WLAN 中阻止或允许的 MAC 地址。

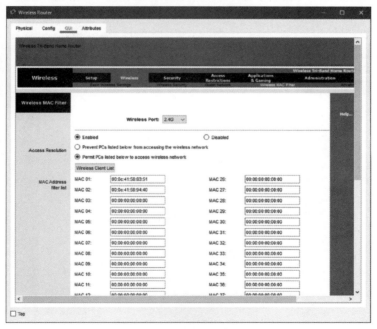

图 16-4　MAC 地址过滤

在图 16-5 所示的 Packet Tracer 界面中，展示了配置应该被转发到指定设备的端口，比如**非军事区**（**Demilitarized Zone，DMZ**）中的网页服务器。

图 16-5 端口转发

在图 16-6 所示的 Packet Tracer 界面中，展示了为 DMZ 中的服务器配置 IPv4 地址。

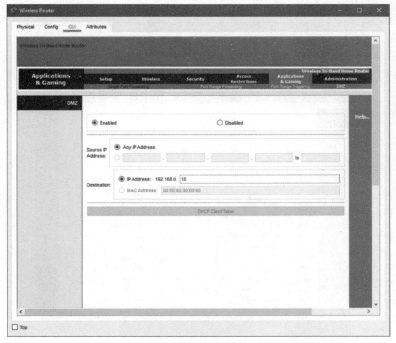

图 16-6 DMZ

　　需要记住的是，没有一种安全措施可以保证你的无线网络完全安全。需要在你的安全计划中融合多种技术来增强计划的完整性。

　　在对客户端进行配置时，SSID 必须与 AP 上配置的 SSID 完全相同。SSID 会区分大小写，因此字符串必须完全匹配。另外，加密密钥和身份验证密钥也必须匹配。

16.1.3　SSID 广播

　　进入一个无线网络的简单方法是通过它的网络名称，这个网络名称也称为**服务集标识符（SSID）**。连接到无线网络的所有计算机必须都配置或者连接到适当的 SSID。默认情况下，无线路由器和 AP 会向无线信号范围内的所有计算机广播其 SSID。在激活了 SSID 广播后，如果没有设置其他安全性功能的话，任何无线客户端都可以检测到并且连接到这个网络。

　　SSID 广播功能是可以关闭的，如图 16-7 所示。当它关闭时，这个网络对于公众来说就不可见了。任何想要连接到网络的计算机必须知道这个网络的 SSID。仅仅关闭 SSID 广播并不能保护无线网络免遭有经验的威胁主体的攻击。攻击者可以通过捕获和分析客户端与 AP 之间交换的无线数据包来确定 SSID。即使禁用了 SSID 广播，也可能有人会使用众所周知的默认 SSID 进入你的网络。除此之外，如果没有更改其他默认设置，比如密码和 IP 地址，那么攻击者可以接入 AP 并自行修改这些设置。我们应该将默认设置更改为更安全且唯一的信息。

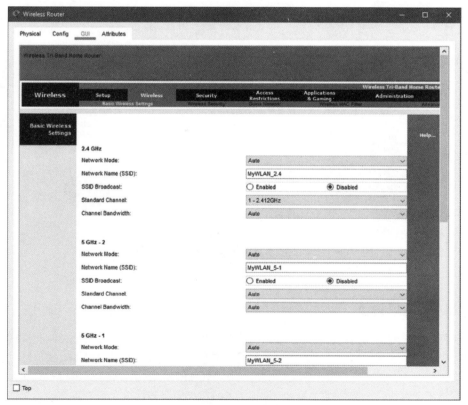

图 16-7　关闭 SSID 广播功能

16.1.4 更改默认设置

什么是默认设置？为什么会有默认设置？大多数 WAP 和路由器中都预先配置了一些设置，比如 SSID、管理员密码和 IP 地址。这些设置使新手用户更容易在家庭 LAN 环境中安装和配置设备。不幸的是，这些默认设置也可以使攻击者很容易识别并渗透到网络中。

更改无线路由器的默认设置本身并不能保护你的网络。比如 SSID 仍以明文的形式传输。有些设备可以拦截无线信号并读取明文消息。即使关闭了 SSID 广播并更改了默认设置，攻击者也可以通过使用这些设备来拦截无线信号，并获取无线网络的名称。接着攻击者就会使用这个信息来连接网络。我们要将多种方法组合在一起来保护自己的 WLAN。

如图 16-8 所示，威胁主体可以使用默认的 SSID 和密码轻松访问无线路由器。

图 16-8　威胁主体使用默认设置访问无线路由器

如图 16-9 所示，威胁主体无法访问无线路由器，因为默认设置被更改了。

图 16-9　威胁主体无法使用默认设置访问无线路由器

16.1.5 MAC 地址过滤

要想限制对无线网络的访问，其中一种方法是通过 MAC 地址过滤来准确地控制允许哪些设备接入无线网络或者在一些无线路由器/AP 上配置不允许哪些设备接入。如果使用 MAC 地址过滤配置了允许接入网络的设备，那么当无线客户端尝试连接或关联 AP 时，它会发送自己的 MAC 地址信息。无线路由器或 AP 会查找这个客户端的 MAC 地址，并根据配置来放行或允许设备连接到无线网络中。在图 16-10 中，笔记本电脑无法进行身份验证，因为无线路由器的 MAC 地址过滤列表中没有笔记本电脑的 MAC 地址。

这种类型的安全措施存在一些问题。设置无线路由器/AP 的人员必须输入 MAC 地址，因此这个措施无法很好地扩展。此外，发起攻击的设备可能会复制另一台具有访问权的设备的 MAC 地址。

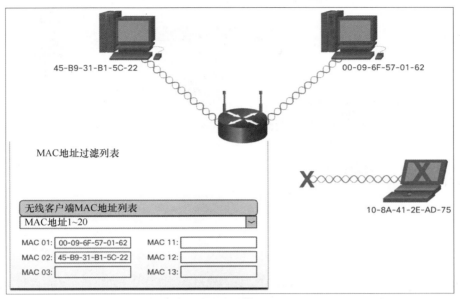

图 16-10 MAC 地址过滤

16.2 实施无线安全

要填补这些无线漏洞，可以使用多种缓解技术。

16.2.1 开放身份验证

除了 MAC 地址过滤之外，另一种可以用来控制谁能够连接到网络的方法是实施身份验证。身份验证是基于一组凭据，允许客户端连接到网络的过程。这个过程可以用来验证那些尝试连接到网络的客户端是否受信任。

使用用户名和密码是最常见的身份验证形式。在无线环境中，身份验证仍然可以确保连接到网络中的主机得到了验证，但处理验证过程的方式略有不同。如果启用了身份验证，则必须在允许客户端连接到 WLAN 之前对其进行身份验证。有多种不同类型的无线身份验证方法，其中包括开放身份验证、PSK（Pre-Shared Key，预共享密钥）、EAP（Extensible Authentication Protocol，可扩展认证协议）和 SAE（Simultaneous Authentication of Equals，对等实体同时验证）。PSK、EAP 和 SAE 的相关知识不在本书的范围内。

默认情况下，无线设备不需要身份验证，任何客户端都可以与之关联，如图 16-11 所示，这被称为开放身份验证。我们应该仅在公共无线网络中使用开放身份验证，比如部署在学校和餐厅中的无线网络。在设备连接到网络后还需要通过其他方式进行身份验证的网络中也可以使用开放身份验证。很多路由器的设置中禁用了开放身份验证，并自动在 WLAN 中设置了更安全的用户身份验证。

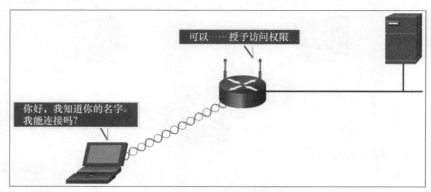

图 16-11　开放身份验证

16.2.2　身份验证和关联

在启用了身份验证后，无论使用哪种方式，客户端都必须通过身份验证后，才可以与 AP 关联并加入网络。如果同时启用了身份验证和 MAC 地址过滤，则首先执行身份验证。

身份验证成功后，AP 会根据 MAC 地址过滤列表来检查主机的 MAC 地址。验证通过后，AP 将主机的 MAC 地址添加到它的主机列表中。然后我们就可以说客户端与 AP 建立了关联，并且可以连接到网络中。

图 16-12 中显示了身份验证和关联的过程。

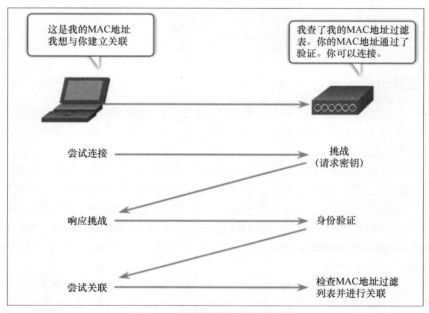

图 16-12　身份验证和关联过程

16.2.3　身份验证协议

早期的无线路由器使用一种被称为有线等效保密（Wired Equivalent Privacy，WEP）的加密形式，来保护客户端与 AP 之间的无线传输。WEP 是一种安全技术，可以在网络流量通过空中传输时对其进行加密。WEP 使用预配置的密钥对数据进行加密和解密。WEP 密钥是以数字和字母的形式输入的，长度通常为 64 位或 128 位。在某些情况下，WEP 还支持 256 位加密密钥。

然而，WEP 有一些弱点，其中一点就是在 WLAN 中所有启用了 WEP 的设备上使用静态密钥。威胁主体可以使用应用程序来发现 WEP 密钥，这种应用程序可以在互联网中找到。攻击者提取到密钥后，就可以完全访问所有传输的信息。最新的身份验证方式是 WPA3，它包括个人版和企业版。

填补这个漏洞的一种方法是经常更改密钥。另一种方法是使用更高级且更安全的加密形式，即 Wi-Fi 保护接入（Wi-Fi Protected Access，WPA）。

WPA2 的加密密钥长度也是 64 位～256 位。但是与 WEP 不同的是，每次客户端与 AP 建立连接时，WPA2 都会生成新的动态密钥。因此，WPA2 被认为比 WEP 更安全，因为它更难被破解。为家庭网络设计的 WPA2 称为 WPA2-PSK。PSK 表示这种加密方法是基于预共享密钥的——也就是你配置的密码。

16.3　配置防火墙

在任何网络中，**防火墙**都是一个关键组件。它的重要作用体现在防止未经授权的访问，同时允许合法流量进出你的网络。

16.3.1　防火墙概述

防火墙可以阻止用户不想要的流量进入网络中受保护的区域。它是用来保护内部网络用户免遭外部威胁的最有效的安全工具之一。防火墙通常会被部署在两个或多个网络之间，来控制这些网络之间的流量；防火墙还有助于防止未经授权的访问。防火墙产品会使用多种技术来确定它要允许或拒绝哪些设备访问网络。

16.3.2　防火墙的工作原理

防火墙可以在软件中实现，即可以安装在 PC、网络设备或服务器上。防火墙也可以是硬件设备，即用来保护网络内的各个区域。硬件防火墙是一个独立的单元，它不会占用它所保护的计算机上的资源，因此对处理性能没有影响。防火墙也可以根据配置的 IP 地址来阻止多台外部设备，根据 TCP 或 UDP 端口号范围来放行或拒绝数据包（见图 16-13），甚至可以针对某个应用程序的流量执行操作，比如多人视频游戏。

通常，硬件防火墙会将两种不同类型的流量传递到你的网络中：

■ 源自网络内部流量的响应流量；
■ 源自组织机构外部，但去往的目的端口已被明确放行的流量。

除此之外，防火墙通常还会执行 NAT。NAT 用来将一个或一组私有 IP 地址转换为可以被发送到互联网的公有 IP 地址。这也实现了对外部用户隐藏私有 IP 地址的目的。

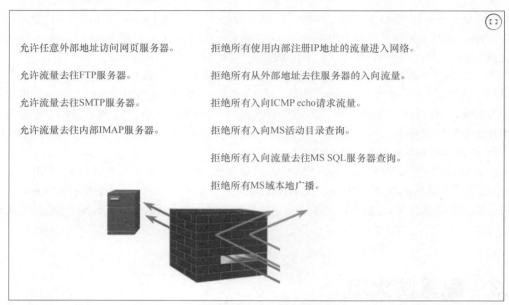

图 16-13 防火墙基于 TCP 和 UDP 端口过滤

允许任意外部地址访问网页服务器。 拒绝所有使用内部注册IP地址的流量进入网络。

允许流量去往FTP服务器。 拒绝所有从外部地址去往服务器的入向流量。

允许流量去往SMTP服务器。 拒绝所有入向ICMP echo请求流量。

允许流量去往内部IMAP服务器。 拒绝所有入向MS活动目录查询。

拒绝所有入向流量去往MS SQL服务器查询。

拒绝所有MS域本地广播。

16.3.3 DMZ

很多家庭网络设备，比如无线路由器，包含多功能防火墙软件。除了 IP、应用程序和网站过滤功能之外，防火墙软件通常还提供 NAT。它还支持 DMZ 功能，如图 16-14 所示。

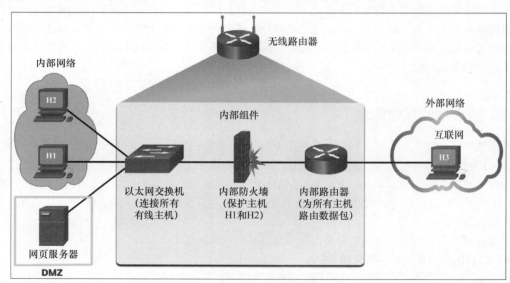

图 16-14 无线路由器的防火墙和 DMZ 服务

在计算机网络环境中，DMZ 是指网络中的一个区域，内部用户和外部用户均可访问这个区域。它比外部网络安全，但不如内部网络安全。通过无线路由器可以设置一个简单的 DMZ，允许外部主机访问内部服务器。为此，内部服务器需要一个静态 IP 地址，我们必须在 DMZ 的配置中指定这个 IP 地址。无线路由器会隔离发往这个 IP 地址的流量。它只会将流量发往该服务器所连接的交换机端口。所有其他主机仍受到防火墙的保护。那些需要用户直接从互联网进行访问的游戏服务器或其他设备可能都需要配置在 DMZ 网络中。

16.3.4　端口转发

　　用来允许其他用户通过互联网访问你的网络中设备的方法之一是使用端口转发功能。端口转发是一种基于规则的方法，用来在不同网络中的设备之间转发流量。使用这种方法将你的设备暴露在互联网中，比使用 DMZ 要安全得多。

　　当来自互联网的入站流量到达你的路由器时，路由器中的防火墙会根据流量中携带的端口号，确定是否应该将流量转发到特定的设备。端口号是与特定的服务相关的，比如 FTP、HTTP、HTTPS 和 POPv3。配置在防火墙上的规则决定了 LAN 中允许有哪些流量。比如路由器上配置了允许转发端口 80 的流量，这个端口与 HTTP 相关联。当路由器接收到目的端口为 80 的数据包时，就会将流量转发给网络内部提供网页服务的设备。

　　图 16-15 中展示了思科 CVR100W Wireless-N VPN 路由器上的 Single Port Forwarding 规则。

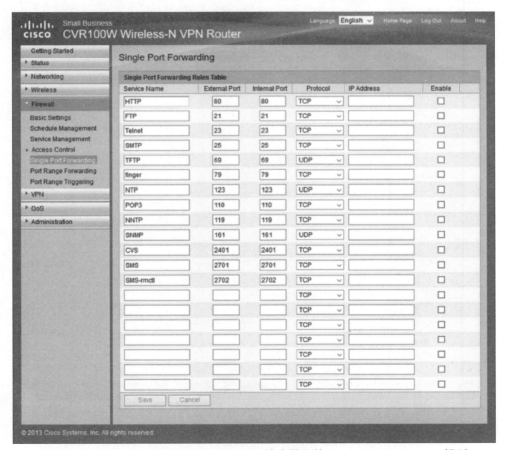

图 16-15　思科 CVR100W Wireless-N VPN 路由器上的 Single Port Forwarding 规则

注　释　　你可以在网上搜索思科 CVR100W Wireless-N VPN 路由器的仿真程序并与其进行互动。

16.3.5   端口触发

通过互联网玩游戏需要的可能并不仅是你与其他玩家之间的数据连接。你可能想要在游戏里与朋友说话或聊天。在很多多人游戏中,当游戏处于活动状态时,玩家之间可能存在很多 TCP 和 UDP 连接。向互联网开放大量端口可能会带来安全风险。

端口触发允许路由器可以临时通过入向 TCP 或 UDP 端口将数据转发给特定的设备。你可以使用端口触发来转发数据,并且只有当计算机在出向请求中使用了指定端口范围内的端口时,才为它转发去往它的入向流量。比如允许视频游戏使用端口 27000～27100 来连接其他玩家。这些就是触发端口。聊天客户端可能会使用端口 56 来连接端口号相同的玩家,以便他们可以在玩游戏时相互沟通。在这种情况下,如果触发端口范围内的出向端口上有游戏流量,入向端口 56 上的聊天流量就会被转发到计算机,使玩家能够一边玩游戏一边与朋友聊天。当游戏结束时,触发端口不再使用,也就不再允许端口 56 向这台计算机发送任何类型的流量。

图 16-16 中展示了思科 CVR100W Wireless-N VPN 路由器上的 Port Range Triggering 规则。

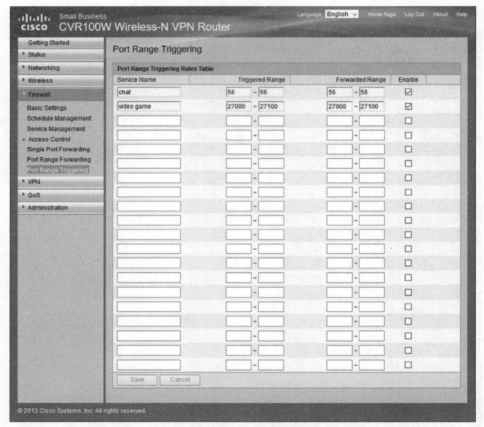

图 16-16   思科 CVR100W Wireless-N VPN 路由器上的 Port Range Triggering 规则

16.4   本章小结

下面是对本章各主题的总结。

■ 无线安全措施

通过无线连接，攻击者有可能可以调到你的无线网络的信号，就像调到某个广播电台一样。他们在接入网络后，就可以免费使用你的互联网服务，也可以访问网络上的计算机。要想保护你的 WLAN 免遭攻击，就需要针对无线网络中的这些漏洞使用特殊的安全功能和实施方法。

- 更改默认的 SSID 和管理员密码。
- 禁用 SSID 广播。
- 配置 MAC 地址过滤。
- 使用 WPA2 或更高的加密方式。
- 配置身份验证。
- 配置流量过滤。

在激活了 SSID 广播后，如果没有设置其他安全性功能的话，任何无线客户端都可以检测到并且连接到这个网络。SSID 广播功能是可以关闭的。当它关闭时，这个网络对于公众就不可见了。任何想要连接到网络的计算机必须知道这个网络的 SSID。

我们应该将默认设置更改为更安全且唯一的信息。更改无线路由器的默认设置本身并不能保护你的网络。即使关闭了 SSID 广播并更改了默认设置，攻击者也可以通过使用某些设备来拦截无线信号，并获取无线网络的名称。我们要将多种方法组合在一起来保护自己的 WLAN。

MAC 地址过滤使用 MAC 地址来准确地控制允许哪些设备接入无线网络（这是最常见的方法），或者根据预配置的 MAC 地址过滤列表来禁止哪些设备接入网络。

■ 实施无线安全

使用用户名和密码是最常见的身份验证形式。在无线环境中，如果启用了身份验证，则必须在允许客户端连接到 WLAN 之前对其进行身份验证。很多路由器的设置中禁用了开放身份验证，并自动在 WLAN 中设置了更安全的用户身份验证。如果同时启用了身份验证和 MAC 地址过滤，则首先执行身份验证。身份验证成功后，AP 会根据 MAC 地址过滤列表来检查主机的 MAC 地址。验证通过后，AP 将主机的 MAC 地址添加到它的主机列表中。然后我们就可以说客户端与 AP 建立了关联，并且可以连接到网络中。

WPA2 的加密密钥长度是 64 位～256 位。但是与 WEP 不同的是，每次客户端与 AP 建立连接时，WPA2 都会生成新的动态密钥。因此，WPA2 被认为比 WEP 更安全，因为它更难被破解。为家庭网络设计的 WPA2 称为 WPA2-PSK。PSK 表示这种加密方法是基于预共享密钥的——也就是你配置的密码。WPA3 是对 WPA 的升级，它包括个人版和企业版。

■ 配置防火墙

防火墙通常会被部署在两个或多个网络之间，来控制这些网络之间的流量；防火墙还有助于防止未经授权的访问。防火墙产品会使用多种技术来确定它要允许或拒绝哪些设备访问网络。通常，硬件防火墙会将两种不同类型的流量，即源自网络内部流量的响应流量，以及源自组织机构外部，但去往的目的端口已被明确放行的流量，传递到你的网络中。很多家庭网络设备，比如无线路由器，包含多功能防火墙软件。除了 IP、应用程序和网站过滤功能之外，防火墙软件通常还提供 NAT，并且支持 DMZ 功能。

端口转发是一种基于规则的方法，用来在不同网络中的设备之间转发流量。当来自互联网的入站流量到达你的路由器时，路由器中的防火墙会根据流量中携带的端口号，确定是否应该将流量转发到特定的设备。配置在防火墙上的规则决定了 LAN 中允许有哪些流量。

端口触发允许路由器可以临时通过入向 TCP 或 UDP 端口将数据转发给特定的设备。你可以使用端口触发来转发数据，并且只有当计算机在出向请求中使用了指定端口范围内的端口时，才为它转发去往它的入向流量。

习题

完成下面的习题可以测试出你对本章内容的理解水平。附录中会给出这些习题的答案。

1. 大多数 AP 默认使用哪种类型的身份验证?

    A. WEP   B. EAP   C. PSK   D. 开放身份验证

2. DMZ 的作用是什么?

    A. 它为远程主机访问内部网络创建了一个加密且经过身份验证的隧道

    B. 它为通过 WLAN 连接到内部网络的客户端提供了安全连接

    C. 它分析具有入侵企图的流量并向管理站发送报告

    D. 它使外部主机能够访问特定的内部服务器,同时保持内部网络的安全限制

3. 哪些操作可以提高无线网络的安全性?(选择 2 项)

    A. 广播默认的 SSID   B. 为 AP 使用默认的管理员密码

    C. 启用 WPA2-PSK   D. 启用 MAC 地址过滤

4. 用什么术语来描述存储服务器的网络区域,这些服务器可用于互联网用户访问?

    A. DMZ   B. 分界点   C. 外联网   D. 内联网

5. 管理员可以使用哪种功能来防止未经授权的用户连接到 WAP?

    A. MAC 地址过滤   B. 代理服务器   C. WPA   D. 软件防火墙

6. 无线 SSID 的作用是什么?

    A. 保护无线客户端之间传输的数据   B. 唯一标识一个无线网络

    C. 将无线客户端与 AP 安全地连接在一起   D. 从无线客户端可靠地接收和传输数据

7. 无线路由器上配置了端口触发。端口 25 被定义为触发端口,端口 113 被定义为开放端口。这对网络流量有什么影响?

    A. 进入内部网络并去往端口 25 的所有流量也被允许使用端口 113

    B. 从端口 25 发出的所有流量都会"打开"端口 113,以允许入向流量通过端口 113 进入内部网络

    C. 任何进入端口 25 的流量都允许使用出站端口 113

    D. 任何使用端口 25 离开内部网络的流量也被允许从端口 113 传输出去

8. 网络管理员决定使用 WPA2 来确保 WLAN 的安全性。下列哪项描述了 WPA2?

    A. WPA2 指定使用动态加密密钥

    B. WPA2 使用预配置的密钥来加密和解密数据

    C. WPA2 指定使用静态加密密钥,必须经常更改以增强安全性

    D. WPA2 需要使用开放身份验证方法

9. 哪个组件旨在防止未经授权的计算机通信?

    A. 防病毒   B. 安全中心   C. 端口扫描器

    D. 防火墙   E. 反恶意软件

10. 无线客户端使用哪个 WAP 关联参数来区分附近的多个无线网络?

    A. 密码   B. 信道设置   C. SSID   D. 网络模式

第 17 章

思科交换机和路由器

学习目标

在完成本章的学习后，读者应有能力回答下列问题。

- 思科 LAN 交换机的特点是什么?
- 思科交换机启动过程是怎样的?
- 思科小型业务路由器的特点是什么?
- 思科路由器启动过程是怎样的?

到目前为止，你应该已经准备好了在更大的网络上测试你的知识和技能。在更大的网络上需要交换机和路由器。交换机和路由器将你的 LAN 变为了 WAN 的一部分，将你的 WAN 变为了 WWW 的一部分，因此你需要知道它们是如何工作的。本章介绍的内容将是这一切的起点。

17.1 思科交换机

以太网交换机是用来转发以太网数据帧的二层设备。多台交换机之间可以相互连接，从而连接更多的设备。

17.1.1 连接更多设备

家庭和小型企业网络通常只需要一两台网络设备就可以高效运行。要想为普通用户群体提供足够的连通性，使用一台配备了无线连接和少量有线连接的无线路由器就足够了。我们可以通过网页浏览器来配置这些无线路由器，并且它们还会提供易于使用的 GUI，来引导你完成非常常见的配置项目。

主要为家庭用户设计的这种无线路由器不适用于大多数企业网络，企业网络必须为更多的用户提供支持。现代网络会使用各种设备来实现连通性。每台设备都具有特定的功能来控制跨越网络的数据流。一般性的规则是，设备位于 OSI 参考模型中的层级越高，它就越智能。也就是说上层的设备可以更好地分析数据流量，并且能够根据下层设备不可用的信息来转发流量。比如二层交换机只能根据 MAC 地址来过滤数据，并且只能将数据从连接目的设备的那个端口发送出去。

随着交换机和路由器的发展，它们之间的区别看起来越来越越模糊。但仍有一个简单的区别方法：LAN 交换机为组织机构的 LAN 提供了连通性，而路由器为多个本地网络之间提供了连通性，并且在 WAN 环境中是必需的。换句话说，交换机用来连接相同网络上的设备。路由器用来将多个网络连接在一起。

图 17-1 中显示了一系列思科交换机。

图 17-1　思科 Catalyst 9300 系列交换机

图 17-2 中显示了一系列思科路由器。

图 17-2　思科 4300 系列路由器

除了交换机和路由器之外，LAN 中还可以使用其他连接选项。在企业中部署 WAP，可以让计算机和其他设备（比如智能手机）通过无线的方式连接到网络或共享宽带连接。防火墙可以用来防御网络威胁，并提供安全性保障、网络控制和遏制。

17.1.2　思科 LAN 交换机

随着 LAN 的发展，无线路由器所提供的 4 个以太网端口不足以供所有联网设备使用，这时就需要在网络中添加 LAN 交换机了。交换机可以在网络的接入层提供连接，将设备连接到 LAN 中。交换机可以让网络在无须替换中央设备的情况下得到扩展。在选择交换机时，需要考虑诸多因素，其中包括：

- 端口类型；
- 所需速率；
- 可扩展性；
- 可管理性。

1.　端口类型

在为你的 LAN 选择交换机时，选择适当数量和类型的端口至关重要。大多数低价交换机仅支持双绞线接口。高价交换机可能具有光纤连接功能。光纤可以将交换机与另一台远距离的交换机相连。思科 Catalyst 9300 系列交换机（见图 17-3）可以根据你的环境提供多种选择。

2.　所需速率

交换机上的以太网双绞线接口具有设定的速率。10/100 以太网端口可以以 10Mbit/s 或 100 Mbit/s 的速率工作。也就是说，使用 10/100 交换机接口连接了一台能够支持千兆速率的设备，该设备的最大通信速率也是 100 Mbit/s。交换机上也可能会提供千兆以太网端口。如果你的互联网连接速率超过了 100 Mbit/s，就需要使用千兆以太网端口来获取更高的互联网带宽。千兆以太网端口也可以以 10/100

Mbit/s 的速率工作。千兆以太网有时被表示为 1000 Mbit/s。图 17-4 中的思科 Catalyst 9300 48S 交换机提供了两个 40 Gbit/s 上行链路端口，为 48 个端口提供了快速路径来访问网络的其他部分和互联网。

图 17-3　思科 Catalyst 9300 系列交换机

图 17-4　思科 Catalyst 9300 48S 交换机

与交换机端口类似，以太网 NIC 也以设定的速率运行，比如 10/100 Mbit/s 或 10/100/1000 Mbit/s。联网设备的真实带宽是设备 NIC 和交换机端口的最大相同带宽。

3. 可扩展性

网络设备有其固定的和模块化的物理配置。固定配置包含特定类型和数量的端口或接口。模块化的设备具有扩展槽，可以灵活地按需添加新模块。图 17-5 展示了思科 Catalyst 9600 交换机的机框，你可以在其中安装不同的硬件配置，来满足特定环境的需求。

图 17-5　思科 Catalyst 9600 交换机的机框

4. 可管理性

有很多便宜的基本款交换机是不可配置的。对于使用思科操作系统的托管交换机来说，我们可以控制它的单个端口，也可以控制整个交换机。控制行为包括更改设备的设置、添加端口安全功能，以及监控设备性能。图 17-6 展示了网络管理员使用控制台（Console）线缆直接连接思科 Catalyst 交换机。

图 17-6　网络管理员管理交换机

17.1.3　LAN 交换机的组成部分

图 17-7 中展示的思科 Catalyst 9300 交换机适用于中小型网络。它提供了 24 个 1Gbit/s 的数据端口，且这些端口具有 PoE（Power over Ethernet，以太网供电）功能，因此某些类型的设备可以直接从交换机取电。它还提供了两个模块化的 40Gbit/s 上行链路端口。它的状态 LED 用来指示交换机的端口状态和系统状态。交换机还配置有 Console 端口和存储端口，用于设备管理。

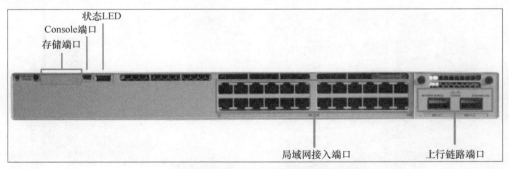

图 17-7　思科 Catalyst 9300 交换机

17.2　思科交换机的启动过程

思科交换机的启动过程与你的计算机或智能手机的类似。小型网络中的以太网交换机通常不需要做任何配置，旨在开箱即用。

17.2.1 交换机加电

与大多数交换机一样,思科交换机已经预先配置好了在通电后立即在 LAN 中运行的设置。交换机上的所有端口都处于活动状态,并且会在设备接入后立即开始转发流量。请务必记住,交换机在默认情况下没有启用任何安全设置。在将交换机连接到网络之前,要配置基本的安全设置。

你可以按照下面 3 个基本步骤来为交换机加电。

步骤 1:检查配件。

步骤 2:将线缆连接到交换机。

步骤 3:为交换机加电。

当交换机加电后,它就会开始进行 POST(Power-On Self-Test,通电自检)。在 POST 期间,交换机上的 LED 会闪烁,同时它会执行一系列测试来确认交换机是否能够正常工作。

注 释　　你也可以在交换机加电后再连接线缆。

当 SYST LED 快速闪烁绿光时,POST 完成。如果交换机 POST 失败了,则 SYST LED 会发出橙色光。这时你需要将交换机返厂维修。

完成所有启动程序后,就可以开始配置思科交换机了。

步骤 1:检查配件。要确保交换机随附的所有配件均可使用。这些配件可能包括 Console 线缆、交流电源线和交换机文档等(见图 17-8)。

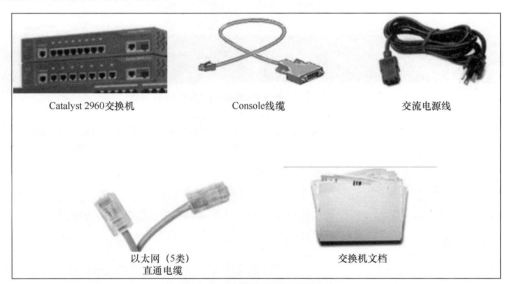

以太网(5类)
直通电缆

交换机文档

Catalyst 2960交换机　　　Console线缆　　　交流电源线

图 17-8　连接交换机用的配件

步骤 2:将线缆连接到交换机。通过 Console 线缆将笔记本电脑连接到交换机,并启动终端仿真会话,如图 17-9 所示。将交流电源线的一头插入交换机,另一头插入接地的交流电源插座。

步骤 3:为交换机加电。有些型号的思科交换机上没有电源开关,比如图 17-10 中展示的思科 Catalyst 9300 48S 交换机。要想为交换机加电,需要将交流电源线的一端插入交换机上的交流电源连接器,另一端插入交流电源插座。

图 17-9 交换机与笔记本电脑之间的 Console 线缆连接

图 17-10 思科 Catalyst 9300 48S 交换机的后面板

注 释　　图 17-10 中的思科 Catalyst 9300 48S 交换机具有冗余电源，以防电源出现故障。

17.2.2 带内和带外管理

将 PC 连接到网络设备并执行配置和监控任务的方法有两种：带内管理和带外管理。

1. 带内管理

带内管理通过网络连接对网络设备进行监控和配置变更。为了使计算机能够连接到设备并执行带内管理任务，设备上至少要有一个网络接口连接到网络中，并且该接口上配置了 IP 地址。对思科设备进行带内管理、监控网络设备或执行配置变更的方法包括 Telnet、SSH、HTTP 或 HTTPS。Telnet 和 HTTP 会以明文形式发送所有数据（包括密码），因此应该只在实验环境中使用。

2. 带外管理

带外管理需要将计算机直接连接到网络设备的 Console 端口，来对网络设备进行配置。这种类型的连接不需要设备上有处于活动状态的本地网络连接。技术人员会使用带外管理的方式初始化网络设备的配置，因为在获得正确的配置之前，网络设备无法正确地连接到网络中。在网络连接无法正常运行，并且无法通过网络访问设备时，带外管理非常有用。执行带外管理任务时需要在 PC 上安装终端仿真客户端。

17.2.3 IOS 启动文件

如图 17-11 所示，思科设备在启动时会将以下两个文件加载到 RAM 中。

- **IOS 映像文件**：思科互联网络操作系统（Internetwork Operating System，IOS）便于设备硬件组件的基本操作。IOS 映像文件存储在闪存（flash memory）中。
- **启动配置文件**：启动配置文件包含初始化配置路由器和交换机所使用的命令，并且会创建一个运行配置文件，该文件存储在 RAM 中。启动配置文件存储在 NVRAM（Nonvolatile Random Access Memory，非易失性随机存取器）中。所有配置变更都存储在运行配置文件中，并且由 IOS 立即实施。

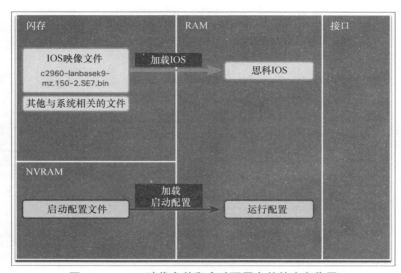

图 17-11　IOS 映像文件和启动配置文件的内存位置

网络管理员在执行设备配置时，就会修改运行配置文件。对运行配置文件做出的变更需要作为启动配置文件保存到 NVRAM 中，以防路由器重新启动或断电。

17.3　思科路由器

路由器是拥有专用硬件和网络操作系统的计算机。一台计算机甚至也可以被配置为小型网络的路由器，比如运行 Linux 的 PC。思科路由器拥有专门的硬件和软件，旨在为企业和服务提供商网络提供所需的功能和性能。

17.3.1　路由器的组成部分

无论路由器的功能、大小或复杂性如何，所有型号的路由器本质上都是计算机。就像计算机、平板电脑和智能设备一样，路由器也需要以下组成部分：

- OS；
- CPU；
- RAM；

- ROM；
- NVRAM。

与所有计算机、平板电脑和智能设备一样，思科路由器需要 CPU 来执行 OS 指令，比如系统初始化、路由功能和交换功能。

思科 IOS 是大多数思科设备上使用的系统软件，无关乎设备的大小和类型。它适用于路由器、LAN 交换机、小型 WAP、拥有数十个接口的大型路由器，以及很多其他设备。

17.3.2　路由器的接口

尽管路由器有不同的类型和型号，但思科路由器都具有相同的通用硬件组成部分。

图 17-12 中展示了思科 4321 ISR 上的连接。

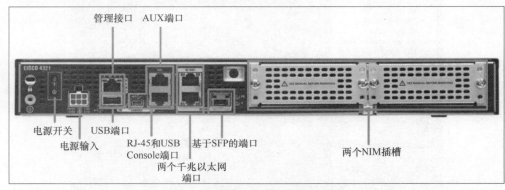

图 17-12　思科 4321 ISR 上的连接

路由器上提供了以下连接。

- **Console 端口**：两个控制台端口用于初始配置和 CLI 管理访问，使用常规的 RJ-45 端口和 USB mini-B 连接器。
- **两个局域网接口**：两个千兆以太网接口用于 LAN 接入，标记为 GE 0/0/0 和 GE 0/0/1。GE 0/0/0 端口可以通过 RJ-45 连接，或者也可以使用 SFP（Small Form-factor Pluggable，小封装可插拔）收发器来提供光纤连接。
- **NIM（Network Interface Module，网络接口模块）插槽**：两个 NIM 插槽，提供了模块化和灵活性，使路由器能够支持不同类型的接口模块，包括串行、DSL、交换机端口和无线模块等。

思科 4321 ISR 还有一个 USB 端口、一个管理接口和一个 AUX（Auxiliary，辅助）端口。USB 端口可以用来传输文件。当两个千兆以太网端口不可用时，管理员可以使用管理端口来进行远程管理接入。AUX 端口提供了传统支持，可以通过连接拨号调制解调器对路由器进行远程接入。在今天的网络中很少会用到 AUX 端口。

17.4　思科路由器的启动过程

由于路由器就是一台定制化的计算机，因此它的启动过程与大多数计算机相同。

17.4.1　路由器加电

在开始安装任何设备之前，请务必阅读设备随附的快速入门指南和其他文档。这些文档中包含重要的安全和流程信息。

步骤 1：将路由器牢固地安装到机架上（见图 17-13）。

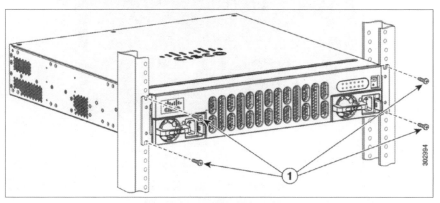

图 17-13　在机架中安装机框

注　释　　图 17-13 展示了将路由器安装到机架中的典型场景。

步骤 2：将路由器接地（见图 17-14）。

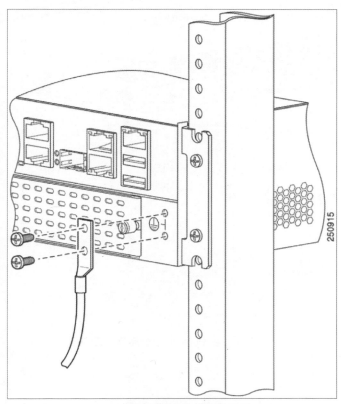

图 17-14　将地线连接到路由器

步骤 3：连接电源线。图 17-15 所示为电源输入连接器。

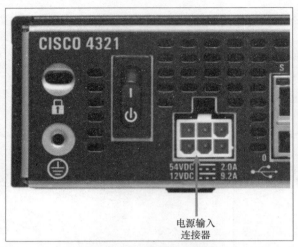

图 17-15   电源输入连接器

步骤 4：连接 Console 线缆。在笔记本电脑上配置终端仿真软件，并将笔记本电脑连接到 Console 端口（见图 17-16）。

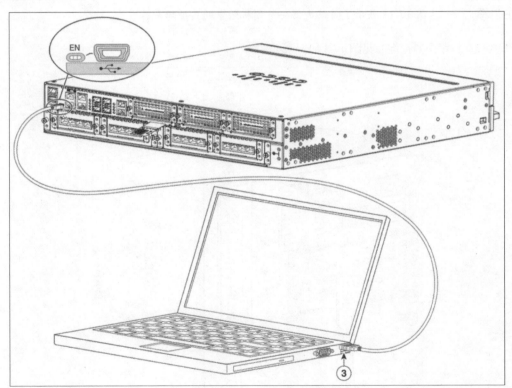

图 17-16   将 Console 线缆连接到路由器

步骤 5：启动路由器，即打开电源开关（见图 17-17）。

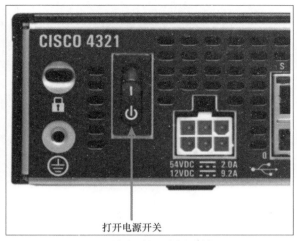

图 17-17　打开电源开关

步骤 6：在路由器的启动过程中，在笔记本电脑上观察启动消息（见例 17-1）。

例 17-1　思科 4200 ISR 的启动消息

```
Located isr4200-universalk9_ias.16.09.04.SPA.bin
#####################################################....
(output omitted)


Package header rev 3 structure detected
IsoSize = 486723584
Calculating SHA-1 hash...Validate package: SHA-1 hash:
    calculated 4155409B:CC0DB23E:6D72A6AE:EA887F82:AC94DC6A
    expected 4155409B:CC0DB23E:6D72A6AE:EA887F82:AC94DC6A
RSA Signed RELEASE Image Signature Verification Successful.
Image validated


        Restricted Rights Legend

Use, duplication, or disclosure by the Government is
subject to restrictions as set forth in subparagraph
(c) of the Commercial Computer Software - Restricted
Rights clause at FAR sec. 52.227-19 and subparagraph
(c) (1) (ii) of the Rights in Technical Data and Computer
Software clause at DFARS sec. 252.227-7013.
Cisco Systems, Inc.
170 West Tasman Drive
San Jose, California 95134-1706



Cisco IOS Software [Fuji], ISR Software (X86_64_LINUX_IOSD-UNIVERSALK9_IAS-M),
  Version 16.9.4, RELEASE SOFTWARE (fc2)
Technical Support: http://www.cisco.com/techsupport
Copyright (c) 1986-2019 by Cisco Systems, Inc.
Compiled Thu 22-Aug-19 18:09 by mcpre

(output omitted)
```

17.4.2　管理端口

与思科交换机类似，管理员有多种方法可以访问思科路由器上的 CLI。常用的方法如下。

- **通过 Console 端口**：这个方法使用低速串行连接或 USB 连接，以直连的方式通过带外管理接入思科设备。
- **通过 SSH**：这个方法通过正常工作的网络接口（包括管理接口）提供对 CLI 会话的远程接入。
- **通过 AUX 端口**：这个方法使用拨号电话线和调制解调器提供对设备的远程管理。

Console 端口是路由器上的一个物理端口。在使用 SSH 时，路由器上必须有一个处于活动状态的网络接口，并且该接口上配置了有效的 IP 地址。这个接口可以是传输网络流量的活跃接口，也可以是管理接口。图 17-18 显示了可用于管理访问的接口。

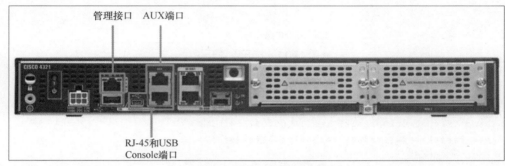

图 17-18　可用于管理访问的接口

除了这些管理端口之外，路由器还有用来接收和转发 IP 数据包的网络接口。大多数路由器都有多个接口，用来连接多个网络。通常，这些接口会连接各种类型的网络，如图 17-19 所示，这意味着需要不同类型的媒介和连接器。

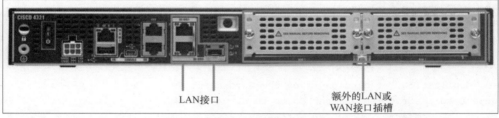

图 17-19　LAN 和 WAN 接口

17.5　本章小结

下面是对本章各主题的总结。

- **思科交换机**

交换机用来连接相同网络中的设备。路由器用来将多个网络相互连接在一起。在为你的 LAN 选择交换机时，选择适当数量和类型的端口至关重要。大多数低价交换机仅支持双绞线接口。高价交换机可能具有光纤连接功能。光纤可以将交换机与另一台远距离的交换机相连。

与交换机端口类似，以太网 NIC 也以设定的速率运行，比如 10/100 Mbit/s 或 10/100/1000 Mbit/s。联网设备的真实带宽是设备 NIC 和交换机端口的最大相同带宽。网络设备有其固定的和模块化的物理配置。对于使用思科操作系统的托管交换机来说，我们可以控制它的单个端口，也可以控制整个交换机。思科 Catalyst 2960 系列以太网交换机适用于中小型网络。

■　思科交换机的启动过程

思科交换机已经预先配置好了在通电后立即在 LAN 中运行的设置。在将交换机连接到网络之前，要配置基本的安全设置。你可以按照下面 3 个基本步骤来为交换机加电：（1）检查组件，（2）将线缆连接到交换机，（3）为交换机加电。当交换机加电后，它就会开始进行 POST。

将 PC 连接到网络设备并执行配置和监控任务的方法有两种：带内管理和带外管理。带内管理通过网络连接对网络设备进行监控和配置变更。带外管理需要将计算机直接连接到网络设备的 Console 端口，来对网络设备进行配置。

思科设备在启动时会将 IOS 映像文件和启动配置文件加载到 RAM 中。IOS 映像文件存储在闪存中，启动配置文件存储在 NVRAM 中。

■　思科路由器

思科路由器需要 OS、CPU、RAM、ROM 和 NVRAM。每台思科路由器都具有相同的通用硬件组成部分：Console 端口、LAN 接口、能够支持不同类型接口模块的插槽（比如 EHWIC、串行、交换机端口、无线模块等），以及提供扩展功能的存储插槽（比如紧凑型闪存、USB 端口）。

■　思科路由器的启动过程

按照以下步骤为思科路由器加电。

步骤 1：将路由器牢固地安装到机架上。

步骤 2：将路由器接地。

步骤 3：连接电源线。

步骤 4：连接 Console 线缆。

步骤 5：启动路由器，即打开电源开关。

步骤 6：在路由器的启动过程中，在笔记本电脑上观察启动消息。

访问思科路由器的 CLI 常用的方法是使用 Console 端口、SSH 和 AUX 端口。路由器也有用来接收和转发 IP 数据包的网络接口。

习题

完成下面的习题可以测试出你对本章内容的理解水平。附录中会给出这些习题的答案。

1. 一名技术人员正在一个新房间里搭建一个网络。用来实现 PC 之间的相互连接，并将 PC 连接到 LAN 的最佳设备是什么？

  A. 路由器   B. 交换机   C. 网关   D. 防火墙

2. 在正常运行期间，大多数思科交换机会从哪个位置运行 IOS？

  A. 硬盘驱动器 B. 闪存   C. NVRAM   D. RAM

3. 路由器加电后，默认先在哪里搜索有效的 IOS 映像进行加载？

  A. RAM   B. 闪存   C. VNRAM   D. ROM

4. 哪些协议可用于访问思科交换机以进行带内管理？（选择 2 项）

  A. DHCP   B. FTP   C. Telnet   D. SSH   E. SMTP

5. 在故障排除过程中，大多数思科路由器会从哪个位置加载受限的 IOS？

  A. NVRAM   B. 闪存   C. ROM   D. RAM

6. 企业网络会使用哪些网络设备为终端设备提供网络连接？（选择 2 项）

    A. 防火墙   B. LAN 交换机   C. 网页服务器

    D. 路由器   E. WAP

7. 网络管理员在思科设备上执行带外管理任务需要什么？

    A. 设备可用的活动网络连接   B. 直接连接到设备 Console 端口的计算机

    C. 在 VLAN 1 上配置有效的 IP 地址   D. 在设备上启用 SSH 并正常运行

8. 当交换机加电后，引导程序中的第一个动作是什么？

    A. 加载引导加载程序软件   B. 执行低级 CPU 初始化

    C. 加载默认的思科 IOS 软件   D. 加载 POST 程序

9. NVRAM 的作用是什么？（选择 2 项）

    A. 存储启动配置文件   B. 存储 ARP 表   C. 存储路由表

    D. 断电时保存内容   E. 包含运行配置文件

10. 哪些端口可用于思科路由器的初始配置？（选择 2 项）

    A. 闪存插槽   B. AUX 端口   C. WAN 接口

    D. Console 端口   E. LAN 接口

11. 思科交换机启动时，哪些文件会加载到它的 RAM 中？（选择 2 项）

    A. 包含客户设置的文件   B. 启动配置文件   C. IOS 映像文件

    D. 路由表   E. NVRAM 中保存的启动配置文件的内容

12. show startup-config 命令会显示哪些信息？

    A. ROM 中的引导程序   B. RAM 中当前运行配置文件的内容

    C. 复制到 RAM 的 IOS 映像   D. NVRAM 中保存的启动配置文件的内容

第 18 章

思科 IOS 命令行

学习目标

在完成本章的学习后，读者应有能力回答下列问题。

- 如何进入思科 IOS 的不同模式？
- 如何进入思科 IOS 来配置网络设备？
- 如何使用 **show** 命令来监控设备的操作？

想象一下你正在烤架上烤各种不同的食材，食材的形状和大小各异。你手里有一把大铲子。你可以使用铲子翻转食材，但铲子"笨拙"且无法精准控制。那么什么工具会更好用呢？答案是烧烤夹子。

使用 GUI 来配置设备就像是使用铲子来翻转不同种类的食材一样。使用思科 IOS CLI 就像是使用烧烤夹子一样。在使用 CLI 配置设备时，你会拥有更多的控制力和掌握更高的精确度。

18.1 导航 IOS

思科 IOS CLI 是一个基于文本的程序，你可以执行思科 IOS 命令来配置、监控和维护思科设备。你可以通过带内管理和带外管理来使用思科 IOS CLI。

18.1.1 思科 IOS 命令行界面

我们可以使用 CLI 命令来更改设备的配置，并查看路由器和交换机上进程的当前状态。对于有经验的用户来说，CLI 提供了很多省时的功能，有助于完成简单和复杂的配置。几乎所有思科网络设备都使用类似的 CLI。当路由器完成启动过程并出现 Router>提示符后，你就可以使用 CLI 执行思科 IOS 命令，如例 18-1 所示。

例 18-1 路由器启动后进入配置模式

```
Router con0 is now available

Press RETURN to get started!

Router> enable
Router# configure terminal
Enter configuration commands, one per line. End with CNTL/Z.
Router(config)# hostname R1
R1(config)# interface gigabitethernet 0/0/0
R1(config-if)#
```

熟悉 IOS 命令和 CLI 操作的技术人员会发现,监控和配置各类网络设备很容易,因为交换机或路由器使用了相同的基本命令。CLI 提供了一个全面的帮助系统,可以帮助你设置和监控设备。

18.1.2 主要的命令模式

所有网络设备都需要 OS,并且你可以使用 CLI 或 GUI 来配置这些网络设备。作为网络管理员,你可以使用 CLI 来获得比 GUI 更精确的控制和灵活性。本节将讨论如何使用 CLI 进入思科 IOS。

作为一项安全特性,思科 IOS 软件将管理访问分为以下两种命令模式。

- **用户 EXEC 模式**:这个模式的功能有限,但对基本操作很有用。它只允许执行数量有限的基本监控命令,不允许执行任何能够更改设备配置的命令。用户 EXEC 模式的 CLI 提示符是以>符号结尾的。
- **特权 EXEC 模式**:要执行配置命令,网络管理员就必须进入特权 EXEC 模式。其他更高的配置模式(比如全局配置模式)只能从特权 EXEC 模式进入。特权 EXEC 模式的 CLI 提示符是以#符号结尾的。

表 18-1 中总结了这两种命令模式,并展示了思科交换机和路由器的默认 CLI 提示符。

表 18-1   两种命令模式

命令模式	描述	默认的 CLI 提示符
用户 EXEC 模式	只允许使用数量有限的基本监控命令; 通常被称为"只读"模式	Switch> Router>
特权 EXEC 模式	允许使用所有命令和特性; 你可以使用任意监控命令,并可以执行配置和管理命令	Switch# Router#

18.1.3 关于语法检查器的注意事项

在你学习如何更改设备配置时,你可能希望先从安全的非生产环境开始,然后在真实设备上进行尝试。NetAcad 提供了不同的仿真工具,可以帮助你掌握配置和排错技能。因为这些都是模拟工具,所以它们不具备真实设备的全部功能。其中一个工具是语法检查器。在每个语法检查器中,你可以按照指令输入一组特定的命令。除非按照命令格式标准输入了准确且完整的命令,否则语法检查器将进行不下去。更高级的仿真工具(比如 Packet Tracer)可以让你输入缩写命令,就像你可以在真实设备上输入的一样。

18.2 命令结构

作为网络管理员,你必须了解基本的 IOS 命令结构,才能使用 CLI 执行设备配置。

18.2.1 基本的 IOS 命令结构

思科 IOS 设备支持诸多命令。每个 IOS 命令都有其特定的结构,并且只能在适当的模式中执行。

命令的一般结构是在命令后面添加适当的关键字和变量，如图 18-1 所示。

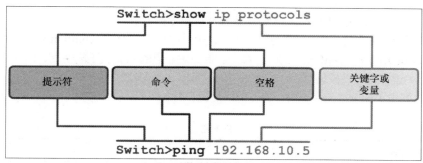

图 18-1 基本的命令语法

- **关键字**：它是操作系统中定义的特定参数，如图 18-1 所示的 **ip protocols**。
- **变量**：它不是预定义的，它是用户定义的值或可变值，如图 18-1 所示的 **192.168.10.5**。

输入完每条完整的命令（包括所有关键字和变量）后，按 Enter 键将命令提交给命令解释器。

18.2.2 IOS 命令语法

一条命令中可能需要一个或多个变量。要确定命令中需要的关键字和变量，就需要参考命令语法。语法提供了输入命令时必须使用的格式。表 18-2 展示了一些语法约定。

表 18-2 语法约定

约定	描述
粗体字	粗体字表示你需要输入的命令和关键字
斜体字	斜体字表示你需要提供的变量
[x]	方括号表示可选元素（关键字或变量）
{x}	花括号表示必选元素（关键字或变量）
[x {y|z}]	方括号内的花括号和竖线表示可选元素中的必需选项。空格用于清楚地区分命令的各个部分

举例来说，**description** 命令的语法是 **description** *string*。变量是 *string* 值，也是你要提供的字符串。**description** 命令通常用来描述接口的用途。比如命令 **description Connects to the main headquarter office switch** 描述了接口连接的对端设备是谁。

以下示例展示了 IOS 命令的语法约定和用法。

- **ping** *ip-address*：命令是 **ping**，用户定义的变量 *ip-address* 是目的设备的 IP 地址。比如 **ping 10.10.10.5**。
- **traceroute** *ip-address*：命令是 **traceroute**，用户定义的变量 *ip-address* 是目的设备的 IP 地址。比如 **traceroute 192.168.254.254**。

如果一个命令中包含多个变量，你会看到它被描述成这样：

```
Switch(config-if)# switchport port-security aging { static | time time | type
{absolute | inactivity}}
```

在思科 IOS 命令参考中，该命令后通常会详细说明命令和它需要的每个变量。思科 IOS 命令参考是所有 IOS 命令的最终信息来源。

18.2.3 快捷键和缩写

IOS CLI 提供了快捷键和缩写，使配置、监控和排错变得容易。

我们可以将命令和关键字缩短到能够唯一标识它的最少字符。比如 **configure** 命令可以被缩写为 **conf**，因为 **configure** 是以 **conf** 开始的唯一命令。但更短一点的 **con** 就不能使用，因为有多个命令都以 **con** 开始。关键字也可以被缩写。

表 18-3 中列出了能够提高命令编辑速度的快捷键。

表 18-3   **快捷键**

快捷键	描述
Tab	补全管理员输入的部分命令
BackSpace	删除光标左侧的一个字符
Ctrl+D	删除光标右侧的一个字符
Ctrl+K	删除光标右侧的所有字符
ESC+D	删除光标右侧的一个单词
Ctrl+U 或 Ctrl+X	删除光标左侧的所有字符
Ctrl+W	删除光标左侧的一个单词
Ctrl+A	将光标移动到最左端
左箭头或 Ctrl+B	将光标向左移动一个字符
ESC+B	将光标向左移动一个单词
ESC+F	将光标向右移动一个单词
右箭头或 Ctrl+F	将光标向右移动一个字符
Ctrl+E	将光标移动到最右端
上箭头或 Ctrl+P	调用历史缓冲区中的前一个命令，从最后输入的命令开始
下箭头或 Ctrl+N	调用历史缓冲区中的下一个命令
Ctrl+R、Ctrl+I 或 Ctrl+L	收到控制台消息后重新显示系统提示符和命令行

> **注　释**　尽管 Delete 键通常会删除光标右侧的一个字符，但 IOS 命令结构无法识别 Delete 键。

当命令输出产生的文本多于终端窗口中能够显示的文本时，IOS 会显示--More--提示。表 18-4 描述了显示此提示时可以使用的快捷键。

表 18-4   **看到--More--提示时可使用的快捷键**

快捷键	描述
Enter	显示下一行
Space 或 Y	显示下一屏
Y 之外的其他任意键	不再显示任何信息，返回之前的提示符

表 18-5 列出了退出一个模式所使用的快捷键。

表 18-5   退出一个模式的快捷键

快捷键	描述
Ctrl+C	处于任意配置模式时，结束该配置模式并返回特权 EXEC 模式。处于设置模式时，放弃并返回命令提示
Ctrl+Z	处于任意配置模式时，结束该配置模式并返回特权 EXEC 模式
Ctrl+Shift+6	通用中断序列，用来中止 DNS 查找、traceroute、ping 和中断一个 IOS 进程

18.3 查看设备信息

思科 IOS 提供了命令来验证路由器和交换机接口的工作状态。这些命令通常被称为 **show** 命令。

show 命令

思科 IOS CLI 中的 **show** 命令显示了有关设备配置和运行的信息。技术人员经常使用 **show** 命令来查看配置文件、检查设备接口和进程的状态，以及查看设备的运行状态。路由器上的几乎所有进程或功能都可以使用 **show** 命令来显示。

表 18-6 列出了常用的 **show** 命令及其功能。

表 18-6   常用的 show 命令

命令	功能
show running-config	查看当前的配置和设置
show interfaces	查看接口的状态，并查看接口上是否有错误消息
show ip interface	查看一个接口的三层信息
show arp	查看本地以太网 LAN 中已知的主机列表
show ip route	查看三层路由信息
show protocols	查看哪些协议正在工作
show version	查看设备的内存、接口和许可证

例 18-2 ~ 例 18-8 分别展示了这些 **show** 命令的输出示例。

例 18-2   show running-config 命令

```
R1# show running-config

(Output omitted)

!
version 15.5
service timestamps debug datetime msec
service timestamps log datetime msec
service password-encryption
!
hostname R1
```

```
!
interface GigabitEthernet0/0/0
  description Link to R2
  ip address 209.165.200.225 255.255.255.252
  negotiation auto
!
interface GigabitEthernet0/0/1
  description Link to LAN
  ip address 192.168.10.1 255.255.255.0
  negotiation auto
!
router ospf 10
  network 192.168.10.0 0.0.0.255 area 0
  network 209.165.200.224 0.0.0.3 area 0
!
banner motd ^C Authorized access only! ^C
!
line con 0
  password 7 14141B180F0B
  login
line vty 0 4
  password 7 00071A150754
  login
  transport input telnet ssh
!
end
R1#
```

例 18-3   show interfaces 命令

```
R1# show interfaces
GigabitEthernet0/0/0 is up, line protocol is up
  Hardware is ISR4321-2x1GE, address is a0e0.af0d.e140 (bia a0e0.af0d.e140)
  Description: Link to R2
  Internet address is 209.165.200.225/30
  MTU 1500 bytes, BW 100000 Kbit/sec, DLY 100 usec,
      reliability 255/255, txload 1/255, rxload 1/255
  Encapsulation ARPA, loopback not set
  Keepalive not supported
  Full Duplex, 100Mbit/s, link type is auto, media type is RJ45
  output flow-control is off, input flow-control is off
  ARP type: ARPA, ARP Timeout 04:00:00
  Last input 00:00:01, output 00:00:21, output hang never
  Last clearing of "show interface" counters never
  Input queue: 0/375/0/0 (size/max/drops/flushes); Total output drops: 0
  Queueing strategy: fifo
  Output queue: 0/40 (size/max)
  5 minute input rate 0 bits/sec, 0 packets/sec
  5 minute output rate 0 bits/sec, 0 packets/sec
     5127 packets input, 590285 bytes, 0 no buffer
     Received 29 broadcasts (0 IP multicasts)
     0 runts, 0 giants, 0 throttles
```

```
                  0 input errors, 0 CRC, 0 frame, 0 overrun, 0 ignored
                  0 watchdog, 5043 multicast, 0 pause input
                  1150 packets output, 153999 bytes, 0 underruns
                  0 output errors, 0 collisions, 2 interface resets
                  0 unknown protocol drops
                  0 babbles, 0 late collision, 0 deferred
                  1 lost carrier, 0 no carrier, 0 pause output
                  0 output buffer failures, 0 output buffers swapped out
```

例 18-4 show ip interface 命令

```
R1# show ip interface
GigabitEthernet0/0/0 is up, line protocol is up
  Internet address is 209.165.200.225/30
  Broadcast address is 255.255.255.255
  Address determined by setup command
  MTU is 1500 bytes
  Helper address is not set
  Directed broadcast forwarding is disabled
  Multicast reserved groups joined: 224.0.0.5 224.0.0.6
  Outgoing Common access list is not set
  Outgoing access list is not set
  Inbound Common access list is not set
  Inbound access list is not set
  Proxy ARP is enabled
  Local Proxy ARP is disabled
  Security level is default
  Split horizon is enabled
  ICMP redirects are always sent
  ICMP unreachables are always sent
  ICMP mask replies are never sent
  IP fast switching is enabled
  IP Flow switching is disabled
  IP CEF switching is enabled
  IP CEF switching turbo vector
  IP Null turbo vector
  Associated unicast routing topologies:
        Topology "base", operation  is UP
  IP multicast fast switching is enabled
  IP multicast distributed fast switching is disabled
  IP route-cache flags are Fast, CEF
  Router Discovery is disabled
  IP output packet accounting is disabled
  IP access violation accounting is disabled
  TCP/IP header compression is disabled
  RTP/IP header compression is disabled
  Probe proxy name replies are disabled
  Policy routing is disabled
  Network address translation is disabled
  BGP Policy Mapping is disabled
  Input features: MCI Check
  IPv4 WCCP Redirect outbound is disabled
```

```
     IPv4 WCCP Redirect inbound is disabled
     IPv4 WCCP Redirect exclude is disabled


(Output omitted)
```

例 18-5   show arp 命令

```
R1# show arp
Protocol Address          Age (min)      Hardware Addr    Type      Interface
Internet 192.168.10.1      -     a0e0.af0d.e141    ARPA    GigabitEthernet0/0/1
Internet 192.168.10.10    95    c07b.bcc4.a9c0    ARPA    GigabitEthernet0/0/1
Internet 209.165.200.225   -    a0e0.af0d.e140    ARPA    GigabitEthernet0/0/0
Internet 209.165.200.226  138   a03d.6fe1.9d90    ARPA    GigabitEthernet0/0/0
R1#
```

例 18-6   show ip route 命令

```
R1# show ip route
Codes: L - local, C - connected, S - static, R - RIP, M - mobile, B - BGP
       D - EIGRP, EX - EIGRP external, O - OSPF, IA - OSPF inter area
       N1 - OSPF NSSA external type 1, N2 - OSPF NSSA external type 2
       E1 - OSPF external type 1, E2 - OSPF external type 2
       i - IS-IS, su - IS-IS summary, L1 - IS-IS level-1, L2 - IS-IS level-2
       ia - IS-IS inter area, * - candidate default, U - per-user static route
       o - ODR, P - periodic downloaded static route, H - NHRP, l - LISP
       a - application route
       + - replicated route, % - next hop override, p - overrides from PfR
Gateway of last resort is 209.165.200.226 to network 0.0.0.0
O*E2    0.0.0.0/0 [110/1] via 209.165.200.226, 02:19:50, GigabitEthernet0/0/0
        10.0.0.0/24 is subnetted, 1 subnets
O       10.1.1.0 [110/3] via 209.165.200.226, 02:05:42, GigabitEthernet0/0/0
        192.168.10.0/24 is variably subnetted, 2 subnets, 2 masks
C       192.168.10.0/24 is directly connected, GigabitEthernet0/0/1
L       192.168.10.1/32 is directly connected, GigabitEthernet0/0/1
        209.165.200.0/24 is variably subnetted, 3 subnets, 2 masks
C       209.165.200.224/30 is directly connected, GigabitEthernet0/0/0
L       209.165.200.225/32 is directly connected, GigabitEthernet0/0/0
O       209.165.200.228/30 [110/2] via 209.165.200.226, 02:07:19,
   GigabitEthernet0/0/0
R1#
```

例 18-7   show protocols 命令

```
R1# show protocols
Global values:
  Internet Protocol routing is enabled
GigabitEthernet0/0/0 is up, line protocol is up
  Internet address is 209.165.200.225/30
GigabitEthernet0/0/1 is up, line protocol is up
  Internet address is 192.168.10.1/24
Serial0/1/0 is down, line protocol is down
Serial0/1/1 is down, line protocol is down
GigabitEthernet0 is administratively down, line protocol is down
R1#
```

例 **18-8** show version 命令

```
R1# show version
Cisco IOS XE Software, Version 03.16.08.S - Extended Support Release
Cisco IOS Software, ISR Software (X86_64_LINUX_IOSD-UNIVERSALK9-M), Version
  15.5(3)S8, RELEASE SOFTWARE (fc2)
Technical Support: http://www. Cisco.com/techsupport
Copyright (c) 1986-2018 by Cisco Systems, Inc.
Compiled Wed 08-Aug-18 10:48 by mcpre

(Output omitted)

ROM: IOS-XE ROMMON
R1 uptime is 2 hours, 25 minutes
Uptime for this control processor is 2 hours, 27 minutes
System returned to ROM by reload
System image file is "bootflash:/isr4300-universalk9.03.16.08.S.155-3.S8-ext.SPA.
bin"
   Last reload reason: LocalSoft

(Output omitted)

Technology Package License Information:
----------------------------------------------------------------
Technology    Technology-package           Technology-package
Current       Type          Next reboot
----------------------------------------------------------------
appxk9        appxk9        RightToUse     appxk9
uck9          None          None           None
securityk9    securityk9    Permanent      securityk9
ipbase        ipbasek9      Permanent      ipbasek9
cisco ISR4321/K9 (1RU) processor with 1647778K/6147K bytes of memory.
Processor board ID FLM2044W0LT
2 Gigabit Ethernet interfaces
2 Serial interfaces
32768K bytes of non-volatile configuration memory.
4194304K bytes of physical memory.
3207167K bytes of flash memory at bootflash:.
978928K bytes of USB flash at usb0:.
Configuration register is 0x2102
R1#
```

18.4 本章小结

下面是对本章各主题的总结。

■ **导航 IOS**

思科 IOS CLI 是一个基于文本的程序，你可以执行思科 IOS 命令来配置、监控和维护思科设备。你可以通过带内管理和带外管理来使用思科 IOS CLI。在对思科设备进行初始化配置时，你需要建立

Console 连接并在 IOS CLI 的各种命令模式之间切换。思科 IOS 模式使用分层架构，与交换机和路由器的操作很类似。作为一项安全特性，思科 IOS 软件将管理访问分为以下两种命令模式：用户 EXEC 模式和特权 EXEC 模式。

■ **命令结构**

每个 IOS 命令都有其特定的格式（语法），并且只能在适当的模式中执行。命令的一般语法是在命令后面添加适当的关键字和变量。

● 粗体字表示你需要输入的命令和关键字。
● 斜体字表示你需要提供的变量。
● 方括号表示可选元素。
● 花括号表示必选元素。
● 方括号内的花括号和竖线表示可选元素中的必需选项。空格用于清楚地区分命令的各个部分。

IOS CLI 提供了快捷键（比如 Tab、Space、Ctrl+C 等）和缩写（比如将 **configure** 缩写为 **conf**），使配置、监控和排错变得容易。

■ **查看设备信息**

通常 **show** 命令可以提供有关思科交换机或路由器的配置、运行和状态信息。一些常见的 **show** 命令如下。

● **show running-config**
● **show interfaces**
● **show ip interface**
● **show arp**
● **show ip route**
● **show protocols**
● **show version**

习题

完成下面的习题可以测试出你对本章内容的理解水平。附录中会给出这些习题的答案。

1. 思科 IOS 哪种模式的提示符是 Router#？
　　A. 特权 EXEC 模式　　　B. 用户 EXEC 模式　　　C. 全局配置模式　　　D. 设置模式

2. 在排除网络问题时，网络管理员会在路由器上执行 **show version** 命令。使用此命令可以看到哪些信息？
　　A. 路由器上运行的路由协议版本
　　B. 备份配置与当前运行配置的差异
　　C. 路由器上安装的 NVRAM、DRAM 和闪存的数量
　　D. 接口的带宽、封装和 I/O 统计信息

3. IOS 命令结构中的关键字和变量有什么区别？
　　A. 完整的命令中需要关键字，不需要变量
　　B. 关键字总是直接出现在命令之后，但变量不是
　　C. 关键字是一个特定的参数，变量不是预定义的可变值
　　D. 关键字的长度是预定义好的，变量可以是任意长度的

4. 哪个命令或快捷键能够让用户返回命令层次结构中的上一级?

    A. **exit**　　　　　　　B. Ctrl+Z　　　　　　　C. Ctrl+C　　　　　　　D. **end**

5. 管理员在执行 **traceroute** 命令后,在交换机上使用了 Ctrl+Shift+6 快捷键。他使用这个快捷键的目的是什么?

    A. 允许用户完成命令　　　　　　　　　　B. 中断 traceroute 进程

    C. 重新启动 ping 进程　　　　　　　　　D. 退出不同的配置模式

6. 参见图 18-2。管理员正在尝试配置交换机,但收到了图 18-2 所示的错误消息。导致错误的问题是什么?

```
Switch1> config t
              ^
% Invalid input detected at '^' marker.
```

图 18-2

    A. 必须使用完整的命令 **configure terminal**

    B. 管理员必须通过 Console 端口连接才能访问全局配置模式

    C. 管理员在执行命令之前必须先进入特权 EXEC 模式

    D. 管理员已经处于全局配置模式

7. 输入 IOS 命令时按 Tab 键的作用是什么?

    A. 退出配置模式并返回到用户 EXEC 模式

    B. 中止当前命令并返回到配置模式

    C. 完成命令中部分输入的单词的其余部分

    D. 将光标移动到下一行的行首

8. 在 **show running-config** 命令中,**running-config** 代表的是什么?

    A. 命令　　　　　　　B. 提示符　　　　　　　C. 关键字　　　　　　　D. 可变量

9. 哪些关于用户 EXEC 模式的陈述是正确的? (选择 2 项)

    A. 可以使用所有路由器命令

    B. 可以配置接口和路由协议

    C. 此模式的设备提示符以>符号结尾

    D. 可以通过执行 **enable** 命令进入全局配置模式

    E. 只能查看路由器配置的某些方面

10. 路由器完成其启动程序后,网络管理员想要立即检查路由器的配置。在特权 EXEC 模式下,网络管理员可以使用以下哪些命令来达成他的目的? (选择 2 项)

    A. **show version**　　　　B. **show running-config**　　　　C. **show flash**

    D. **show nvram**　　　　E. **show startup-config**

第 19 章

搭建小型思科网络

学习目标

在完成本章的学习后，读者应有能力回答下列问题。

- 如何在思科交换机上配置初始化
  设置？
- 如何在路由器上配置初始化设置？

- 如何配置设备以实现安全的远程管理？
- 如何搭建一个包含交换机和路由器的网络？

现在你已经掌握了足够的知识和技能，是时候搭建一个小型思科网络了。但是，如果你家没有一整柜的思科路由器和交换机，怎么办？不用担心。**Packet Tracer** 是你的首选仿真工具。

19.1 交换机的基本配置

思科交换机是有预配置的，只需要在连接到网络之前为其配置基本的安全信息即可。在配置 LAN 交换机时，通常都会配置的元素包括主机名、管理 IP 地址信息、密码和描述性信息等。

19.1.1 交换机的基本配置步骤

交换机的主机名是管理员配置的设备名称。就像每台计算机或打印机都被分配了一个名称一样，管理员也应该为网络设备配置一个具有描述性的名称。如果设备名称中包含交换机安装的位置将会很有用，比如 SW_Bldg_R-Room_216。

只有当你打算通过带内连接的方式来配置和管理交换机时，才需要配置管理 IP 地址。管理 IP 地址使你能够通过 Telnet、SSH 或 HTTP 客户端来访问设备。在交换机上必须配置的 IP 地址信息与 PC 上配置的信息基本相同，也就是 IP 地址、子网掩码和默认网关。

要保护思科 LAN 交换机的安全，你需要为各种命令行访问方式配置密码。最低的要求包括为远程访问方式配置密码，比如 Telnet、SSH 和 Console 连接。你还必须为特权 EXEC 模式分配密码，这个模式可以对配置进行变更。

注　释　　Telnet 会以明文的形式发送用户名和密码，因此它并不安全。SSH 会对用户名和密码进行加密，因此是一种更安全的方法。

在配置交换机之前，要先完成下列初始化配置任务。

配置设备名：

- **hostname** *name*

保护特权 EXEC 模式：

■　**enable secret** *password*

保护用户 EXEC 模式：

■　**line console 0**

■　**password** *password*

■　**login**

保护远程 Telnet/SSH 接入：

■　**line vty 0 15**

■　**password** *password*

■　**login**

保护配置文件中的所有密码：

■　**service password-encryption**

提供合法性通知：

■　**banner motd** *delimiter message delimiter*

配置管理 SVI：

■　**interface vlan 1**

■　**ip address** *ip-address subnet-mask*

■　**no shutdown**

保存配置：

■　**copy running-config startup-config**

例 19-1 展示了在交换机上配置上述命令的示例。

例 19-1　交换机配置示例

```
Switch> enable
Switch# configure terminal
Switch(config)# hostname S1
S1(config)# enable secret class
S1(config)# line console 0
S1(config-line)# password cisco
S1(config-line)# login
S1(config-line)# line vty 0 15
S1(config-line)# password cisco
S1(config-line)# login
S1(config-line)# exit
S1(config)# service password-encryption
S1(config)# banner motd #No unauthorized access allowed!#
S1(config)# interface vlan 1
S1(config-if)# ip address 192.168.1.20 255.255.255.0
S1(config-if)# no shutdown
S1(config-if)# end
S1# copy running-config startup-config
Destination filename [startup-config]?
Building configuration...
[OK]
S1#
```

19.1.2　交换机虚拟接口配置

要远程访问交换机，你必须在 SVI（Switch Virtual Interface，交换机虚拟接口）上配置 IP 地址和子网掩码。要在交换机上配置 SVI，管理员要使用全局配置命令 **interface vlan 1**。VLAN 1 不是真实的物理接口，而是一个虚拟接口。接着，管理员要使用接口配置命令 **ip address** *ip-address subnet-mask* 来分配 IPv4 地址。最后，使用接口配置命令 **no shutdown** 启用这个虚拟接口。

在交换机上配置了上述命令后，如例 19-2 所示，交换机已经准备好了通过网络进行通信的所有 IPv4 元素。

注　释	与 Windows 主机类似，配置了 IPv4 地址的交换机通常也需要分配一个默认网关。管理员可以使用全局配置命令 **ip default-gateway** *ip-address* 指定默认网关。变量 *ip-address* 就是本地网络中的路由器 IPv4 地址，如例 19-2 所示。但是，本节所配置的网络中只包含交换机和主机。路由器的配置会在后文中展示。

例 19-2　SVI 配置

```
Sw-Floor-1# configure terminal
Sw-Floor-1(config)# interface vlan 1
Sw-Floor-1(config-if)# ip address 192.168.1.20 255.255.255.0
Sw-Floor-1(config-if)# no shutdown
Sw-Floor-1(config-if)# exit
Sw-Floor-1(config)# ip default-gateway 192.168.1.1
```

19.2　路由器的基本配置

路由器的基本配置与交换机类似。但是路由器的功能和接口与交换机不同，因此配置也存在一些差异。

19.2.1　路由器的基本配置步骤

需要在路由器上进行的初始化配置如下。

步骤 1：配置设备名。

```
Router(config)# hostname hostname
```

步骤 2：保护特权 EXEC 模式。

```
Router(config)# enable secret password
```

步骤 3：保护用户 EXEC 模式。

```
Router(config)# line console 0
Router(config-line)# password password
Router(config-line)# login
```

步骤 4：保护远程 Telnet/SSH 接入。

```
Router(config-line)# line vty 0 4
Router(config-line)# password password
Router(config-line)# login
Router(config-line)# transport input {ssh | telnet | none | all}
```

步骤 5：保护配置文件中的所有密码。

```
Router(config-line)# exit
Router(config)# service password-encryption
```

步骤 6：提供合法性通知。

```
Router(config)# banner motd delimiter message delimiter
```

步骤 7：保存配置。

```
Router(config)# copy running-config startup-config
```

19.2.2　路由器基本配置示例

在例 19-3 中，路由器 R1 上配置了初始设置。为了将设备名配置为 R1，需要使用例 19-3 中的命令。

例 19-3　配置设备名

```
Router> enable
Router# configure terminal
Enter configuration commands, one per line.
End with CNTL/Z.
Router(config)# hostname R1
R1(config)#
```

注　释　　　　路由器提示符现在显示的是路由器的主机名。

路由器的所有接入方式都应该受到保护。特权 EXEC 模式为用户提供了对设备及其配置的完全访问权限，因此必须保障它的安全。

例 19-4 中的命令保护了特权 EXEC 模式和用户 EXEC 模式，启用了 Telnet 和 SSH 远程访问，并且加密了所有明文密码（即用户 EXEC 模式和 line vty 中的密码）。在保护特权 EXEC 模式时使用强密码非常重要，因为这个模式允许访问设备的配置。

例 19-4　路由器的基本安全保障

```
R1(config)# enable secret class
R1(config)#
R1(config)# line console 0
R1(config-line)# password cisco
R1(config-line)# login
R1(config-line)# exit
R1(config)#
R1(config)# line vty 0 4
R1(config-line)# password cisco
R1(config-line)# login
R1(config-line)# transport input ssh telnet
R1(config-line)# exit
R1(config)#
R1(config)# service password-encryption
R1(config)#
```

合法性通知用来警告用户,该设备只允许授权用户访问。管理员可以如例 19-5 所示配置合法性通知。

例 19-5   配置合法性通知

```
R1(config)# banner motd #
Enter TEXT message. End with a new line and the # ********************************
*************** WARNING: Unauthorized access is prohibited! ********************
**************************** #
R1(config)#
```

如果路由器上配置了上述配置后意外断电,路由器的配置就会丢失。因此在实施更改后保存配置很重要。例 19-6 中显示了如何将配置保存到 NVRAM。

例 19-6   保存配置

```
R1# copy running-config startup-config
Destination filename [startup-config]?
Building configuration...
[OK]
R1#
```

19.3 保护设备

在将设备投入生产网络之前,总是应该先对其进行适当的保护。

19.3.1 密码建议

为了保护网络设备,你需要使用强密码。以下是需要在设置密码时遵循的标准指南。

- 密码长度至少为 8 个字符,最好是 10 个或更多字符。较长的密码更安全。
- 使密码复杂化。可以混合使用大小写字母、数字、符号和空格(如果允许的话)。
- 请勿重复使用密码;请勿使用常见的词汇;请勿使用顺序的字母或数字;请勿使用用户名;请勿使用亲戚或宠物的名字;请勿使用身份信息,比如生日、身份证号码、父辈的名字或者其他易于识别的信息。
- 可以使用故意拼错的词。比如 Smith = Smyth = 5mYth 或 Security = 5ecur1ty。
- 要经常更改密码。如果在不知不觉中泄露了密码,更改密码可以限制威胁主体使用密码的机会。
- 不要写下密码或把密码放在显眼的地方,比如桌子上或显示器上。

表 19-1 和表 19-2 分别列出了弱密码示例和强密码示例。

表 19-1   弱密码示例

弱密码	为什么弱
secret	简单的词汇
smith	母亲的姓
toyota	汽车品牌
bob1967	用户的名字和生日年份
Blueleaf23	简单的词汇和数字

表 19-2 强密码示例

强密码	为什么强
b67n42d39c	结合使用了字母和数字
12^h u4@1p7	结合使用了字母、数字、符号和空格

在思科路由器上，密码的前导空格会被忽略，但第一个字符后面的空格不会被忽略。因此，创建强密码的一个方法是使用空格来创建一个由多个单词组成的短语。这被称为密码短语。密码短语通常比密码更容易记忆。同时它也更长，更难以猜测。

19.3.2 安全远程访问

管理员可以使用多种方法来访问设备并执行配置任务。其中一种方法是使用 PC 通过设备上的 Console 端口直接连接设备。这类连接经常用于设备的初始配置。

要为 Console 连接的访问设置密码，管理员需要使用全局配置模式。这些命令可以防止未经授权的用户从 Console 端口进入用户模式：

```
Switch(config)# line console 0
Switch(config)# password password
Switch(config)# login
```

当设备连接到网络时，管理员可以使用 SSH 或 Telnet 通过网络访问它。SSH 是首选方法，因为它更安全。当管理员通过网络访问设备时，设备会将这个连接视为 vty 连接。管理员必须为 vty 连接分配密码。管理员需要使用以下命令为交换机启用 SSH 访问：

```
Switch(config)# line vty 0 15
Switch(config)# password password
Switch(config)# transport input ssh
Switch(config)# login
```

例 19-7 中展示了一个配置示例。

例 19-7 使用密码保护远程访问

```
S1(config)# line console 0
S1(config-line)# password cisco
S1(config-line)# login
S1(config-line)# exit
S1(config)#
S1(config)# line vty 0 15
S1(config-line)# password cisco
S1(config-line)# login
S1(config-line)#
```

默认情况下，很多思科交换机最多可以支持 16 条 vty 线路，线路的默认编号是 0～15。思科路由器上支持的 vty 线路数量因路由器的类型和 IOS 版本而异。但是，路由器上配置的最常见的 vty 线路的数量是 5。这些线路的默认编号是 0～4，但是管理员也可以配置其他线路。管理员必须为所有可用的 vty 线路设置密码（可以为所有连接设置相同的密码）。

管理员可以使用命令 **show running-config** 来验证密码的设置是否正确。在运行配置中，这些密码是以明文的形式存储的。我们可以对路由器中存储的所有密码执行加密设置，这样未经授权的人就不会轻易地看到密码。使用全局配置命令 **service password-encryption** 就确保了所有密码都被加密。

为了保护交换机的远程访问，我们现在可以配置 SSH。

19.3.3 配置 SSH

在配置 SSH 之前，你必须至少在交换机上配置唯一的主机名，并且完成正确的网络连通性设置。

步骤 1：验证 SSH 支持。使用命令 **show ip ssh** 来验证交换机是否支持 SSH。如果交换机运行的 IOS 不支持加密特性，则交换机无法识别这条命令。在生产环境中，交换机上运行的 IOS 应该能够支持加密特性。

步骤 2：配置 IP 域名。使用全局配置模式的命令 **ip domain-name** *domain-name* 来配置网络的 IP 域名。例 19-8 中设置的 *domain-name* 值为 **cisco.com**。

步骤 3：生成 RSA 密钥对。并非所有 IOS 版本都默认使用 SSHv2，但 SSHv1 存在已知的安全漏洞。要配置 SSHv2，需要使用全局配置模式的命令 **ip ssh version 2**。生成 RSA 密钥对会自动启用 SSH。管理员可以在交换机上使用全局配置模式的命令 **crypto key generate rsa** 来启用 SSH 服务器并生成 RSA 密钥对。在生成 RSA 密钥时，系统会提示管理员输入模数长度。例 19-8 中使用的模数长度为 1024 位。更长的模数长度更安全，但需要更多的时间来生成和使用密钥。

注　释　　要删除 RSA 密钥对，则需要使用全局配置模式的命令 **crypto key zeroize rsa**。删除 RSA 密钥对后，SSH 服务器功能会自动关闭。

步骤 4：配置用户身份验证。SSH 服务器可以在本地对用户进行身份验证，也可以使用身份验证服务器进行验证。要使用本地身份验证方法，则应使用全局配置模式的命令 **username** *username* **secret** *password* 来创建用户名和密码。在例 19-8 中，用户名为 **admin**，密码为 **ccna**。

步骤 5：配置 vty 线路。要在 vty 线路上启用 SSH，需要使用线路配置模式的命令 **transport input ssh**。思科 Catalyst 2960 系列交换机上的 vty 线路范围是 0 ~ 15。这个配置可以防止非 SSH（比如 Telnet）连接，并将交换机设置为仅接受 SSH 连接。先使用全局配置模式的命令 **line vty**，然后使用线路配置模式的命令 **login local**，要求为 SSH 连接使用本地用户名数据库中的信息进行本地身份验证。

步骤 6：启用 SSHv2。默认情况下，SSH 同时支持 SSHv1 和 SSHv2。当同时支持两个版本时，**show ip ssh** 的输出中会显示设备支持的版本为 1.99。SSHv1 有已知漏洞。因此建议仅使用 SSHv2。为此，管理员可以使用全局配置命令 **ip ssh version 2**。

例 19-8 显示了 SSH 配置示例。

例 19-8 在 S1 上配置 SSHv2

```
S1# show ip ssh
SSH Disabled - version 1.99
%Please create RSA keys (of at least 768 bits size) to enable SSH v2.
Authentication timeout: 120 secs; Authentication retries: 3
S1# configure terminal
S1(config)# ip domain-name cisco.com
S1(config)# crypto key generate rsa
The name for the keys will be: S1.cisco.com
...
How many bits in the modulus [512]: 1024
...
S1(config)# username admin secret ccna
S1(config-line)# line vty 0 15
S1(config-line)# transport input ssh
S1(config-line)# login local
```

```
S1(config-line)# exit
S1(config)# ip ssh version 2
S1(config)# exit
S1#
```

19.3.4 验证 SSH

在 PC 上，管理员需要使用 SSH 客户端（比如 PuTTY）来连接 SSH 服务器，为此需要配置以下参数。

- 在交换机 S1 上启用 SSH。
- 在交换机 S1 上为 VLAN 99 接口（SVI）配置 IP 地址 172.17.99.11。
- PC1 的 IPv4 地址为 172.17.99.21。

在图 19-1 中，技术人员初始化了一个连接到 S1 的 SVI VLAN IPv4 地址的 SSH 连接。图 19-1 中显示的终端仿真软件是 PuTTY。

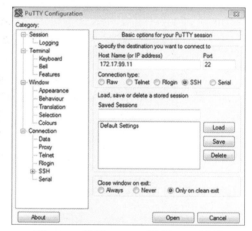

图 19-1　使用 PuTTY 进行 SSH 连接

在图 19-1 所示对话框中单击 Open 后，用户会看到输入用户名和密码的提示。按照 19.3.3 节示例中配置的用户名和密码，用户输入用户名 **admin** 和密码 **ccna**。输入正确的用户名和密码后，用户通过 SSH 连接到了 Catalyst 2960 交换机的 CLI。

在这台已配置为 SSH 服务器的设备上，若想查看 SSH 的版本和配置数据，可以使用命令 **show ip ssh**。例 19-9 中显示出设备上已启用 SSHv2。要检查设备的 SSH 连接，可以使用命令 **show ssh**。

例 19-9　建立远程 SSH 会话

```
Login as: admin
Using keyboard-interactive authentication.
Password: <ccna>

S1> enable
Password: <class>
S1# show ip ssh
SSH Enabled - version 2.0
Authentication timeout: 90 secs; Authentication retries: 2
Minimum expected Diffie Hellman key size : 1024 bits
IOS Keys in SECSH format(ssh-rsa, base64 encoded):
```

```
ssh-rsa AAAAB3NzaC1yc2EAAAADAQABAAAAgQCdLksVz2QlREsoZt2f2scJHbW3aMDM8 /8jg/srGFNL
i+f+qJWwxt26BWmy694+6ZIQ/j7wUfIVNlQhI8GUOVIuKNqVMOMtLg8Ud4qAiLbGJfAaP3fyrKmViPpO
eOZof6tnKgKKvJz18Mz22XAf2u/7Jq2JnEFXycGMO88OUJQL3Q==

S1# show ssh
Connection    Version   Mode    Encryption     Hmac        State             Username
0             2.0       IN      aes256-cbc     hmac-sha1   Session started    admin
0             2.0       OUT     aes256-cbc     hmac-sha1   Session started    admin
%No SSHv1 server connections running.
S1#
```

19.4　将交换机连接到路由器

大多数本地网络中只有一台路由器。这台路由器就是网关路由器，网络中的所有主机和交换机上都必须配置网关信息。接下来，你会学习如何在主机和交换机上配置默认网关。

19.4.1　主机上的默认网关

对于需要通过网络进行通信的终端设备来说，管理员必须为其配置正确的 IP 地址信息，包括默认网关地址。只有当主机想要将数据包发送给其他网络中的设备时，才会使用到默认网关地址。默认网关地址通常是路由器的接口地址，这个接口连接到主机所在的本地网络。主机的 IP 地址和路由器接口的地址必须在同一个网络中。

举例来说，假设在一个 IPv4 网络拓扑中，一台路由器连接了两个独立的 LAN。路由器的 G0/0/0 接口连接到网络 192.168.10.0，G0/0/1 接口连接到网络 192.168.11.0。每台主机都配置了适当的默认网关地址。

在图 19-2 中，如果 PC1 向 PC2 发送数据包，PC1 不会使用默认网关。此时，PC1 会使用 PC2 的 IPv4 地址构成数据包，并通过交换机直接将数据包转发给 PC2。

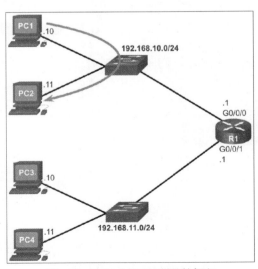

图 19-2　PC1 向 PC2 发送数据包

如果 PC1 要向 PC3 发送数据包应该怎么办？如图 19-3 所示，PC1 会使用 PC3 的 IPv4 地址构成数据包，但它会将这个数据包转发给自己的默认网关，即 R1 的 G0/0/0 接口。路由器接收到数据包后会查看自己的路由表，并根据目的地址来确定 G0/0/1 是正确的出接口。然后，R1 将数据包从这个接口转发给 PC3 直连的交换机，最终到达 PC3。

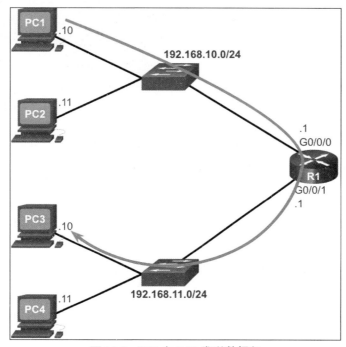

图 19-3　PC1 向 PC3 发送数据包

在 IPv6 网络上发送数据包的过程与之相同，尽管拓扑中没有显示 IPv6。设备会使用本地路由器的 IPv6 地址作为其默认网关。

19.4.2　交换机上的默认网关

用来连接客户端计算机的交换机通常是二层设备。因此，二层交换机不需要 IP 地址即可正常运行。不过，管理员可以在交换机上配置 IP 地址，以便能够远程访问交换机。

要通过本地网络来连接和管理交换机，必须为它配置 SVI。SVI 上配置了本地网络的 IPv4 地址和子网掩码。交换机上还必须配置一个默认网关地址，以便管理员能够从另一个网络对交换机进行远程管理。

想与本地网络之外的设备进行通信的所有设备都要配置默认网关地址。要在交换机上配置 IPv4 默认网关，需要使用全局配置命令 **ip default-gateway** *ip-address*。*ip-address* 是与交换机相连的本地路由器的接口 IPv4 地址。

图 19-4 中展示了管理员所使用的主机与另一个网络上的交换机 S1 建立远程连接。

在图 19-4 所示的示例中，管理员所使用的主机会使用它的默认网关将数据包发送到 R1 的 G0/0/1 接口。R1 会将数据包从 G0/0/0 接口转发给 S1。由于数据包的源 IPv4 地址来自另一个网络，S1 需要一个默认网关来将数据包转发到 R1 的 G0/0/0 接口。因此必须为 S1 配置默认网关，这样 S1 才能回复数据包，并与管理员所使用的主机建立 SSH 连接。

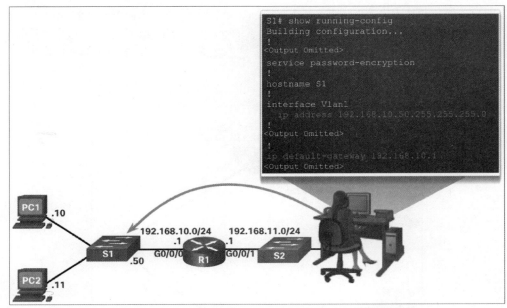

```
S1# show running-config
Building configuration...
!
<Output Omitted>
service password-encryption
!
hostname S1
!
interface Vlan1
 ip address 192.168.10.50 255.255.255.0
!
<Output Omitted>
!
ip default-gateway 192.168.10.1
<Output Omitted>
```

图 19-4　管理员所使用的主机与交换机 S1 建立远程连接

注　释	连接在交换机上的主机必须已经在其主机操作系统中配置了默认网关地址。

工作组交换机也可以在 SVI 上配置 IPv6 地址。但是，交换机不需要手动配置默认网关的 IPv6 地址。交换机会从路由器发送来的 ICMPv6 路由器通告消息中，自动获取到它的默认网关信息。

19.5　本章小结

下面是对本章各主题的总结。

■　**交换机的基本配置**

在配置 LAN 交换机时，通常都会配置的元素包括主机名、管理 IP 地址信息、密码和描述性信息等。管理员应该为网络设备配置一个具有描述性的名称，其中若包含交换机安装的位置将会很有用。

只有当你打算通过带内连接的方式来配置和管理交换机时，才需要配置管理 IP 地址。

要保护思科 LAN 交换机的安全，你需要为各种命令行访问方式配置密码。最低的要求包括为远程访问方式配置密码，比如 Telnet、SSH 和 Console 连接。你还必须为特权 EXEC 模式分配密码，这个模式可以对配置进行变更。

要远程访问交换机，你必须在 SVI 上配置 IP 地址和子网掩码。要在交换机上配置 SVI，管理员要使用全局配置命令 **interface vlan 1**。VLAN 1 不是真实的物理接口，而是一个虚拟接口。接着，管理员要使用接口配置命令 **ip address** *ip-address subnet-mask* 来分配 IPv4 地址。最后，使用接口配置命令 **no shutdown** 启用这个虚拟接口。

在交换机上配置了上述命令后，交换机已经准备好了通过网络进行通信的所有 IPv4 元素。

■　**路由器的基本配置**

配置路由器的步骤如下。

步骤 1：配置设备名。

步骤 2：保护特权 EXEC 模式。

步骤 3：保护用户 EXEC 模式。

步骤 4：保护远程 Telnet/SSH 接入。

步骤 5：保护配置文件中的所有密码。

步骤 6：提供合法性通知。

步骤 7：保存配置。

■　**保护设备**

一种好的做法是应该为每个级别的访问使用不同的身份验证密码。以下是需要在设置密码时遵循的标准指南。

- 密码长度至少为 8 个字符，最好是 10 个或更多字符。
- 可以混合使用大小写字母、数字、符号和空格（如果允许的话）。
- 请勿重复使用密码；请勿使用常见的词汇；请勿使用顺序的字母或数字；请勿使用用户名；请勿使用亲戚或宠物的名字；请勿使用身份信息。
- 可以使用故意拼错的词。
- 要经常更改密码。
- 不要写下密码或把密码放在显眼的地方，比如桌子上或显示器上。
- 使用多个单词和其他文本构成密码短语。密码短语比密码更难破解。

管理员可以使用多种方法来访问设备并执行配置任务。其中一种方法是使用 PC 通过设备上的 Console 端口直接连接设备。这类连接经常用于设备的初始配置。要为 Console 连接的访问设置密码，管理员需要使用全局配置模式的命令。

当设备连接到网络时，管理员可以使用 SSH 或 Telnet 通过网络访问它。SSH 是首选方法，因为它更安全。当管理员通过网络访问设备时，设备会将这个连接视为 **vty** 连接。管理员必须为 vty 线路分配密码。可以为所有连接设置相同的密码。使用全局配置命令 **service password-encryption** 就确保了所有密码都被加密。

按照以下 6 个步骤来配置思科设备对 SSH 的支持。

步骤 1：配置唯一的设备主机名。设备必须配置唯一的主机名，不能使用默认名。

步骤 2：配置 IP 域名。使用全局配置模式的命令 **ip domain-name** *name* 来配置网络的 IP 域名。

步骤 3：生成密钥来加密 SSH 流量。SSH 会加密源和目的地之间的流量。为此，需要使用全局配置命令 **crypto key generate rsa general-keys modulus** *bits* 来生成唯一的认证密钥。

步骤 4：验证或创建本地数据库条目。使用全局配置命令 **username** 来创建本地数据库用户名条目。

步骤 5：基于本地数据库进行身份验证。使用线路配置命令 **login local** 来根据本地数据库为 vty 线路提供身份验证。

步骤 6：启用 vty 入向 SSH 会话。默认情况下，vty 线路上没有输入会话。你可以使用命令 **transport input {ssh | telnet}** 指定多个输入协议，包括 Telnet 和 SSH。

在已配置为 SSH 服务器的设备上，若想查看 SSH 的版本和配置数据，可以使用命令 **show ip ssh**。要检查设备的 SSH 连接，可以使用命令 **show ssh**。

■　**将交换机连接到路由器**

如果本地网络中只有一台路由器，这台路由器就是网关路由器，网络中的所有主机和交换机上都必须配置网关信息。

对于需要通过网络进行通信的终端设备来说，管理员必须为其配置正确的 IP 地址信息，包括默认网关地址。只有当主机想要将数据包发送给其他网络中的设备时，才会使用到默认网关地址。默认网关地址通常是路由器的接口地址，这个接口连接到主机所在的本地网络。主机的 IP 地址和路由器接口的地址必须在同一个网络中。

如需从另一个网络对交换机进行连接和远程管理，需要在 SVI 上配置 IPv4 地址、子网掩码和默认网关地址。

如需从另一个网络使用 SSH 远程连接交换机，交换机上必须配置 SVI，并在 SVI 上配置 IPv4 地址、子网掩码和默认网关。默认网关地址是路由器上用来连接交换机的接口 IP 地址。要想在交换机上配置 IPv4 默认网关，需要使用全局配置命令 **ip default-gateway** *ip-address*。*ip-address* 是与交换机相连的本地路由器的接口 IPv4 地址。

交换机也可以在 SVI 上配置 IPv6 地址。交换机会从路由器发送来的 ICMPv6 路由器通告消息中，自动获取到它的默认网关信息。

习题

完成下面的习题可以测试出你对本章内容的理解水平。附录中会给出这些习题的答案。

1. 下列哪种连接可以提供思科交换机加密的安全 CLI 会话？
   A. Console 连接　　　B. Telnet 连接　　　C. AUX 连接　　　D. SSH 连接

2. 思科交换机上默认的 SVI 是什么？
   A. VLAN 1　　　B. FastEthernet 0/1　　　C. VLAN 99　　　D. GigabitEthernet 0/1

3. 管理员可以在哪个交换机接口上配置 IP 地址，来实现对交换机的远程管理？
   A. VLAN 1　　　B. Console 0　　　C. FastEthernet 0/1　　　D. vty 0

4. 在路由器上使用命令 **copy running-config startup-config** 的效果是什么？
   A. 更改闪存中的内容　　　　　　　　B. 更改 ROM 中的内容
   C. 更改 NVRAM 中的内容　　　　　　D. 更改 RAM 中的内容

5. 出于管理目的，使用 Telnet 和 SSH 连接网络设备的区别是什么？
   A. Telnet 使用 UDP 作为传输协议，SSH 使用 TCP
   B. Telnet 不提供身份验证，SSH 提供身份验证
   C. Telnet 以明文形式发送用户名和密码，SSH 对用户名和密码进行加密
   D. Telnet 支持主机 GUI，SSH 只支持主机 CLI

6. 技术人员为 PC 静态分配了 IP 地址，子网掩码是 255.255.255.0，默认网关是 172.16.10.1。以下哪一项是能够分配给 PC 的有效 IP 地址？
   A. 172.16.1.10　　　B. 172.16.10.1　　　C. 172.16.10.100　　　D. 172.16.10.255

7. 在交换机的 vty 线路中执行命令 **transport input ssh** 的目的是什么？
   A. 交换机需要用户名和密码才能进行远程访问
   B. 交换机需要通过专有的客户端软件进行远程连接
   C. 交换机上的 SSH 客户端已启用
   D. 交换机和远程用户之间的通信是加密的

8. 公司政策要求使用最安全的方法来保护对路由器特权 EXEC 模式和配置模式的访问。进入特权 EXEC 模式的密码是 *trustknow1*。以下哪个路由器命令实现了这个提供最高级别安全性的目标？
   A. **enable password trustknow1**　　　　B. **secret password trustknow1**
   C. **service password-encryption**　　　　D. **enable secret trustknow1**

9. 以下哪个命令可以用来加密配置文件中的所有密码？
   A. **enable secret**　　　　　　　　B. **password**
   C. **service password-encryption**　　　D. **enable password**

第 20 章

排查常见的网络问题

学习目标

在完成本章的学习后，读者应有能力回答下列问题。

- 有哪些方法可用于排除网络故障？
- 检测物理层问题的流程是什么？
- 可以使用哪些网络程序对网络进行故障排除？
- 如何排查无线网络问题？
- 有哪些常见的互联网连接问题？
- 有哪些外部资源和互联网资源可用于故障排除？

恭喜！你已经来到了最后一章。在网络技术学习过程中，你可能已经掌握了一些甚至连自己都没有意识到的技能。整个课程的目的是学习如何搭建一个简单的网络吗？当然，网络搭建很重要，但仅是你所学的一部分。

当你的网络不工作了你该怎么办？这是对你作为网络管理员的真正考验——要能够找出问题所在，修正它，并且（这是最棘手的部分）不要意外地带来一个全新的问题。掌握故障排除，你将建立自己的不可或缺性。

20.1 故障排除过程

故障排除是指识别、定位和更正问题的过程。有经验的人经常会依靠直觉来解决问题。但是，你可以使用结构化的技术来确定最可能导致问题产生的原因以及解决问题的方案。

20.1.1 网络故障排除概述

在进行故障排除时，你必须对文档进行维护。文档中应该尽可能多地包含有关以下主题的信息：

- 遇到的问题；
- 为了确定问题采取的步骤；
- 更正问题并确保问题不再发生的步骤。

你必须记录故障排除过程中采取的所有步骤，即使是那些没能解决问题的步骤也要记录。如果再次发生相同或类似的问题，这个文档会成为很有价值的参考资料。即使是在小型家庭网络中，好文档也会为你节省数小时的时间，因为你不用努力回想当初是如何解决问题的。

20.1.2 收集信息

当在网络中第一次发现某个问题时,很重要的一点是确认问题并确定它在网络中造成影响的范围。确认了问题后,故障排除的第一步是收集信息。你应该根据以下清单来检查一些重要的信息。

- 问题的类型:
  - 终端用户报告的问题;
  - 问题验证程序报告的问题。
- 设备:
  - 制造商;
  - 品牌/型号;
  - 固件版本;
  - 操作系统版本;
  - 所有权/保修信息。
- 配置和拓扑:
  - 物理和逻辑拓扑;
  - 配置文件;
  - 日志文件。
- 以前的故障排:
  - 采取的步骤;
  - 取得的成果。

收集信息的第一种方法是对报告问题的个人以及任何受到影响的用户进行询问。询问的问题可能包括最终用户的体验、用户观察到的现象、错误消息,以及设备或应用程序最近的配置变更等。

接下来,要收集有关可能受到影响的所有设备的信息。可以从文档中收集这些信息。还必须收集所有日志文件的副本,并列出最近对设备配置所做的变更。日志文件是由设备本身生成的,通常可以从管理软件中获得。要收集有关设备的其他信息,包括制造商、品牌名称和型号,以及所有权和保修信息等。设备所使用的固件或软件版本也很重要,因为特定硬件平台可能存在兼容性问题。

你也可以使用网络监控工具来收集与网络相关的信息。这些工具实际上是复杂的应用程序,通常用于大型网络中,它们会持续收集有关网络和网络设备状态的信息。这些工具可能不适用于小型网络。

收集完所有必要信息后,你就要开始排除故障了。

20.1.3 结构化的故障排除方法

管理员可以使用多种结构化的故障排除方法。具体使用哪一种取决于具体情况。每种方法都有其优点和缺点。你将在本节学习到为特定情况选择最佳故障排除方法的方法和指南。

1. 自下而上

在自下而上的故障排除中,你要从物理层开始,如图 20-1 所示,然后按照 OSI 参考模型(做故障排除时可以将会话层、表示层和应用层一起简化表示为应用层)的各个层向上移动,直到确定问题产生的原因。

当我们怀疑问题有可能是物理问题时,自下而上的故障排除是一种很好的方法。大多数网络问题都存在于比较低的层级上,因此实施自下而上的方法通常很有效。

自下而上的故障排除方法的缺点是它需要你检查网络上的每个设备和接口,直到找到问题产生的可能原因。需要记住的是,管理员要把每个结论和它的可能性都记录下来,因此在使用这种方法的过程中需要做很多文书类工作。另一个挑战是确定从哪些设备开始检查。

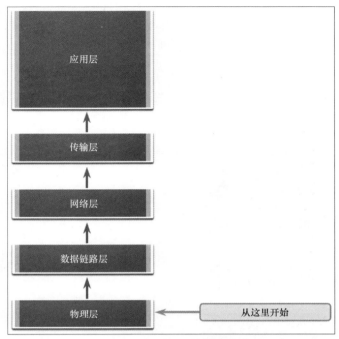

图 20-1　自下而上的故障排除

2. 自上而下

　　如图 20-2 所示，自上而下的故障排除从终端用户的应用程序开始，按照 OSI 参考模型的各个层向下移动，直到确定问题产生的原因。

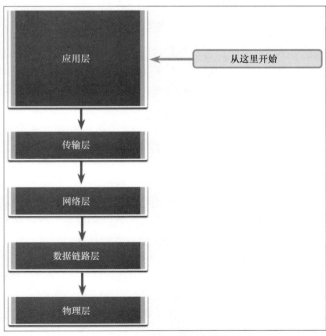

图 20-2　自上而下的故障排除

在具体检查网络设备之前，要对终端系统上的网络应用程序进行测试。你可以使用这种方法解决比较简单的问题，或者当你认为问题出现在软件上时。

自上而下方法的缺点是你需要检查每个网络应用程序，直到找到问题产生的可能原因。管理员必须把每个结论和它的可能性都记录下来。难点在于确定从哪个应用程序开始检查。

3. 分而治之

图 20-3 显示使用分而治之的方法来进行网络故障排除。作为管理员，你可以选择 OSI 参考模型的某一层并从该层开始进行双向测试。

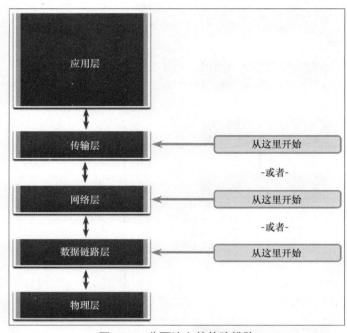

图 20-3　分而治之的故障排除

在使用分而治之的故障排除方法时，你首先需要收集用户对问题的认知，记录故障现象，然后使用这些信息来合理判断该从 OSI 参考模型的哪一层开始检查。当你验证了某一层工作正常时，你可以合理假设它下面的层也都运行正常。你可以向 OSI 参考模型更上层进行检查。如果某个 OSI 参考模型层无法正常工作，你可以向 OSI 参考模型更下层进行检查。

举例来说，如果用户无法访问网页服务器，但可以 ping 通这台服务器，则问题出现在网络层以上。如果无法 ping 通服务器，则问题可能出现在网络层以下。

4. 跟随路径

跟随路径是最基本的故障排除方法之一。在使用这个方法时，首先要掌握从源到目的地的完整路径。然后就可以将故障排除范围缩小到转发路径所涉及的链路和设备。这种做法的目的是排除与该故障排除任务无关的链路和设备。这种方法通常是对其他方法的补充。

5. 替换

替换方法也称为交换组件，因为要把有问题的设备与已知工作正常的设备在物理上进行替换。如果问题得到了解决，说明问题出在已移除的设备上。如果问题仍然存在，则问题可能出在其他地方。

在特定情况下，这可能是快速解决问题的理想方法，比如关键位置的单点故障，如边界路由器出现故障。在这种情况下，简单地更换设备并恢复服务，可能比故障排除更有效。

但是，如果问题同时出现在多台设备上，你可能无法正确地隔离问题设备。

6. 比较

比较方法也称为发现差异方法，它尝试按照正常工作的元素对无法工作的元素进行更改，以此来解决问题。你可以在正常工作环境与故障环境之间进行诸多内容的比较，包括配置、软件版本、硬件或其他设备属性（比如链路）或者进程，并找出它们之间显著的差异。

这种方法的缺点是它可能会得到一个可行性解决方案，但无法清晰地揭示出问题产生的根本原因。

7. 有根据的猜测

有根据的猜测方法也称为快速反应方法。这种结构化较低的故障排除方法是根据问题的现象进行有根据的猜测。这种方法的成功与否取决于你的故障排除经验和能力。经验丰富的网络管理员的成功率更高，因为他们可以依靠自己丰富的知识和经验，果断地隔离并解决网络问题。对于经验不足的网络管理员来说，这种故障排除方法的成功率可能过于随机，而且该方法不太有效。

20.1.4 选择故障排除方法的指南

要快速解决网络问题，你可以花些时间来选择最有效的网络故障排除方法。图 20-4 展示了在发现某些类型的问题时，可以使用的故障排除方法。

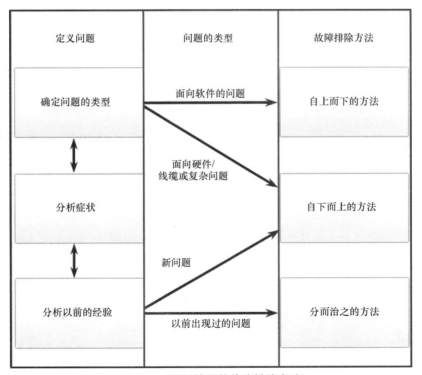

图 20-4 可以使用的故障排除方法

举例来说，我们通常使用自上而下的方法来解决软件问题，而对于硬件/线缆或复杂问题则使用自下而上的方法。有经验的技术人员可以使用分而治之的方法来解决新问题，否则，可以使用自下而上的方法。

故障排除是熟能生巧的技能。每发现和解决一个网络问题都能增加你的经验。

20.2   物理层问题

很大一部分网络问题都与物理组件或物理层的问题有关。物理层的问题主要与计算机和网络设备的硬件以及与它们之间连接的线缆相关。物理层问题不包含设备的逻辑（软件）配置问题。

20.2.1   常见的物理层问题

需要记住的是，物理层（第 1 层）负责网络设备的物理连通性。常见的第 1 层问题包括：

- 设备电源被关闭；
- 设备电源插头被拔下；
- 网线连接松动；
- 线缆类型不正确；
- 网线故障；
- WAP 故障。

要在第 1 层进行故障排除，首先要检查所有设备的供电是否正常以及设备是否已经开机。这个解决方案看起来可能很清晰，但很多时候报告问题的人可能会忽略掉从源到目的地的路径中的某台设备。然后，要确保显示连接状态的 LED 没有报告任何错误。如果人在现场的话，可以目视检查所有网络设备的线缆，并重新连接线缆以确保连接正确。如果问题与无线设置有关，则验证 WAP 的工作是否正常，无线设置是否正确。

1. 目视检查

目视检查用来发现与连接不正确或线缆损坏相关的问题：

- 未连接线缆；
- 线缆连接到了错误的端口；
- 线缆连接松动；
- 线缆或连接器损坏；
- 使用了错误类型的线缆。

在进行目视检查时，还可以通过 LED 来查看各种网络设备的状况和功能是否正常。

2. 嗅觉和味觉检查

在进行故障排除时，气味可以提示组件过热。绝缘材料或组件燃烧的气味很明显，这是出现严重问题的明确信号。

3. 触摸检查

在进行故障排除时，你可以以触摸的方式来感受组件是否过热，并检查冷却风扇等设备的机械问题。在触摸时，会感受到这些组件发出的小振动。如果没有感受到震动或者震动过大时，可能表示冷却风扇已经停止运转或者即将发生故障。

4. 声音检查

使用听觉可以检测重大问题，比如电气问题，以及冷却风扇和硬盘驱动器是否正常运行。所有设备正常运行时都有其特定的声音，与正常声音的不同通常表明该设备存在某种问题。

20.2.2 无线路由器的 LED

无论故障出现在无线网络还是有线网络上，自下而上的故障排除方法的第一步都应该是检查 LED，这些 LED 指示出设备或连接的当前状态或活动性。LED 会以不同颜色或是否闪烁来传达信息。LED 的具体配置和含义因制造商和设备而异。图 20-5 展示了一个典型的无线路由器，它的 LED 指示出电源、系统、WLAN、有线端口和互联网（标记为 WAN）、USB 和快速安全设置[Quick Security Setup，QSS；也称为 Wi-Fi 保护设置（Wi-Fi Protected Setup，WPS）]的状态。

注 释	WPS（QSS）存在已知漏洞，能够让威胁主体访问你的网络。因此，确保安全性的最佳实践是禁用此功能。管理员需要参考相关文档来了解如何禁用 WPS 或 QSS。

图 20-5　无线路由器上的 LED

在有些设备上，单个 LED 就可以传达多种信息，具体传达的信息取决于设备当前的状态。管理员需要查看设备文档来了解它指示出的所有信息，但这里也有一些共性。

大多数设备上都有活动性 LED，通常称为链路灯。这些 LED 通过闪烁来表示工作正常，表示流量正在流经该端口。常亮的绿灯表示设备已插入端口，但没有流量。灯不亮通常表示以下一种或多种情况。

- 端口没有接入任何设备。
- 有线或无线连接存在问题。
- 设备或端口有故障。
- 存在布线问题。
- 无线路由器的配置不正确，比如端口被管理员关闭。

- ■ 无线路由器发生硬件故障。
- ■ 设备没有通电。

无论网络是有线的还是无线的，在花费大量时间尝试排查其他问题之前，你都应该验证设备和端口的运行是否正常。

20.2.3 布线问题

如果有线客户端无法连接到有线路由器，首先需要检查的是物理连通性和布线问题。布线是有线网络的"中枢神经系统"，也是出现连通性问题时最常见的根源之一。

在对布线进行排查时，需要查看以下问题。

- ■ 确保使用了正确类型的电缆。网络中通常会用到两种类型的 UTP 电缆：直通电缆和交叉电缆。电缆类型错误可能会导致连通性问题。
- ■ 电缆连接头的问题是网络中遇到的主要问题之一。为了避免这个问题，你应该根据标准来制作电缆连接头。在同一个网络上，要使用 T568A 或 T568B 标准来制作所有电缆的连接头，不要混用。还要在压制连接头时，避免解开过多的线对。在电缆外皮上压制电缆，以减轻应变。
- ■ 电缆运行的最大长度取决于不同电缆的特性。超过电缆的运行长度会对网络性能造成严重影响。
- ■ 如果连通性存在问题，请确认网络设备之间使用了正确的端口相连。
- ■ 保护电缆和连接头免遭物理损坏。为电缆提供支撑，以防止连接头受到压力，并使电缆铺设在不会妨碍人员走动的区域。

20.3 故障排除命令

有很多软件工具可以帮助管理员识别网络问题。

20.3.1 故障排除命令概述

操作系统提供的大多数工具是以 CLI 命令的方式提供的。命令的语法因操作系统而异。

其中常用的命令如下。

- ■ **ipconfig**：显示 IP 配置信息。
- ■ **ping**：测试与其他 IP 主机的连通性。
- ■ **tracert**：显示到达目的地的路由。
- ■ **netstat**：显示网络连接。
- ■ **nslookup**：直接查询 DNS 服务器以获得有关目的域的信息

20.3.2 ipconfig 命令

当设备没有获得 IP 地址或 IP 配置不正确时，它无法在网络上通信或访问互联网。在 Windows 设备上，你可以在命令提示符窗口中使用 **ipconfig** 命令来查看 IP 配置信息。**ipconfig** 命令提供了几个有用的选项，包括**/all**、**/release** 和**/renew**。

例 20-1 中展示了使用 **ipconfig** 命令来查看主机当前的 IP 配置信息。在命令提示符窗口中执行此命令后会显示一些基本信息，包括 IP 地址、子网掩码和默认网关。

例 20-1　ipconfig 命令

```
C:\> ipconfig

Windows IP Configuration

Ethernet adapter Ethernet:

   Media State . . . . . . . . . . . : Media disconnected
   Connection-specific DNS Suffix  . :

Wireless LAN adapter Wi-Fi:

   Connection-specific DNS Suffix  . : lan
   Link-local IPv6 Address . . . . . : fe80::a1cc:4239:d3ab:2675%6
   IPv4 Address. . . . . . . . . . . : 10.10.10.130
   Subnet Mask . . . . . . . . . . . : 255.255.255.0
   Default Gateway . . . . . . . . . : 10.10.10.1

C:\>
```

如例 20-2 所示，**ipconfig/all** 命令的执行结果会显示出额外信息，包括 MAC 地址、默认网关的 IP 地址和 DNS 服务器的 IP 地址。它还指示出是否启用 DHCP、DHCP 服务器地址和租期信息等。

这个工具如何在故障排除过程中提供帮助？如果没有适当的 IP 配置，主机就无法在网络中通信。如果主机不知道 DNS 服务器的位置，它就无法将域名转换为 IP 地址。

例 20-2　ipconfig /all 命令

```
C:\> ipconfig/all

Windows IP Configuration

   Host Name . . . . . . . . . . . . : your-a9270112e3
   Primary Dns Suffix  . . . . . . . :
   Node Type . . . . . . . . . . . . : Hybrid
   IP Routing Enabled. . . . . . . . : No
   WINS Proxy Enabled. . . . . . . . : No
   DNS Suffix Search List. . . . . . : lan

Ethernet adapter Ethernet:

   Media State . . . . . . . . . . . : Media disconnected
   Connection-specific DNS Suffix  . :
   Description . . . . . . . . . . . : Realtek PCIe GBE Family Controller
   Physical Address. . . . . . . . . : 00-16-D4-02-5A-EC
   DHCP Enabled. . . . . . . . . . . : Yes
   Autoconfiguration Enabled . . . . : Yes

Wireless LAN adapter Wi-Fi:

   Connection-specific DNS Suffix  . : lan
```

```
        Description . . . . . . . . . . . : Intel(R) Dual Band Wireless-AC 3165
        Physical Address. . . . . . . . : 00-13-02-47-8C-6A
        DHCP Enabled. . . . . . . . . . : Yes
        Autoconfiguration Enabled . . . . : Yes
        Link-local IPv6 Address . . . . . : fe80::a1cc:4239:d3ab:2675%6(Preferred)
        IPv4 Address. . . . . . . . . . : 10.10.10.130(Preferred)
        Subnet Mask . . . . . . . . . . : 255.255.255.0
        Lease Obtained. . . . . . . . . : Wednesday, September 2, 2020 10:03:43 PM
        Lease Expires . . . . . . . . . : Friday, September 11, 2020 10:23:36 AM
        Default Gateway . . . . . . . . : 10.10.10.1
        DHCP Server . . . . . . . . . . : 10.10.10.1
        DHCPv6 IAID . . . . . . . . . . : 98604135
        DHCPv6 Client DUID. . . . . . . : 00-01-00-01-1E-21-A5-84-44-A8-42-FC-0D-6F
        DNS Servers . . . . . . . . . . : 10.10.10.1
        NetBIOS over Tcpip. . . . . . . : Enabled

    C:\>
```

　　如果 IP 地址信息是动态分配的，使用 **ipconfig /release** 命令可以释放当前的 DHCP 绑定，如例 20-3 所示。**ipconfig/renew** 命令可以从 DHCP 服务器请求新的配置信息。主机上可能配置了错误或过期的 IP 信息，只需要简单的更新即可重新获得连接。

　　如果在释放 IP 配置后，主机无法从 DHCP 服务器获取新配置，则主机可能没有网络连接。在这种情况下，你可以检查 NIC 的链路指示灯是否亮起，它用于指示是否与网络建立了物理连接。如果主机的 NIC 没有问题的话，则问题可能出在 DHCP 服务器或去往 DHCP 服务器的网络连接上。

例 20-3　ipconfig/release 命令和 ipconfig/renew 命令

```
    C:\> ipconfig/release

    Windows IP Configuration

    No operation can be performed on Ethernet while it has its media disconnected.

    Ethernet adapter Ethernet:

       Media State . . . . . . . . . . : Media disconnected
       Connection-specific DNS Suffix  . :

    Wireless LAN adapter Wi-Fi:

       Connection-specific DNS Suffix  . :
       Link-local IPv6 Address . . . . . : fe80::a1cc:4239:d3ab:2675%6
       Default Gateway . . . . . . . . . :


    C:\> ipconfig/renew

    Windows IP Configuration

    No operation can be performed on Ethernet while it has its media disconnected.

    Ethernet adapter Ethernet:
```

```
    Media State . . . . . . . . . . . : Media disconnected
    Connection-specific DNS Suffix  . :

Wireless LAN adapter Wi-Fi:

    Connection-specific DNS Suffix  . : lan
    Link-local IPv6 Address . . . . . : fe80::a1cc:4239:d3ab:2675%6
    IPv4 Address. . . . . . . . . . . : 10.10.10.130
    Subnet Mask . . . . . . . . . . . : 255.255.255.0
    Default Gateway . . . . . . . . . : 10.10.10.1

C:\>
```

20.3.3 ping 命令

最常用的网络实用命令可能是 **ping**。大多数启用了 IP 的设备都支持某种形式的 **ping** 命令，来测试设备是否可以通过 IP 网络访问其他网络设备。

如果本地主机上的 IP 配置是正确的，那么你可以使用 **ping** 命令来测试网络连通性。**ping** 命令后面可以加上目的主机的 IP 地址或主机名。在例 20-4 中，用户对默认网关 10.10.10.1 和 www.cisco.com 发起了 ping 测试。

例 20-4 ping 命令

```
C:\> ping 10.10.10.1

Pinging 10.10.10.1 with 32 bytes of data:
Reply from 10.10.10.1: bytes=32 time=1ms TTL=64
Reply from 10.10.10.1: bytes=32 time=1ms TTL=64
Reply from 10.10.10.1: bytes=32 time=1ms TTL=64
Reply from 10.10.10.1: bytes=32 time=1ms TTL=64

Ping statistics for 10.10.10.1:
    Packets: Sent = 4, Received = 4, Lost = 0 (0% loss),
Approximate round trip times in milli-seconds:
    Minimum = 1ms, Maximum = 1ms, Average = 1ms

C:\> ping www.cisco.com

Pinging e2867.dsca.akamaiedge.net [104.112.72.241] with 32 bytes of data:
Reply from 104.112.72.241: bytes=32 time=25ms TTL=53
Reply from 104.112.72.241: bytes=32 time=25ms TTL=53
Reply from 104.112.72.241: bytes=32 time=27ms TTL=53
Reply from 104.112.72.241: bytes=32 time=24ms TTL=53

Ping statistics for 104.112.72.241:
    Packets: Sent = 4, Received = 4, Lost = 0 (0% loss),
Approximate round trip times in milli-seconds:
    Minimum = 24ms, Maximum = 27ms, Average = 25ms

C:\>
```

对一个 IP 地址执行 ping 命令时，会有一个称为 echo 请求的数据包通过网络发送到指定的 IP 地址。如果目的主机接收到了这个 echo 请求，它会以 echo 回应数据包进行响应。如果源主机接收到了 echo 回应，则验证了这个指定 IP 地址的连通性。如果出现了请求超时或失败等消息，则表示 ping 不成功。

如果对一个域名，比如 www.cisco.com，执行 ping 命令，设备首先会向 DNS 服务器发送数据包来将域名解析为 IP 地址。在获得了 IP 地址后，设备会向这个 IP 地址发送 echo 请求，并继续 ping 进程。如果对 IP 地址的 ping 测试成功了，但对域名的 ping 测试没有成功，则很可能是 DNS 存在问题。

20.3.4   ping 结果

如果对域名和 IP 地址的 ping 测试都成功了，但用户仍然无法访问应用程序，则问题很可能出现在目的主机的应用程序上，比如请求的服务未运行。

如果 ping 没有成功，则很可能是在去往目的地的路径上出现了网络连接问题。此时，最常用的做法是 ping 默认网关。如果 ping 通了默认网关，那么说明问题不在本地网络上。如果对默认网关的 ping 失败，则说明问题出现在本地网络上。

在某些情况下，ping 测试的失败不是网络连接导致的。而是由于发送或接收设备上的防火墙或路径中的路由器阻止了 ping。

基本的 **ping** 命令通常会发出 4 个 echo 请求并等待每个 echo 请求的回应。但是管理员可以对其进行修改以增加实用性。例 20-5 中显示出了可用的附加特性。

例 20-5   ping 命令的选项

```
C:\> ping

Usage: ping [-t] [-a] [-n count] [-l size] [-f] [-i TTL] [-v TOS]
            [-r count] [-s count] [[-j host-list] | [-k host-list]]
            [-w timeout] [-R] [-S srcaddr] [-c compartment] [-p]
            [-4] [-6] target_name


Options:

    -t              Ping the specified host until stopped.
                    To see statistics and continue - type Control-Break;
                    To stop - type Control-C.
    -a              Resolve addresses to hostnames.
    -n count        Number of echo requests to send.
    -l size         Send buffer size.
    -f              Set Don't Fragment flag in packet (IPv4-only).
    -i TTL          Time To Live.
    -v TOS          Type Of Service (IPv4-only. This setting has been deprecated
                    and has no effect on the type of service field in the IP
                    Header).
    -r count        Record route for count hops (IPv4-only).
    -s count        Timestamp for count hops (IPv4-only).
    -j host-list    Loose source route along host-list (IPv4-only).
    -k host-list    Strict source route along host-list (IPv4-only).
    -w timeout      Timeout in milliseconds to wait for each reply.
    -R              Use routing header to test reverse route also (IPv6-only).
                    Per RFC 5095 the use of this routing header has been
```

```
                        deprecated. Some systems may drop echo requests if
                        this header is used.
      -S srcaddr        Source address to use.
      -c compartment Routing compartment identifier.
      -p                Ping a Hyper-V Network Virtualization provider address.
      -4                Force using IPv4.
      -6                Force using IPv6.

C:\>
```

20.3.5 使用 ping 分而治之

连通性问题可能会出现在无线网络、有线网络中，以及同时出现在两个网络中。在对同时部署了有线和无线连接的网络进行故障排除时，通常使用分而治之的方法来隔离问题，再判断问题出现在有线网络还是无线网络中。确定这个问题的最简单方法是执行以下操作。

- 从无线客户端 ping 其默认网关。这验证了无线客户端是否正常连接。
- 从有线客户端 ping 其默认网关。这验证了有线客户端是否正常连接。
- 从无线客户端 ping 有线客户端。这验证了无线路由器是否正常工作。

在定位了问题后，就可以修正问题。

20.3.6 tracert 命令

尽管 **ping** 是最常用的网络故障排除命令，但 Windows 设备上也提供了其他有用命令。

ping 命令可以用来验证端到端的连通性。但是，如果设备存在问题并且无法 ping 通目标，**ping** 命令并不会指出连接断开的位置。要找到这个位置，你必须使用另一个命令，即 **traceroute** 或 **tracert**。Windows 操作系统使用 **tracert** 命令，而其他操作系统通常使用 **traceroute** 命令。

tracert 命令提供了数据包到达目的地的路径信息，以及路径中每一跳的信息。它还指示出数据包从源到达每一跳并返回的时间（往返时间）。**tracert** 命令可以帮助确定由网络"瓶颈"或网络降速而导致数据包丢失或延迟增加的位置。

在例 20-6 中，用户追踪了去往思科官网的路径。这条路径仅用于这个用户。你的路径中会列出不同的跳，而且路径会更短或更长。

> **注 释** 在例 20-6 的输出中，请注意第二跳失败了。很可能是由于该设备上的防火墙配置不放行 tracert 命令的响应数据包。但是该设备会将数据包转发到下一跳。

例 20-6 追踪到思科官网的路径

```
C:\> tracert www.cisco.com

Tracing route to e2867.dsca.someispedge.net [104.95.63.78]
over a maximum of 30 hops:

  1    1 ms     1 ms    <1 ms   10.10.10.1
  2    *        *        *      Request timed out.
  3    8 ms     8 ms     8 ms   24-155-250-94.dyn.yourisp.net [172.30.250.94]
  4    22 ms    23 ms    23 ms  24-155-121-218.static.yourisp.net
  [172.30.121.218]
```

```
     5     23 ms    24 ms    25 ms    dls-b22-link.anotherisp.net [64.0.70.170]
     6     25 ms    24 ms    25 ms    dls-b23-link.anotherisp.net [192.168.137.106]
     7     24 ms    23 ms    21 ms    someisp-ic-341035-dls-b1.c.anotherisp.net
     [192.168.169.47]
     8     25 ms    24 ms    23 ms    ae3.databank-dfw5.netarch.someisp.com
      [10.250.230.195]
     9     25 ms    24 ms    24 ms    a104-95-63-78.deploy.static.someisptechnologies.
     com [104.95.63.78]

Trace complete.

C:\>
```

基本的 **tracert** 命令只允许源和目的设备之间经历 30 跳，30 跳之后它会认为目的地不可达。这个
数字可以使用 **-h** 选项进行调整。例 20-7 中显示了其他可用的选项。

例 20-7　tracert 命令的选项

```
C:\> tracert

Usage: tracert [-d] [-h maximum_hops] [-j host-list] [-w timeout]
               [-R] [-S srcaddr] [-4] [-6] target_name

Options:
    -d                 Do not resolve addresses to hostnames.
    -h maximum_hops    Maximum number of hops to search for target.
    -j host-list       Loose source route along host-list (IPv4-only).
    -w timeout         Wait timeout milliseconds for each reply.
    -R                 Trace round-trip path (IPv6-only).
    -S srcaddr         Source address to use (IPv6-only).
    -4                 Force using IPv4.
    -6                 Force using IPv6.

C:\>
```

20.3.7　netstat 命令

有时你需要知道一台联网主机上打开并运行了哪些活动的 TCP 连接。**netstat** 命令是一个重要的
网络工具，你可以使用它来检查这些连接。如例 20-8 所示，使用 **netstat** 命令列出了主机正在使用的
协议、本地地址和端口号、外部地址和端口号，以及连接状态。

例 20-8　netstat 命令

```
C:\> netstat

Active Connections

  Proto   Local Address          Foreign Address          State
  TCP     10.10.10.130:58520     dfw28s01-in-f14:https     ESTABLISHED
  TCP     10.10.10.130:58522     dfw25s25-in-f14:https     ESTABLISHED
  TCP     10.10.10.130:58523     dfw25s25-in-f14:https     ESTABLISHED
  TCP     10.10.10.130:58525     ec2-3-13-132-189:https    ESTABLISHED
  TCP     10.10.10.130:58579     203.104.160.12:https      ESTABLISHED
  TCP     10.10.10.130:58580     104.16.249.249:https      ESTABLISHED
```

```
    TCP         10.10.10.130:58624        52.242.211.89:https           ESTABLISHED
    TCP         10.10.10.130:58628        24-155-92-110:https           ESTABLISHED
    TCP         10.10.10.130:58651        ec2-18-211-133-65:https       ESTABLISHED
    TCP         10.10.10.130:58686        do-33:https                   ESTABLISHED
    TCP         10.10.10.130:58720        172.253.119.189:https         ESTABLISHED
    TCP         10.10.10.130:58751        ec2-35-170-0-145:https        ESTABLISHED
    TCP         10.10.10.130:58753        ec2-44-224-80-214:https       ESTABLISHED
    TCP         10.10.10.130:58755        a23-65-237-228:https          ESTABLISHED

C:\>
```

无法解释的 TCP 连接可能会构成重大的安全威胁，因为它们可能表明未经许可的某设备或某人已经连接到了本地主机。除此之外，不必要的 TCP 连接也会消耗宝贵的系统资源，从而降低主机性能。当主机的性能有些降低时，管理员应该使用 **netstat** 命令来检查主机上打开的连接。

netstat 命令有很多有用的选项。你可以通过在命令提示符窗口中输入 **netstat /?** 来查看这些选项，如例 20-9 所示。

例 20-9　netstat 命令的选项

```
C:\> netstat /?

Displays protocol statistics and current TCP/IP network connections.

NETSTAT [-a] [-b] [-e] [-f] [-n] [-o] [-p proto] [-r] [-s] [-t] [-x] [-y]
        [interval]

  -a          Displays all connections and listening ports.
  -b          Displays the executable involved in creating each connection or
              listening port. In some cases well-known executables host
              multiple independent components, and in these cases the
              sequence of components involved in creating the connection
              or listening port is displayed. In this case the executable
              name is in [] at the bottom, on top is the component it called,
              and so forth until TCP/IP was reached. Note that this option
              can be time-consuming and will fail unless you have sufficient
              permissions.
  -e          Displays Ethernet statistics. This may be combined with the -s option.
  -f          Displays Fully Qualified Domain Names (FQDN) for foreign
              addresses.
  -n          Displays addresses and port numbers in numerical form.
  -o          Displays the owning process ID associated with each connection.
  -p proto    Shows connections for the protocol specified by proto; proto
              may be any of: TCP, UDP, TCPv6, or UDPv6. If used with the -s
              option to display per-protocol statistics, proto may be any of:
              IP, IPv6, ICMP, ICMPv6, TCP, TCPv6, UDP, or UDPv6.
  -q          Displays all connections, listening ports, and bound
              nonlistening TCP ports. Bound nonlistening ports may or may not
              be associated with an active connection.
  -r          Displays the routing table.
  -s          Displays per-protocol statistics. By default, statistics are
              shown for IP, IPv6, ICMP, ICMPv6, TCP, TCPv6, UDP, and UDPv6;
```

```
            the -p option may be used to specify a subset of the default.
  -t        Displays the current connection offload state.
  -x        Displays NetworkDirect connections, listeners, and shared
            endpoints.
  -y        Displays the TCP connection template for all connections.
            Cannot be combined with the other options.
  interval  Redisplays selected statistics, pausing interval seconds
            between each display. Press CTRL+C to stop redisplaying
            statistics. If omitted, netstat will print the current
            configuration information once.

C:\>
```

20.3.8　nslookup 命令

在配置网络设备时，可以为 DNS 客户端提供一个或多个 DNS 服务器地址来进行域名解析。通常，ISP 会提供 DNS 服务器的地址。当用户的应用程序请求通过域名来连接远程设备时，发出请求的 DNS 客户端会向 DNS 服务器进行查询，并将域名解析为数字地址。

计算机操作系统提供了一个被称为 **nslookup** 的工具，让你可以手动向 DNS 服务器查询并解析给定的主机名。管理员也可以使用这个工具来排查有关域名解析的问题，并查看 DNS 服务器的当前状态。

在例 20-10 中，执行 **nslookup** 命令后，主机会显示出主机中配置的默认 DNS 服务器。管理员可以在 **nslookup** 提示符后输入主机名或域名。**nslookup** 工具提供了诸多选项，用于扩展测试并验证 DNS 过程。

例 20-10　使用 nslookup 命令查找思科信息

```
C:\Users> nslookup
Default Server: dns-sj.cisco.com
Address: 171.70.168.183
> www.cisco.com
Server: dns-sj.cisco.com
Address: 171.70.168.183
Name: origin-www.cisco.com
Addresses: 2001:420:1101:1::a
           173.37.145.84
Aliases: www.cisco.com
> cisco.netacad.net
Server: dns-sj.cisco.com
Address: 171.70.168.183
Name: cisco.netacad.net
Address: 72.163.6.223
>
```

20.4　排查无线问题

WLAN 的故障排除与有线 LAN 的故障排除类似，但有一些与无线信号和 AP 相关的重要区别。

20.4.1   无线问题的原因

如果无线客户端无法连接到 AP，问题可能出在无线连接上。无线通信依靠 RF 信号来传输数据。有很多因素会影响到 AP 使用 RF 信号来连接主机的功能。

- 并非所有无线标准都相互兼容。IEEE 802.11ac（5 GHz 频段）与 IEEE 802.11b/g/n（2.4 GHz 频段）标准不兼容。而且在 2.4 GHz 频段内，每种标准都使用不同的技术。除非特别配置，否则符合一种标准的设备可能无法与符合另一种标准的设备一起工作。图 20-6 中的网络配置了 2.4 GHz 频段来支持传统设备。
- 每个无线会话都必须工作在单独且不重叠的信道上。一些 AP 可以通过配置选择最不拥塞或吞吐量最高的信道。虽然使用自动设置 AP 也能工作，但对 AP 信道的手动设置提供了更好的控制性，并且在某些环境中是必要的。
- RF 信号的强度会随着距离的增加而减弱。如果信号强度太低的话，设备可能无法可靠地关联和传输数据。信号可能会丢失。NIC 客户端工具可以用来显示信号强度和连接质量。
- RF 信号容易受到外部设备的干扰，包括以相同频率运行的其他设备。管理员应该通过现场调查来检测这种干扰。
- AP 会在设备之间共享可用带宽。随着越来越多的设备与 AP 相关联，每台设备的带宽就会减少，从而导致网络性能问题。该问题的解决方案就是减少使用每个信道的无线客户端的数量。

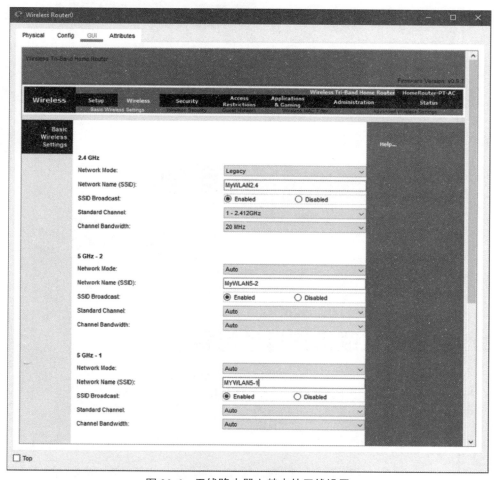

图 20-6   无线路由器上基本的无线设置

20.4.2 身份验证和关联错误

现代 WLAN 中结合使用了多种技术来保护 WLAN 上的数据。其中的任何一个配置不正确都会导致通信受阻。一些不正确的常见配置包括 SSID、身份验证和加密。

- SSID 是一个区分大小写，由字母和数字构成的字符串，最长为 32 个字符。AP 和客户端上的 SSID 必须相同。如果 SSID 被广播出去并且被检测到，就没有问题。如果 SSID 不被广播出去，客户端上就必须由人手动输入 SSID。如果客户端上配置了错误的 SSID，它就不能与 AP 进行关联。除此之外，如果有另一个 AP 广播了它的 SSID，则客户端可能会自动与这个 AP 进行关联。
- 大多数 AP 都默认配置了开放身份验证，并允许所有设备连接。如果 AP 配置了更安全的身份验证，则需要客户端提供密钥。客户端和 AP 必须配置相同的密钥。如果密钥不匹配，则身份验证失败，客户端将无法与 AP 进行关联。
- 加密是对数据执行转换的过程，它使没有正确加密密钥的任何人都无法读取数据。如果启用了加密，则必须在 AP 和客户端上配置相同的加密密钥。如果客户端与 AP 进行了关联，但无法发送或接收数据，则可能是加密密钥的问题，如图 20-7 所示。

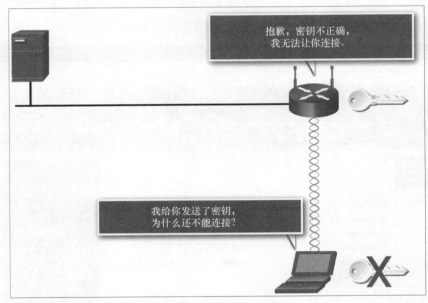

图 20-7　身份认证失败

20.5　常见的互联网连通性问题

有一些连通性问题可能归因于其他设备，比如 DHCP 服务器或连接 ISP 的设备。

20.5.1 DHCP 服务器的配置错误

如果有线或无线主机的物理连接看起来是正常的，但是主机无法与远端网络进行通信或者无法访问互联网，则应该检查客户端的 IP 配置。

　　IP 配置会对主机连接网络的能力产生重大影响。无线路由器充当本地有线和无线客户端的 **DHCP** 服务器，并为其提供 IP 配置（见图 20-8）。其中包括 IP 地址、子网掩码、默认网关，通常还包括 DNS 服务器的 IP 地址。DHCP 服务器会将 IP 地址与客户端的 MAC 地址绑定，并将该信息存储在客户端表中。管理员通常可以使用无线路由器随附的配置 GUI 来查看此表。

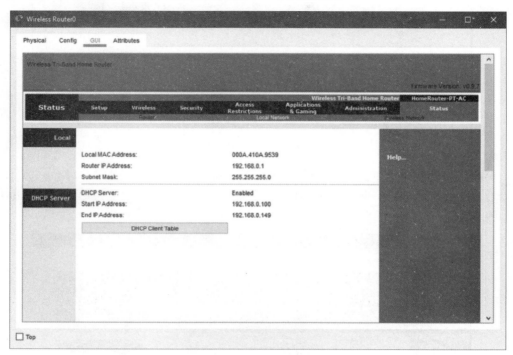

图 20-8　从 ISP 接收到的 DHCP 配置

　　客户端表中的信息应该与本地主机上的信息相同，你可以使用 **ipconfig /all** 命令进行查看。除此之外，客户端上的 IP 地址必须与无线路由器的 LAN 接口位于相同的网络中。无线路由器的 LAN 接口应该被设置为默认网关。如果客户端配置信息与客户端表中的信息不一致，则应该释放地址（使用 **ipconfig /release** 命令）并更新地址（使用 **ipconfig /renew** 命令），以形成新的绑定关系。

　　在大多数情况下，无线路由器会通过 DHCP 从 ISP 那里接收自己的 IP 地址。管理员要检查并确保无线路由器具有 IP 地址，如果有必要的话，可以尝试使用 GUI 工具来释放并更新地址。

20.5.2　检查互联网配置

　　如果有线 LAN 和 WLAN 中的主机可以连接到无线路由器，也可以与 LAN 中的其他主机通信，但不能访问互联网，如例 20-11 和图 20-9 所示，则问题可能出现在无线路由器与互联网的连接上。

例 20-11　ping 测试失败

```
C:\> ping 10.18.32.12
Pinging 10.18.32.12 with 32 bytes of data:
Request timed out.
Request timed out.
Request timed out.
Request timed out.
```

```
Ping statistics for 10.18.32.12:
    Packets: Sent = 4, Received = 0, Lost = 4 (100% loss),
```

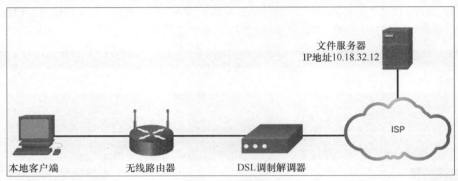

图 20-9   示例拓扑

有多种方法可以用来验证无线路由器与 ISP 之间的连通性。在使用 GUI 时,一种检查连通性的方法是查看无线路由器的状态界面。如图 20-10 所示,这里应该显示出 ISP 分配的 IP 地址(图 20-10 中为 64.100.0.11)。

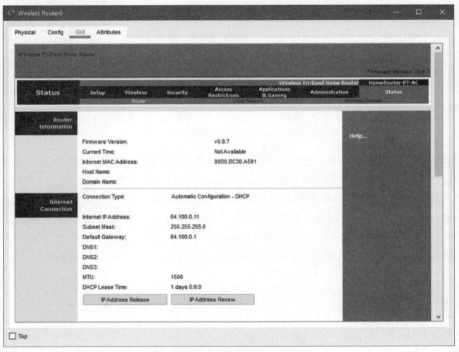

图 20-10   无线路由器状态界面

如果这个界面中显示无连接,则说明无线路由器无法连接 ISP。在这种情况下,管理员要检查所有物理连接和 LED。如果 DSL 或电缆调制解调器是另外一台设备,则需要检查与这些设备的连接,以及这些设备上的指示灯。如果 ISP 需要用户名或密码,就要检查这些参数的配置是否与 ISP 提供的参数相同。在使用 GUI 时,密码配置通常位于设置配置界面。接下来,可以单击状态界面中的连接或 IP 地址更新按钮,来尝试重新建立连接。如果无线路由器仍无法连接,则需要联系 ISP 并从 ISP 侧检查问题。

20.5.3　检查防火墙的设置

如果 OSI 参考模型中的第 1 层到第 3 层看起来都工作正常，而且你可以成功地 ping 通远端服务器的 IP 地址，那么是时候对更高层进行检查了。举例来说，如果路径中使用了防火墙（见图 20-11），那么重要的是检查应用程序使用的 TCP 或 UDP 端口是否已打开，并且没有针对该端口的过滤设置。

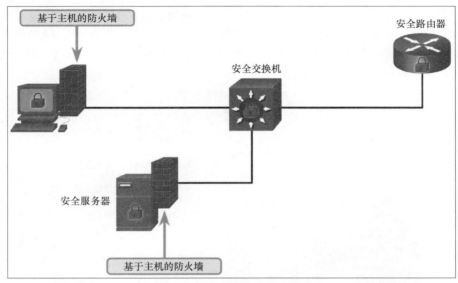

图 20-11　小型环境中的防火墙

如果所有客户端都获得了正确的 IP 配置，并且可以连接无线路由器，但它们无法 ping 通彼此，或者无法连接远端服务器或应用程序，那么问题可能出在无线路由器的规则上。要检查无线路由器上的所有设置，来确保没有安全限制会引发这个问题；还要检查客户端设备上的本地防火墙，以防其阻碍了网络功能。

20.6　客户支持

在解决网络问题时，知道去哪里寻求帮助是一件很重要的事。

20.6.1　帮助来源

如果在故障排除过程中，你无法判断问题所在并提供解决方案，那么你需要从外部获取帮助。一些常见的帮助来源如下。

- 文档：好的文档可以为你节省大量时间和精力，以快速找到最有可能产生问题的原因。它也可以提供隔离、验证和修正问题所需的技术信息。很多网络设备都提供了文档，但通常这些文档中仅提供了最基本问题的排错信息。
- 在线问答（用于最常被问到的问题）：大多数制造商都在其网站上提供了有关其产品或技术的一系列问答。这些问题的来源通常是之前的帮助请求，在线问答是一个很好的最新信息来源，应该尽可能寻求其帮助。

■ **互联网搜索**：随着各种支持论坛的增加，你现在可以从世界各地的人们那里获取实时帮助。
■ **同事**：同事通常可以提供丰富的信息，并且他们的故障排除经验无可替代。

20.6.2　求助时机

有时你无法依靠自己解决网络问题。在这种情况下，你可能需要联系厂商或 ISP 支持桌面寻求帮助，如图 20-12 所示。客户支持热线或支持桌面是为终端用户提供帮助的第一站。支持桌面由一组人员组成，他们拥有帮助诊断并修正常见问题的知识和工具。支持桌面可以提供帮助来确定问题是否存在、问题的根源，以及问题的解决方案。

支持桌面：下午好，Smith女士，欢迎致电支持桌面，我是Pat。您需要什么帮助？

客户：我无法访问思科官网。

支持桌面：为了帮助您，我需要收集一些信息。

图 20-12　支持桌面

很多公司和 ISP 都建立了支持桌面来帮助用户解决网络问题。大多数大型 IT 公司都会为他们单独的产品或技术设立支持桌面。举例来说，思科设立了支持桌面，以支持为将思科设备集成到网络中的各种问题，以及设备安装后有可能遇到的问题提供解决方案。

有多种方式可以联系支持桌面，其中包括电子邮件、实时语音和拨打电话。尽管对于非紧急问题来说电子邮件是个用来联系的好方式，但对于紧急问题来说还是拨打电话和实时语音更有帮助。这些联系方式对于一些组织机构来说至关重要，比如银行，因为短暂的网络中断就会导致大量金钱的损失。

如果有必要的话，支持桌面可以通过远程接入软件接管对本地主机的控制。这个功能让支持桌面的技术人员能够运行诊断程序，并与主机和网络进行交互，而无须出差到现场解决问题。远程接入极大程度地缩短了获得问题解决方案的时间，让支持桌面能够帮助更多的用户。

20.6.3　与支持桌面的交互

如果你是终端用户，最好可以为支持桌面提供尽可能多的信息，如图 20-13 所示。支持桌面需要有关现有服务或支持计划的信息，以及受影响设备的具体细节。这些信息可能包括品牌名称、型号和序列号，以及设备上运行的固件或操作系统版本。他们可能还需要故障设备的 IP 地址和 MAC 地址。支持桌面需要获取与下列问题相关的信息。

■ 问题的现象是什么?
■ 是谁遇到了这个问题?

- 问题是什么时候出现的?
- 已经采取了哪些措施来识别问题?
- 采取措施的结果是什么?

支持桌面：问题是什么时候开始出现的?

客户：30分钟之前互联网还是好的。

支持桌面：您住在哪里?

客户：道奇城河东边。

支持桌面：我看到那个区域正在遭受雷击。我们有一个团队在现场，一小时之内应该可以恢复连接。

图 20-13　为支持桌面提供信息

如果这是后续的沟通，你应该准备好提供上次沟通的日期和时间、单号和技术人员的姓名，还应该到达故障设备位置，并准备好根据要求为支持桌面提供设备访问权限。

20.6.4　问题解决方案

支持桌面通常会按照一系列的经验和知识级别进行组织。如果第一级的技术人员无法解决问题，他们可以将问题升到更高级别。较高级别的技术人员通常具有更丰富的经验，并且可以访问第一级技术人员无法访问的资源和工具。

记录与支持桌面沟通的信息，比如：

- 通话时间和日期；
- 技术人员的姓名/ID；
- 报告的问题；
- 采取的行动方针；
- 解决还是升级；
- 后续步骤（跟进）。

当你与支持桌面一起工作时，大多数问题都可以轻松、快速地解决。问题解决后，务必更新相应的文档以供将来参考。

20.6.5　支持桌面的工单和工作流程

当第一级支持桌面的技术人员接到电话时，他会遵循一个流程来收集信息。还有一个专门的系统用来存储和检索相关信息。如果必须将这个问题升级到第二级技术人员那里或者需要进行现场支持，那么正确地收集信息非常重要。

技术人员接听电话后，信息收集和记录的过程就开始了。识别客户身份后，技术人员会询问有关客户的信息。通常会有一个数据库应用程序用于管理客户信息。

这些信息会被转移到故障单（也称为事故报告）中。故障单可以是纸质文件，也可以是电子跟踪系统，旨在从头到尾跟踪故障排除的全过程。每个参与解决问题的人都应该在故障单上记录已完成的工作。在需要现场支持时，故障单信息可以转换为工单，并由技术人员带到现场。

解决问题后，解决方案会记录在工单（见图 20-14）或故障单中，并记录在知识库文档中以供将来参考。

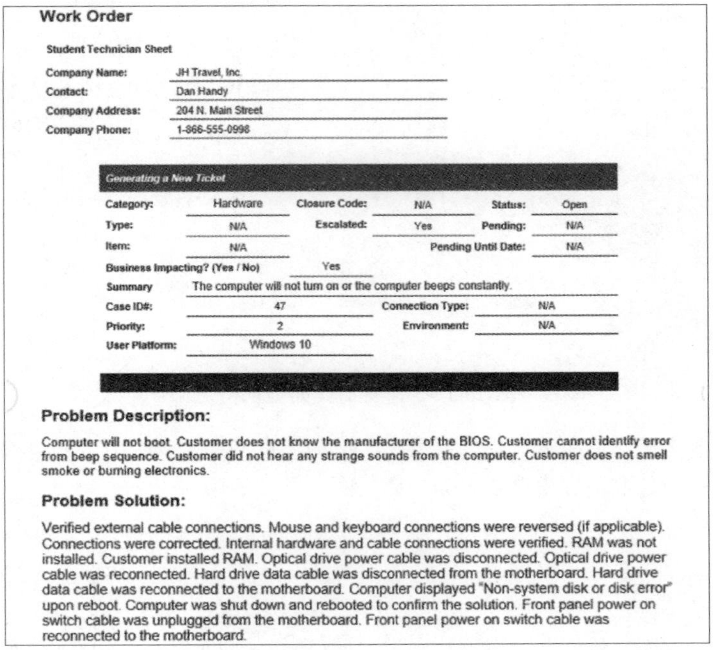

Work Order

Student Technician Sheet

Company Name: JH Travel, Inc.
Contact: Dan Handy
Company Address: 204 N. Main Street
Company Phone: 1-866-555-0998

Generating a New Ticket

Category:	Hardware	Closure Code:	N/A	Status:	Open
Type:	N/A	Escalated:	Yes	Pending:	N/A
Item:	N/A			Pending Until Date:	N/A

Business Impacting? (Yes / No) Yes
Summary: The computer will not turn on or the computer beeps constantly.

Case ID#:	47	Connection Type:	N/A
Priority:	2	Environment:	N/A
User Platform:	Windows 10		

Problem Description:

Computer will not boot. Customer does not know the manufacturer of the BIOS. Customer cannot identify error from beep sequence. Customer did not hear any strange sounds from the computer. Customer does not smell smoke or burning electronics.

Problem Solution:

Verified external cable connections. Mouse and keyboard connections were reversed (if applicable). Connections were corrected. Internal hardware and cable connections were verified. RAM was not installed. Customer installed RAM. Optical drive power cable was disconnected. Optical drive power cable was reconnected. Hard drive data cable was disconnected from the motherboard. Hard drive data cable was reconnected to the motherboard. Computer displayed "Non-system disk or disk error" upon reboot. Computer was shut down and rebooted to confirm the solution. Front panel power on switch cable was unplugged from the motherboard. Front panel power on switch cable was reconnected to the motherboard.

图 20-14　工单

20.7　本章小结

下面是对本章各主题的总结。

■　**故障排除过程**

是指识别、定位和更正问题的过程。你可以使用结构化的技术来确定最可能导致问题产生的原因以及解决问题的方案。你必须记录故障排除过程中采取的所有步骤，即使那些没能解决问题的步骤也要记录。

要收集有关问题的信息，一开始可以对报告问题的个人以及任何受到影响的用户进行询问。接下来，要收集可能受到影响的所有设备的信息。可以从文档中收集这些信息。还必须收集所有日志文件的副本，并列出最近对设备配置所做的变更。也可以使用网络监控工具来收集与网络相关的信息。

管理员可以使用多种结构化的故障排除方法。结构化的故障排除方法包括自下而上、自上而下和分而治之。所有这些结构化方法都使用网络的分层概念。其他方法包括跟随路径、替换、比较和有根据的猜测等。

■ **物理层问题**

主要与计算机和网络设备的硬件以及与它们之间连接的线缆相关。要在物理层进行故障排除，首先要检查所有设备的供电是否正常以及设备是否已经开机。如果问题与无线设置有关，则验证 WAP 的工作是否正常，无线设置是否正确。

无论故障出现在无线网络还是有线网络上，自下而上的故障排除方法的第一步都应该是检查 LED，这些 LED 指示出设备或连接的当前状态或活动性。布线是有线网络的"中枢神经系统"，也是出现连通性问题时最常见的根源之一。应该确保使用了正确类型的电缆。电缆连接头的问题是网络中遇到的主要问题之一。为了避免这个问题，你应该根据标准来制作电缆连接头。电缆运行的最大长度取决于不同电缆的特性。确认网络设备之间使用了正确的端口相连。保护电缆和连接头免遭物理损坏。

■ **故障排除命令**

有很多软件工具可以帮助管理员识别网络问题，常用的故障排除命令包括 **ipconfig**、**ping**、**tracert**、**netstat** 和 **nslookup**。

在 Windows 设备上，你可以在命令提示符窗口中使用 **ipconfig** 命令来查看 IP 配置信息。如果本地主机上的 IP 配置是正确的，那么你可以使用 **ping** 命令来测试网络连通性。

在对同时部署了有线和无线连接的网络进行故障排除时，通常使用分而治之的方法来隔离问题，再判断问题出现在有线网络还是无线网络中。确定这个问题的最简单方法是执行以下操作。

● 从无线客户端 ping 其默认网关。这验证了无线客户端是否正常连接。

● 从有线客户端 ping 其默认网关。这验证了有线客户端是否正常连接。

● 从无线客户端 ping 有线客户端。这验证了无线路由器是否正常工作。

tracert 命令提供了数据包到达目的地的路径信息，以及路径中每一跳的信息。它还指示出数据包从源到达每一跳并返回的时间（往返时间）。**tracert** 命令可以帮助确定由网络"瓶颈"或网络降速而导致数据包丢失或延迟增加的位置。

有时你需要知道一台联网主机上打开并运行了哪些活动的 TCP 连接。**netstat** 命令是一个重要的网络工具，你可以使用它来检查这些连接。使用 **netstat** 命令会列出主机正在使用的协议、本地地址和端口号、外部地址和端口号，以及连接状态。

nslookup 工具让你可以手动向 DNS 服务器查询并解析给定的主机名。执行 **nslookup** 命令后，主机会显示的内容包括 DNS 服务器的 IP 地址，以及特定 DNS 域名所关联的 IP 地址。**nslookup** 通常作为一种故障排除工具来确定 DNS 服务器是否正确解析了域名。

■ **排查无线问题**

无线通信依靠 RF 信号来传输数据。有很多因素会影响到 AP 使用 RF 信号来连接主机的功能。

● 并非所有无线标准都相互兼容。

● 每个无线会话都必须工作在单独且不重叠的信道上。

● RF 信号的强度会随着距离的增加而减弱。

● RF 信号容易受到外部设备的干扰，包括以相同频率运行的其他设备。

● AP 会在设备之间共享可用带宽。

现代 WLAN 中结合使用了多种技术来保护 WLAN 上的数据。其中的任何一个配置不正确都会导致通信受阻。一些不正确的常见配置包括 SSID、身份验证和加密。

■ **常见的互联网连通性问题**

如果有线或无线主机的物理连接看起来是正常的，但是主机无法与远端网络进行通信或者无法访问互联网，则应该检查客户端的 IP 配置。在大多数情况下，无线路由器会通过 DHCP 从 ISP 那里接收自己的 IP 地址。管理员要检查并确保无线路由器具有 IP 地址，如果有必要的话，可以尝试使用 GUI 工具来释放并更新地址。

如果有线 LAN 和 WLAN 中的主机可以连接到无线路由器，也可以与 LAN 中的其他主机通信，但不能访问互联网，则问题可能出现在无线路由器与互联网的连接上。在使用 GUI 时，一种检查连通性的方法是查看无线路由器的状态界面。这里应该显示出 ISP 分配的 IP 地址，并且指明是否已建立连接。如果这个界面中显示无连接，则说明无线路由器无法连接 ISP。如果无线路由器仍无法连接，则需要联系 ISP 并从 ISP 侧检查问题。

如果路径中使用了防火墙，那么重要的是检查应用程序使用的 TCP 或 UDP 端口是否已打开，并且没有针对该端口的过滤设置。如果所有客户端都获得了正确的 IP 配置，并且可以连接无线路由器，但它们无法 ping 通彼此或者无法连接远端服务器或应用程序，那么问题可能出在路由器的规则上。要检查无线路由器上的所有设置，来确保没有安全限制会引发这个问题；还要检查客户端设备上的本地防火墙，以防其阻碍了网络功能。

■ 客户支持

一些常见的帮助来源包括文档、在线问答、同事和其他网络专家，以及互联网资源（包括论坛、文章和博客）。支持桌面由一组人员组成，他们拥有帮助诊断并修正常见问题的知识和工具。如果有必要的话，支持桌面可以通过远程接入软件接管对本地主机的控制。支持桌面需要获取与下列问题相关的信息，包括现象描述、谁遇到了问题、问题何时发生、为了识别问题而采取的措施，以及采取措施的结果是什么。

如果第一级的技术人员无法解决问题，他们可以将问题升级到更高级别。较高级别的技术人员通常具有更丰富的经验，并且可以访问第一级支持人员无法访问的资源和工具。管理员要记录与支持桌面沟通的信息，比如通话的时间和日期、技术人员的姓名/ID、报告的问题、采取的行动方针、解决还是升级，以及后续步骤（跟进）。

当第一级支持桌面的技术人员接到电话时，他会遵循一个流程来收集信息。还有一个专门的系统用来存储和检索相关信息。如果必须将这个问题升级到第二级技术人员那里或者需要进行现场支持，那么正确地收集信息非常重要。这些信息会被转移到故障单（也称为事故报告）中。解决问题后，解决方案会记录在工单或故障单中，并记录在知识库文档中以供将来参考。

习题

完成下面的习题可以测试出你对本章内容的理解水平。附录中会给出这些习题的答案。

1. 一位用户家里的计算机工作正常，但是无法访问互联网。互联网连接是通过有线电视公司提供的。用户无法确定问题的原因。用户应该联系谁以获得进一步的帮助？

    A. 有线电视公司求助热线　　　　　　　　B. 计算机供应商的支持网站

    C. 计算机厂商求助热线　　　　　　　　　D. 操作系统供应商

2. 技术人员首先执行 **ipconfig /release** 命令，然后执行 **ipconfig /renew** 以确保更新工作站上的 DHCP 的 IP 配置。但是，工作站没有获得有效的 IP 配置。网络上可能存在哪些问题？

    A. 必须执行 **ipconfig /all** 命令才能恢复所有 IP 配置

    B. DHCP 服务器没有网络连接

    C. DHCP 租期时间配置错误

    D. DHCP 服务器有问题

    E. 网关路由器地址需要更新

3. 参考图 20-15。命令输出来自无线 DHCP 主机，它连接到 Linksys 集成路由器。从输出中可以确定什么？

```
C:\>ipconfig
Ethernet adapter Wireless Network Connection:

        Connection-specific DNS Suffix. . :
        IP Address.........................: 192.168.10.100
        Subnet Mask .......................: 255.255.255.0
        Default Gateway ...................: 192.168.1.1

<output omitted>

C:\>ping 192.168.1.1

Pinging 192.168.1.1 with 32 bytes of data:

Request timed out.
Request timed out.
Request timed out.
Request timed out.
```

图 20-15

A. DNS 有问题　　　　　　　　　　　　　B. 需要检查 DHCP 配置
C. 需要检查与 SSID 的连接　　　　　　　D. 需要安装新的无线 NIC
E. 主机与路由器之间使用了错误的电缆

4. 一位客户致电有线电视公司报告互联网连接不稳定。在尝试了几次配置更改后，技术人员决定向客户发送一个新的电缆调制解调器进行替换。这属于什么故障排除方法？

A. 分而治之　　　　B. 自上而下　　　　C. 自下而上　　　　D. 替换

5. 小型办公室使用无线路由器连接到电缆调制解调器，并通过它来访问互联网。网络管理员接到电话，电话报告说办公计算机无法访问外部网站。网络管理员执行的第一个故障排除操作是从办公室计算机 ping 无线路由器。这属于哪种故障排除方法？

A. 自下而上　　　　B. 替换　　　　C. 分而治之　　　　D. 自上而下

6. 网络管理员可以 ping 通提供访问 www.cisco.com 的服务器，但无法 ping 通位于其他城市的 ISP 中的本公司的网页服务器。哪个工具或命令可以帮助识别数据包是在哪台路由器上丢失或被延迟的？

A. **telnet**　　　　B. **ipconfig**　　　　C. **traceroute**　　　　D. **netstat**

7. 技术人员会使用哪个命令来显示主机上的网络连接？

A. **nslookup**　　　　B. **tracert**　　　　C. **ipconfig**　　　　D. **netstat**

8. 在对崩溃的内部网页服务器进行故障排除后，应该记录哪些项目？（选择 3 项）

A. 执行过但未能确定问题原因的步骤　　　B. 问题发生的时间
C. 为了确定问题原因而执行的步骤　　　　D. 与用户的对话
E. 崩溃时 LAN 内所有主机的配置　　　　F. 崩溃时 LAN 内所有网络设备的配置

9. 用户致电支持桌面报告工作站问题。哪些问题会为故障排除提供有用的信息？（选择 3 项）

A. 您的工作站上运行的操作系统版本是什么？
B. 您最近是否执行过备份？
C. 您对工作站做了哪些更改？
D. 您是否收到了错误消息，具体是什么？
E. 您的工作站在保修期吗？
F. 您是否在工作站上使用过网络监控工具？

10. 物理层网络连接问题的常见原因是什么？（选择 2 项）

A. 以太网线缆插入了错误的端口　　　　B. 以太网线缆故障
C. 默认网关不正确　　　　　　　　　　D. 未分配 IP 地址
E. 显示器的电缆被拔掉了

11. 参考图 20-16。一位网页设计师来电报告无法通过浏览器打开 web-s1.cisco.com 网页。技术人员使用命令提示符窗口来验证问题并开始故障排除过程。关于这个问题可以确定哪些事情？（选择 2 项）

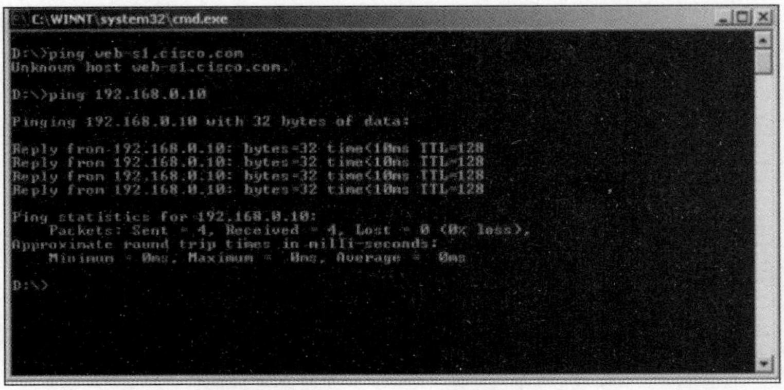

图 20-16

A. 可以从源主机访问位于 192.168.0.10 的网页服务器

B. web-s1.cisco.com 所在网页服务器软件存在问题

C. DNS 服务器无法解析 web-s1.cisco.com 的 IP 地址

D. 源主机和 192.168.0.10 的服务器之间的默认网关失效了

E. 源主机和 web-s1.cisco.com 所在服务器之间的某台路由器失效了

12. 在故障排除过程中，问题解决后，下一步应该采取什么措施？

　　A. 更新文档　　　　　B. 查阅在线问答　　　　C. 运行远程访问软件　　　　D. 升级问题

习题答案

第 1 章

1. C。客户端向服务器发送信息或服务请求。服务器向客户端提供其请求的信息和其他服务。

2. A。各种类型和规模的计算机网络都可以用来连接设备，并将数据从原始来源传输到最终的目的地。

3. A。每个客户端都是一个服务器，每个服务器也都是一个客户端。P2P 应用程序要求每台终端设备都提供一个用户接口，并运行一个后台服务。

4. A。延迟是指数据从一个点传输到另一个点所用的时间总量。这两个点可以在同一个网络或跨越多个网络。

5. C。在 P2P 网络中设备能够充当请求资源的客户端或提供资源的服务器。

6. B。SOHO，即小型办公室/家庭办公室。SOHO 网络是指小型网络。这些网络存在于大多数家庭和小型企业中。它们由相对较少的设备组成，比如客户端设备、打印机、路由器，可能还有服务器。

7. A。在线购物是通过从客户端设备连接到互联网，以访问提供零售服务的网页服务器的资源来完成的。

8. A。互联网就是许多独立网络的互联。这些网络的范围可以从某人家中的小型网络到大型互联网服务提供商或内容提供商提供的网络。

9. A 和 E。终端设备是用户信息的最初来源和最终目的地。在客户端/服务器网络中，用户与客户端所在计算机进行交互。

10. D。二进制可以表示两种状态之一。电灯开关状态只能是两种状态之一，即关闭或打开。

11. D。区域 B 中的设备为路由器。路由器是中间设备，负责将数据沿其转发路径从源转发到最终目的地。

第 2 章

1. D。有线媒介和无线媒介都用于连接网络中的各种组件。在有线网络中，使用的媒介包括各种类型的铜缆和光缆。

2. C。物理拓扑图用于记录每台主机所在的位置，以及它是如何连接到网络的。

3. C。NFC 是一种无线通信技术，可以让彼此非常接近的设备交换数据，这些设备的距离通常在几厘米之内。

4. D。默认网关是网络上的本地路由器；它用于将设备连接到另一个网络或互联网。

5. D。移动设备可以使用 Wi-Fi 连接到本地网络和互联网。

6. A。图 2-12 中绘制的是逻辑拓扑图，因为它显示了设备名称或功能。尽管也显示了物理连接，但这并不是只能出现在物理拓扑图的特定信息。

7. D。物理拓扑图和逻辑拓扑图是网络文档的重要元素。

8. A 和 E。设备名称的格式应该一致，以便用户能够轻松确定设备的功能和其他信息。每台设备的名称也应该是唯一的、有意义的，从而可以在网络上唯一标识该设备。

9. C。今天的手机网络使用 4G 或 5G 技术的某个版本。

10. B。蓝牙是一种低功耗、短距离的无线技术，旨在取代扬声器、耳机和麦克风等配件的有线连接。

11. C。智能手表可能包含相应的技术，人们可以将其用作手机。

12. C。最常见的蜂窝移动通信网络为 GSM（全球移动通信系统）网络。

第 3 章

1. B。在 Windows 中安装 Packet Tracer 会要求用户选择 32 位或 64 位操作系统。

2. A。Packet Tracer 模拟了许多网络技术，允许用户建模和构建真实世界的网络。

3. A。该设备是家用无线路由器，它通常允许用户根据不同 SSID 来选择各种频道。

4. A。A 设备是家用无线路由器，是构建家庭无线网络所需的设备。

5. A。网页浏览器位于 Desktop（桌面）选项卡中。

6. D。需要使用以太网直通线将 PC 上的 FastEthernet 端口连接到以太网交换机端口。

7. A。有线局域网需要以太网交换机来连接设备。

8. C。PC Wireless 对应的图标可以显示包括 SSID 在内的无线信息。

9. D。在将任何 NIC 移除或插入笔记本电脑之前，必须先关闭笔记本电脑的电源。

10. D。退出前保存配置很重要；如果没有保存，所做的任何更改都将丢失。

11. E。Options 选项卡允许用户更改许多不同的工作区首选项，包括是否显示端口标签。

第 4 章

1. A。STP 电缆包括额外的屏蔽层，以防止 EMI 和 RFI。

2. B。几乎所有有线电视公司都使用同轴电缆来传输电视、互联网和语音（电话）信号。

3. A。当电缆长距离捆绑在一起时会发生串音。来自一根电缆的电脉冲可以跨越到相邻的电缆上。

4. A。UTP 不包含额外的屏蔽层来防止可能的 EMI 和 RFI。

5. D。光纤线缆使用光脉冲传输数据，因此不受 EMI 和 RFI 影响。

6. D。光纤线缆可以高带宽和长距离传输数据，这使其成为骨干网和电话公司的最佳选择。

7. A。连接两台相同针脚的设备时使用交叉双绞线，比如两台以太网交换机或两台 PC。

8. B。ping 命令用于验证两台终端设备之间的连通性。

9. B。图中的针脚排列是直通线，使用 TIA/EIA T568A 标准。

10. D。与邮寄信件时的发件人地址和收件人地址的作用类似，IP 地址用于标识数据包的源和目的地。

11. D。Windows 使用 tracert（traceroute）命令来显示数据包到达目的地的路径。

第 5 章

1. B。IETF 是负责起草、审查和批准 RFC 文档的组织。

2. A。以太网 MAC 地址是以太网 NIC 上用于唯一标识以太网接口的物理地址。

3. D、E 和 F。TCP/IP 模型的应用层是独立的一层,与 OSI 参考模型的会话层、表示层和应用层具有相同的功能。

4. B。标准用于创建一组规则或协议,以便不同的厂商可以制造网络硬件和软件。

5. C。IEEE 是创建许多网络接口层协议的组织,这些协议包括以太网和 Wi-Fi。

6. D。以太网 MAC 地址是以太网 NIC 上的物理地址。MAC 地址是标识以太网接口的唯一地址。

7. B、C 和 F。基本通信包括创建消息的源、用于传输消息的媒介,以及消息的最终目的地。

8. A 和 D。以太网与 OSI 参考模型的物理层和数据链路层相关联。在 TCP/IP 模型中这两层称为网络接口层。

9. C。终端设备会使用传输层来确保信息的发送和接收可靠且有序。如果数据在被接收时是乱序的,传输层将按照正确的顺序排列数据。

10. D。协议是一系列管理网络通信的规则。终端设备和中间设备实现了许多不同的协议,以确保成功地进行网络通信。

第 6 章

1. E。目的地址是以太网广播 MAC 地址或 FFFF.FFFF.FFFF。

2. D。路由器不会将从一个接口上接收到的二层广播转发到其他接口。

3. A。封装是向现有数据添加附加的头部,有时还添加尾部的过程。

4. A。核心层负责在网络主干上尽可能快地传输数据。

5. B。以太网交换机被称为二层设备,因为它使用二层 MAC 地址信息来构建 MAC 地址表,并转发帧。

6. D。当交换机的 MAC 地址表为空时,它将帧转发到除帧进入交换机的端口之外的所有端口。

7. C。以太网交换机通过检查每个帧的源 MAC 地址以及该帧进入交换机的端口号,来构建其 MAC 地址表。

8. B、C 和 D。源物理地址、目的物理地址和数据帧校验序列是 IEEE 802.3 标准的以太网数据帧的字段。逻辑地址是 IP 数据包的一部分。

9. A 和 B。终端设备在接入层连接到网络。这包括二层设备,比如以太网交换机或 WAP。

10. A。当以太网交换机接收到以太网广播时,它会将帧从除了接收端口之外的所有端口泛洪出去。互连的以太网交换机越多,广播域就越大。

11. B。以太网数据帧的正常大小最小为 46 字节,最大为 1500 字节。虽然小于最小值的以太网数据帧通常会被交换机丢弃,但在某些情况下,帧可能会大于 1500 字节并由交换机转发。

12. C。当设备知道其网络上另一台设备的 IPv4 地址,但不知道其 MAC 地址时,就会使用 ARP。

第 7 章

1．A。路由器会检查数据包的目的 IP 地址，并在本地路由表中找到最佳匹配条目来转发数据包。

2．A。GigabitEthernet 0/1 是一个以太网接口，因此路由器会将数据包封装在一个新的以太网数据帧中。然后将数据包从 GigabitEthernet 0/1 接口转发出去。

3．B。R1 的 G0/0 接口是默认网关，因为它是本地路由器的接口，并且与 H1 在同一局域网上。

4．A。直连网络表示目的设备位于路由器直连的网络上。

5．D。如果路由器的路由表中没有与入站数据包相匹配的条目，则路由器会丢弃该数据包。

6．A、E 和 F。通过分布层将主机划分到多个网络中可以提高安全性，因为路由器可以过滤数据包。很难确定其他网络上的主机。因为路由器将网络分开了，所以每个网络都是它自己的广播域。

7．B。路由表中的 C 表示该网络是直连网络。

8．B。路由器使用地址的网络部分来确定如何转发数据包。

9．B。路由器连接多个网络。路由器会检查数据包的目的 IP 地址，并在其路由表中找到最匹配的条目来转发数据包。

10．C。路由器将数据包封装在以太网数据帧中。以太网目的 MAC 地址是目的主机的 MAC 地址。

11．B。默认网关地址是与客户端设备在同一 LAN 上的本地路由器接口的地址。

第 8 章

1．D。192.168.30.0/24 是网络 IPv4 地址，因为这个地址的主机部分全为 0。IPv4 广播地址是 192.168.30.255/24，因为这个地址的主机部分全为 1。

2．A、B 和 E。这些地址是私有 IPv4 地址，因为它们在 10.0.0.0 /8（或 10.0.0.0 ~ 10.255.255.255）、172.16.0.0 /12（或 172.16.0.0 ~ 172.31.255.255）和 192.168.0.0 /16（或 192.168.0.0 ~ 192.168.255.255）的范围内。

3．B。IPv4 多播地址在 224.0.0.0 ~ 239.255.255.255 的范围内。

4．A。设备使用 IPv4 地址与其子网掩码进行逻辑与运算，来确定设备所属的网络地址。

5．B、E 和 F。路由器不转发 224.0.0.0 ~ 224.0.0.255 内的多播地址对应的数据包，这些地址仅适用于本地网络。多播地址用于将数据包发送到多台设备，这些设备被称为一组主机。路由器通过向多播地址发送数据包来交换路由信息，该地址代表启用了特定路由协议的路由器。

6．C。子网掩码用于区分 IPv4 地址的网络部分和主机部分。

7．C。172.32.65.13 是传统的 B 类地址。默认情况下，子网掩码为 255.255.0.0，网络地址为 172.32.0.0。有类编址现在已经过时了。

8．A、D 和 E。打印机、IP 电话和服务器都有 NIC，需要 IP 地址才能在网络上进行通信。

9．A。用于一台主机的 IP 地址会将单播地址作为目的 IP 地址。

10．C。$202 = (1 \times 128)+(1 \times 64)+(1 \times 8)+(1 \times 2)$。

11．D。255.255.255.0 的子网掩码有 8 个主机位。这 8 个主机位对应总共 256 个地址。第一个地址（全为 0）是网络地址，最后一个地址（全为 1）是广播地址。剩下 254 个地址可以分配给设备。

12．A 和 B。二进制数的基数为 2，由 0 和 1 组成。十进制数的基数为 10，由 0 ~ 9 组成。

第 9 章

1．A。DHCP 发现消息是以广播形式发送的。客户端要求本地网络上的每台 DHCP 服务器（如果它们是 DHCP 服务器的话）向自己发送 DHCP Offer 消息。

2．D。动态分配是指 DHCP 服务器在有限的时间内为客户端分配 IP 地址，这段时间就称为租期。

3．A。DHCPREQUEST 消息是一个广播消息（也可以是单播的），它让 DHCP 服务器知道客户端正在接收哪个 DHCP Offer 消息。

4．A。IP 地址的主机部分全为 1，导致其成为广播地址。广播地址不可分配给设备。

5．A 和 D。打印机和网页服务器通常需要分配静态 IP 地址，因为它们的地址必须保持一致，这样其他设备才能知道如何与它们通信。

6．D 和 E。客户端发送 DHCPDISCOVER 和 DHCPREQUEST 消息。这些通常都是广播消息，但是 DHCPREQUEST 也可以是单播消息。

7．C 和 D。DHCP 自动配置 IP 地址信息，因此消除了用户配置错误的可能性。这也减轻了网络管理员进行配置或排除用户错误配置的负担。

8．C。DORA（Discover，Offer，Request，ACK）是一种简单的记忆方法。

9．A。/24 前缀允许有 254 个可用地址。地址总数为 256，减去 1 个网络地址和 1 个广播地址，最后得到 254 个可用地址。如果需要为打印机分配 3 个静态 IP 地址，则剩下 254 - 3 = 251 个地址可以进行动态分配。

10．A。DHCP Discover 消息是以广播形式发送的。客户端要求本地网络上的每台 DHCP 服务器（如果它们是 DHCP 服务器的话）向自己发送 DHCP Offer 消息。

第 10 章

1．B 和 E。IPv4 地址的长度为 32 位，使用点分十进制表示。IPv6 地址的长度为 128 位，使用十六进制数表示。

2．D。双栈是用来同时实现 IPv4 和 IPv6 的网络技术。

3．A。IPv6 最显著的优势是可以提供约 3.4×10^{38} 个地址，而 IPv4 只有约 43 亿个地址。

4．B。默认网关是与主机位于同一个网络上的本地路由器接口的逻辑 IPv6 地址。

5．A。其他选项中的地址均无效，因为它们都多次使用了双冒号。

6．D。SLAAC 使设备能够从路由器的路由器通告消息中获取前缀。

7．A。A 选项中的地址是唯一有效的地址。其他选项或者多次使用双冒号（B 选项），或者没有表示足够的值（C 选项），或者连续两次使用双冒号（D 选项）。

8．B。在大多数网络上，将用户网络连接到 ISP 的路由器负责执行 NAT 操作。

9．C。所有以 fe80 开始的地址都是链路本地地址。

10．B。隧道允许将一个 IPv6 数据包封装在一个 IPv4 数据包中。

第 11 章

1．B。UDP 不建立连接并且不包含跟踪开销，所谓跟踪开销即哪些段已接收、哪些段丢失了，以及这些段的顺序。

2．A。TCP 和 UDP 都使用端口号来标识上层的服务和进程。

3．C。UDP 不建立连接，也不包括与可靠性和流量控制相关的所有开销，这允许更快地传递数据。

4．B。TCP 和 UDP 都使用端口号来标识上层的服务和进程。

5．A。HTTPS 或安全 HTTP 的周知端口号是 443。

6．D。IP 地址为 192.168.1.1、端口号为 80 的套接字用 192.168.1.1:80 表示。

7．D。TCP 序列号用于标识 TCP 段的第一个字节。这使接收设备能够以正确的顺序放置片段，并识别任何丢失的片段。

8．D。IANA 为公共服务和应用程序分配周知端口号。

9．C。TCP 使用包括 3 次握手、序列号和确认号在内的几个因素来确保传输的可靠性。

10．A。UDP 提供不可靠的传递。它不使用 3 次握手，不使用序列号和确认号。

11．A。设备使用周知端口号 53 向 DNS 服务器发送 DNS 查询，并让 DNS 服务器返回响应消息。

12．D。客户端选择一个唯一的源端口号在本地识别这个进程，它可以是私有的或注册的端口号。

第 12 章

1．D。POPv3 服务器会侦听周知端口号 110。

2．A。SSH 比 Telnet 更安全，因为 SSH 会对数据进行加密，而 Telnet 以明文形式发送数据。

3．A。使用 IMAP4 的电子邮箱客户端，管理消息的操作执行在服务器上，消息保留在服务器上。

4．D。IMAP4 服务器会侦听周知端口号 143。

5．A。HTTP 是客户端用来请求网页，以及网页服务器用来传输网页和其他网页对象的协议。

6．A。SMTP 服务器使用周知 SMTP 端口号 25 来转发电子邮件。

7．D。DNS 允许客户端向 DNS 服务器发送请求，以将 IP 地址转换为域名。

8．A。即时通信使用户之间能够进行实时交流。

9．C。Telnet 服务器侦听的周知端口号为 23。

10．C 和 D。FTP 使客户端能够在客户端设备和 FTP 服务器之间上传和下载（复制）文件。FTP 使用两条连接。第一条连接使用端口 21 建立连接，第二条连接使用端口 20 传输数据。

11．C。HTTP 是客户端用来请求网页，以及网页服务器用来传输网页和其他网页对象的协议。

12．A。POPv3 是一种协议，允许用户将电子邮件从电子邮件服务器直接下载到客户端。用户可以选择将下载的电子邮件保留在服务器上或将其删除。

第 13 章

1．B 和 E。虽然这些无法防止攻击的发生，但禁用 SSID 的广播并更改 AP 上的默认 IP 地址是有好处的。

2. B。蓝牙是应用在耳机、摄像头、鼠标等设备上的常见的低速通信技术。

3. B 和 C。WLAN 使用 2.4 GHz 和 5 GHz 频段。

4. D。CSMA/CA 用于避免共享无线信道上的冲突。

5. A。台式计算机、笔记本电脑和打印机等 LAN 设备可以连接到家用无线路由器上的以太网端口。

6. B。Wi-Fi 最适合需要连接到局域网的移动设备。AP 用于将无线通道连接到以太网，从而使无线设备能够与有线设备通信，并最终与互联网通信。

7. C。IEEE 802.11 标准适用于 Wi-Fi 通信。

8. A。如果无线设备和 AP 都启用了 RTS/CTS，客户端会向 AP 发送 RTS。

9. B。访客 SSID 是一个特殊的 SSID 覆盖区域，它允许开放访问，但限制该访问只能使用互联网。

第 14 章

1. C。私有云适用于特定的组织机构或实体，可以使用组织机构的私有网络进行设置。

2. B。类型 1 管理程序也称为"裸金属"方法，因为管理程序直接安装在硬件上，通常是安装在服务器上。

3. B。两个蓝牙设备形成连接的过程称为配对。

4. B。传统上，SDN 通过将控制面板移动到集中控制器，来将数据面板与控制面板分离。

5. D。虚拟化软件包含允许用户在一个操作系统上运行另一个操作系统的管理程序。

6. A。SaaS 使用户能够访问通过互联网交付的应用程序和服务，比如薪资系统。

7. A。卫星不需要有线连接，如果没有任何移动电话的信号覆盖，卫星将是最佳选择。

8. C。管理程序是在物理硬件之上添加抽象层的程序、固件或硬件。管理程序使用户能够在同一台计算机上运行另一个操作系统。

9. D。云计算允许用户通过互联网访问应用程序和存储个人文件。

10. C。通过使用蓝牙，用户可以使用带有麦克风的耳机拨打和接听电话。

第 15 章

1. A。社会工程是指一系列技术，用于欺骗内部用户执行特定的操作或泄露机密信息。

2. D。间谍软件是指在未经用户许可或用户不知情的情况下，从用户计算机中收集个人信息的程序。

3. D。网络钓鱼是一种社会工程攻击，其中网络钓鱼者假装他是来自另一个组织的合法人员。网络钓鱼者通常会通过电子邮件联系目标人员。

4. C。特洛伊木马是一种被编写成看似合法程序的程序，而实际上它是一种攻击工具。它不能自我复制。特洛伊木马依靠其合法的外表来欺骗受害者启动该程序。

5. D。SYN 泛洪是发送到服务器的一系列数据包，用来请求客户端连接。数据包中包含无效的源 IP 地址。服务器会忙于响应这些虚假请求，而无法响应合法请求。

6. A。DoS 攻击是针对单台计算机或计算机组的攻击性行为,旨在拒绝向目标用户提供服务。DoS 攻击可以针对终端用户系统、服务器、路由器和网络链路等。

7. B。网络钓鱼者寻找粗心的受害者的常用方法是将非法电子邮件伪装成合法电子邮件,并寄希望于会有人被非法电子邮件欺骗。

8. B。反间谍软件能够检测并删除监视用户活动和收集个人信息的间谍软件,它还可以防止间谍软件将来可能发生的安装行为。

9. C。在死亡之 ping 攻击中,一个大于 IP 允许的最大值(65535 字节)的数据包会被发送到设备。这可能会导致接收系统崩溃。自 1998 年以来,死亡之 ping 不再是问题,因为操作系统现在可以缓解这种攻击。

10. C。防病毒软件可防止病毒感染。它能够检测并删除病毒、蠕虫和特洛伊木马。防病毒软件既可以用作预防工具,也可以用作反应工具。

第 16 章

1. D。在默认情况下,无线设备不需要身份验证,这被称为开放身份验证。

2. D。DMZ 是指内部和外部用户均可访问和控制的网络区域。

3. C 和 D。WPA2-PSK 可以提供加密。MAC 地址过滤允许管理员确定允许哪些设备访问 Wi-Fi 网络。

4. A。DMZ 是指内部和外部用户均可访问和控制的网络区域。它还允许互联网上的用户访问服务器。

5. A。MAC 地址过滤会检查 MAC 地址信息来确定网络上允许有哪些设备。

6. B。SSID 由 WAP 进行广播,以标识 WLAN。

7. B。端口 25 是触发端口,允许入向流量使用端口 113 进入内部网络。

8. A。每次客户端与 AP 建立连接时,WPA2 都会生成新的动态加密密钥。

9. D。防火墙的作用是确定允许或拒绝哪些流量进入或离开网络。

10. C。客户端使用 SSID 来识别特定的 WLAN。

第 17 章

1. B。使用以太网交换机将 PC 连接到 LAN。家用路由器通常包含一个 4 端口以太网交换机作为路由器的一部分。

2. D。IOS 会从 NVRAM 复制到 RAM 中,由 CPU 执行。

3. B。默认情况下,引导程序首先在闪存中搜索 IOS 映像。

4. C 和 D。Telnet 和 SSH 都可以用于带内管理。但是,Telnet 只能在实验室环境中使用,因为包括密码在内的所有数据都是以明文形式发送的。

5. C。一个有限的 IOS 存放于 ROM 中,通常在主 IOS 不可用时用于诊断。

6. B 和 E。LAN 交换机提供有线接入,WAP 提供有线局域网的无线接入。

7. B。带外通信需要一台运行终端仿真软件(如 PuTTY)的计算机,使用反转电缆将其连接到思科设备的控制台端口。

8．D。与大多数计算机类似，交换机会执行 POST 以确定和检查硬件组件。

9．A 和 D。NVRAM 被认为是永久存储，用于存储 IOS、启动配置和任何其他内容。

10．B 和 D。Console 端口是最常见的，但也可以使用 AUX 端口。

11．B 和 C。IOS 会从 NVRAM 加载到 RAM 中。如果 NVRAM 中有启动配置文件，它也会被加载到 RAM 中。

12．D。**show startup-config** 命令会显示出存储在 NVRAM 中的启动配置文件的内容。

第 18 章

1．A。可以通过以#符号结尾的提示符来识别特权 EXEC 模式。

2．C。**show version** 命令用于显示有关内存的信息，包括 NVRAM、DRAM 和闪存，以及设备的接口和许可证。

3．C。关键字是在操作系统中定义的特定参数，比如 **address**。参数不是预定义的，它是用户定义的值或变量，比如 **192.168.1.1**。

4．A。**exit** 命令用于返回到上一级。

5．B。Ctrl+Shift+6 快捷键是一个通用的中断序列，用于中止 DNS 查找、跟踪路由、ping 以及中断 IOS 进程。

6．C。**configure terminal** 命令只能在特权 EXEC 模式下执行，它会使管理员进入全局配置模式。

7．C。按 Tab 键会补全部分命令或关键字，只要输入的信息是唯一匹配的即可。

8．C。在此语法中，**show** 是命令，**running-config** 是关键字。

9．C 和 E。用户 EXEC 模式以>结尾。在用户 EXEC 模式下，可以查看路由器诸多信息，但无法更改配置。只能在特权 EXEC 模式下进行配置更改。

10．B 和 E。因为路由器刚开机，没有做任何配置改动，所以运行配置和启动配置文件都是一样的。

第 19 章

1．D。SSH 连接是这些选项中唯一提供加密的。

2．A。默认情况下，思科交换机上的所有端口（接口）都是 VLAN 1 的一部分。

3．A。由于所有端口都属于 VLAN 1，管理员将配置 VLAN 1 接口的 IP 地址。

4．C。此命令将运行配置从 RAM 复制到 NVRAM 中的启动配置中。

5．C。Telnet 以明文形式发送所有数据，包括用户名和密码。SSH 加密所有数据，包括用户名和密码。

6．C。地址 172.16.10.100 是 172.16.10.0/24 网络上可用的主机地址。该网络的默认网关采用地址 172.16.10.1，而 172.16.10.255 是该网络的广播地址。地址 172.16.1.10 则位于不同的网络上。

7．D。该命令将 vty 线路配置为使用 SSH，这意味着所有的通信都是加密的。

8．D。**enable secret trustknow1** 命令将 trustknow1 配置为特权 EXEC 模式的密码。

9．C。**service password-encryption** 命令可以对运行配置和启动配置文件中的所有密码加密。

第 20 章

1. A。此时，用户需要联系提供互联网连接的有线电视公司。

2. B。**ipconfig /release** 和 **ipconfig /renew** 命令用于向 DHCP 服务器请求 IP 地址信息。如果客户端主机没有收到此信息，则说明 DHCP 服务器存在问题或与 DHCP 服务器通信的网络存在问题。

3. B。因为客户端能够从 DHCP 服务器获得 IP 地址，所以无线网络没有问题。DNS 没有问题，因为 **ping** 命令针对的是 IPv4 地址，给出的这些选项中唯一存在可能性的是客户端从 DHCP 服务器接收到了错误的 IP 地址信息。

4. D。更换电缆调制解调器等设备的方法被视为替换。

5. C。ping 设备尝试验证网络层 IP 连接。这一层位于 OSI 参考模型的中间位置。根据 ping 的结果，管理员可能会在其他层尝试其他故障排除方法。

6. C。**traceroute** 命令用于查看数据包是在哪个点无法转发的。

7. D。**netstat** 命令会显示所有 TCP 连接和 UDP 会话。

8. A、B 和 C。问题解决后，要记录任何有助于解决未来可能出现的相同或类似问题的信息。

9. A、C 和 D。这 3 个问题与支持桌面解决问题直接相关。

10. A 和 B。物理层网络连接问题可能涉及布线或 NIC。

11. A 和 C。命令输出显示主机可以通过 ping IPv4 地址访问服务器。但是，主机无法使用其域名访问服务器，这通常意味着很可能是 DNS 服务器出现了问题。

12. A。问题解决后，要更新文档以记录任何有助于解决未来可能出现的相同或类似问题的信息。